Forschung und Praxis

Band 106

Berichte aus dem
Fraunhofer-Institut für Produktionstechnik und Automatisierung (IPA), Stuttgart,
Fraunhofer-Institut für Arbeitswirtschaft und Organisation (IAO), Stuttgart, und
Institut für Industrielle Fertigung und Fabrikbetrieb der Universität Stuttgart

Herausgeber: H. J. Warnecke und H.-J. Bullinger

Jong-Oh Park

Untersuchung des Plasmaschneidens zum Gußputzen mit Industrierobotern

Mit 70 Abbildungen

Springer-Verlag
Berlin Heidelberg New York
London Paris Tokyo 1987

Jong-Oh Park

Fraunhofer-Institut für Produktionstechnik und Automatisierung (IPA), Stuttgart

Dr.-Ing. H. J. Warnecke

o. Professor an der Universität Stuttgart
Fraunhofer-Institut für Produktionstechnik und Automatisierung (IPA), Stuttgart

Dr.-Ing. habil. H.-J. Bullinger

o. Professor an der Universität Stuttgart
Fraunhofer-Institut für Arbeitswirtschaft und Organisation (IAO), Stuttgart

D 93

ISBN-13: 978-3-540-18037-1 e-ISBN-13: 978-3-642-47938-0
DOI: 10.1007/978-3-642-47938-0

2362/3020—543210

Geleitwort der Herausgeber

Futuristische Bilder werden heute entworfen:

- o Roboter bauen Roboter,
- o Breitbandinformationssysteme transferieren riesige Datenmengen in Sekunden um die ganze Welt.

Von der "menschenleeren Fabrik" wird da gesprochen und vom "papierlosen Büro". Wörtlich genommen muß man beides als Utopie bezeichnen, aber der Entwicklungstrend geht sicher zur "automatischen Fertigung" und zum "rechnerunterstützten Büro". Forschung bedarf der Perspektive, Forschung benötigt aber auch die Rückkopplung zur Praxis - insbesondere im Bereich der Produktionstechnik und der Arbeitswissenschaft.

Für eine Industriegesellschaft hat die Produktionstechnik eine Schlüsselstellung. Mechanisierung und Automatisierung haben es uns in den letzten Jahren erlaubt, die Produktivität unserer Wirtschaft ständig zu verbessern. In der Vergangenheit stand dabei die Leistungssteigerung einzelner Maschinen und Verfahren im Vordergrund. Heute wissen wir, daß wir das Zusammenspiel der verschiedenen Unternehmensbereiche stärker beachten müssen. In der Fertigung selbst konzipieren wir flexible Fertigungssysteme, die viele verkettete Einzelmaschinen beinhalten. Dort, wo es Produkt und Produktionsprogramm zulassen, denken wir intensiv über die Verknüpfung von Konstruktion, Arbeitsvorbereitung, Fertigung und Qualitätskontrolle nach. Rechnerunterstützte Informationssysteme helfen dabei und sollen zum CIM (Computer Integrated Manufacturing) führen und CAD (Computer Aided Design) und CAM (Computer Aided Manufacturing) vereinen. Auch die Büroarbeit wird neu durchdacht und mit Hilfe vernetzter Computersysteme teilweise automatisiert und mit den anderen Unternehmensfunktionen verbunden. Information ist zu einem Produktionsfaktor geworden, und die Art und Weise, wie man damit umgeht, wird mit über den Unternehmenserfolg entscheiden.

Der Erfolg in unseren Unternehmen hängt auch in der Zukunft entscheidend von den dort arbeitenden Menschen ab. Rationalisierung und Automatisierung müssen deshalb im Zusammenhang mit Fragen der Arbeitsgestaltung betrieben werden, unter Berücksichtigung der Bedürfnisse der Mitarbeiter und unter Beachtung der erforderlichen Qualifikationen. Investitionen in Maschinen und Anlagen müssen deshalb in der Produktion wie im Büro durch Investitionen in die Qualifikation der Mitarbeiter begleitet werden. Bereits im Planungsstadium müssen Technik, Organisation und Soziales integrativ betrachtet und mit gleichrangigen Gestaltungszielen belegt werden.

Von wissenschaftlicher Seite muß dieses Bemühen durch die Entwicklung von Methoden und Vorgehensweisen zur systematischen Analyse und Verbesserung des Systems Produktionsbetrieb einschließlich der erforderlichen Dienstleistungsfunktionen unterstützt werden. Die Ingenieure sind hier gefordert, in enger Zusammenarbeit mit anderen Disziplinen, z. B. der Informatik, der Wirtschaftswissenschaften und der Arbeitswissenschaft, Lösungen zu erarbeiten, die den veränderten Randbedingungen Rechnung tragen.

Beispielhaft sei hier an den großen Bereich der Informationsverarbeitung im Betrieb erinnert, der von der Angebotserstellung über Konstruktion und Arbeitsvorbereitung, bis hin zur Fertigungssteuerung und Qualitätskontrolle reicht. Beim Materialfluß geht es um die richtige Auswahl und den Einsatz von Fördermitteln sowie Anordnung und Ausstattung von Lagern. Große Aufmerksamkeit wird in nächster Zukunft auch der weiteren Automatisierung der Handhabung von Werkstücken und Werkzeugen sowie der Montage von Produkten geschenkt werden.

Von der Forschung muß in diesem Zusammenhang ein Beitrag zum Einsatz fortschrittlicher intelligenter Computersysteme erfolgen. Planungsprozesse müssen durch Softwaresysteme unterstützt und Arbeitsbedingungen wissenschaftlich analysiert und neu gestaltet werden.

Die von den Herausgebern geleiteten Institute, das

- Institut für Industrielle Fertigung und Fabrikbetrieb der Universität Stuttgart (IFF),

- Fraunhofer-Institut für Produktionstechnik und Automatisierung (IPA),

- Fraunhofer-Institut für Arbeitswirtschaft und Organisation (IAO)

arbeiten in grundlegender und angewandter Forschung intensiv an den oben aufgezeigten Entwicklungen mit. Die Ausstattung der Labors und die Qualifikation der Mitarbeiter haben bereits in der Vergangenheit zu Forschungsergebnissen geführt, die für die Praxis von großem Wert waren. Zur Umsetzung gewonnener Erkenntnisse wird die Schriftenreihe "IPA-IAO - Forschung und Praxis" herausgegeben. Der vorliegende Band setzt diese Reihe fort. Eine Übersicht über bisher erschienene Titel wird am Schluß dieses Buches gegeben.

Dem Verfasser sei für die geleistete Arbeit gedankt, dem Springer-Verlag für die Aufnahme dieser Schriftenreihe in seine Angebotspalette und der Druckerei für saubere und zügige Ausführung. Möge das Buch von der Fachwelt gut aufgenommen werden.

H. J. Warnecke · H.-J. Bullinger

Vorwort

Die vorliegende Arbeit entstand während meiner Tätigkeit als Gastwissenschaftler am Fraunhofer-Institut für Produktionstechnik und Automatisierung (IPA) in Stuttgart.

Herrn Prof. Dr.-Ing. H.-J. Warnecke danke ich für seine großzügige Unterstützung und Förderung der Arbeit.

Herrn Prof. Dr.-Ing. K. Kußmaul danke ich für die Übernahme des Mitberichts und die wertvolle Kritik.

Allen Institutskollegen, die mir bei der Erstellung dieser Dissertation geholfen haben, möchte ich danken. Dieser Dank gilt insbesondere Herrn Dipl.-Ing. M. Höpf, Herrn Dipl.-Ing. D. Boley und Herrn Dr.-Ing. W. Sturz für die Anregungen zu diesem Thema sowie Herrn Dr.-Ing. M. Schweizer, Herrn Dr.-Ing. E. Abele, Herrn Dr.-Ing. H. Gzik und Frau L. Schuhmacher für die freundliche Unterstützung während meines Aufenthaltes hier.

Mein besonderer Dank gilt Herrn Dr.-Ing. C. S. Lee am Korea Advanced Institute of Science and Technology sowie der Korea Science and Engineering Foundation, die mich großzügig unterstützt haben.

Meiner Frau danke ich an dieser Stelle für ihre hingebende Unterstützung trotz der Belastungen durch ihr eigenes Studium.

Stuttgart, April 1987 Jong-Oh Park

Inhaltsverzeichnis

Seite

Abkürzungen und Formelzeichen

A	mm^2	Kontaktbereich des Plasmastrahles zur Schnittfläche
a	mm	Schnittdicke
Al		Aluminium
Ar		Argon
B	mm	Bartbreite
b	mm	Riefenbreite
C		Kohlenstoff
c	J/kg•K	spezifische Wärmekapazität
C_m	kJ/kmol•K	molare Wärmekapazität
CO_2		Kohlendioxid
Cr		Chrom
Cu		Kupfer
D		Druckguß
d	mm	Durchmesser
d_m	mm	mittlere Schnittfugenbreite
d_o	mm	obere Schnittfugenbreite
d_u	mm	untere Schnittfugenbreite
E	J	Energie
E_d	kJ/mol	Dissoziationsenergie
E_i	kJ/mol	Ionisationsenergie
E_v	Lux	Beleuchtungsstärke
F		formgebundene Maße
f	Hz	Frequenz
G		Guß
GG		Gußeisen mit Lamellengraphit (Grauguß)
GGG		Gußeisen mit Kugelgraphit (Sphäroguß)
GS		Stahlguß
GT		Temperguß

GTA		eine vom ISO-Toleranzsystem abgeleitete Gußallgemeintoleranz-Gruppe (siehe ANHANG VI, Teil 1)
GTB		eine auf der Basis des Trendverlaufs von Messungen empirisch ermittelte Gußallgemeintoleranz-Gruppe (siehe ANHANG VI, Teil 2)
GTS		nicht entkohlend geglühter Temperguß
GTW		entkohlend geglühter Temperguß
H	mm	Barthöhe
h	µm	Riefentiefe
He		Helium
HF		Hoch-Frequenz
H_2		Wasserstoff
I	A	elektrische Stromstärke
IR		Industrieroboter
J	A/mm^2	Stromdichte
K		Kokillenguß
L	dB	Schalldruckpegel
l	mm	Wärmeeinflußlänge
l_d	mm	Düsenabstand
l_e	mm	Elektrodenabstand
M	kg/kmol	Molekulargewicht
MAK		Maximale Arbeitsplatzkonzentration
max.		maximal
min.		minimal
Mn		Mangan
$\dot{m}_s$	kg/s	Massendurchsatz des abgeschmolzenen Materials
N		nichtformgebundene Maße

n	mm	Riefennachlauf
Ne		Neon
Ni		Nickel
N_2		Stickstoff
O_2		Sauerstoff
P		Phosphor
p	bar	Gasdruck
Q	l/min	Gasdurchfluß
Q	mm^2	Bartquerschnitt
q	J/kg	spezifische Schmelzwärme
R		Vorwiderstand
r	mm	Abschmelzung
Rel		Relais
S		Sandguß
S		Schwefel
Si		Silizium
T	K	thermodynamische Temperatur
T_s	K	Temperatur des abgeschmolzenen Materials
T_{sm}	°C	Schmelztemperatur
T_v	K	Temperaturdifferenz zwischen der Schnittfläche und der Raumtemperatur
t	s	Zeit
U	V	Schneidspannung
u	mm	Unebenheit
UV		Ultraviolett
v	mm/min	Schneidgeschwindigkeit
v_F	mm/s	Fallgeschwindigkeit des abgeschmolzenen Materials

$\dot{W}_a$	J/s	Energieverlustrate in die Umgebung
$\dot{W}_k$	J/s	kinetische Energieaufnahmerate des abgeschmolzenen Materials
$\dot{W}_p$	J/s	Leistung des Plasmastrahles
$\dot{W}_s$	J/s	thermische Energieaufnahmerate des abgeschmolzenen Materials
$\dot{W}_v$	J/s	Energieverlustrate am Werkstück
y_m	mm	Amplitude

Griechische Buchstaben

α	grd	Schnittwinkel
Δ		Differenz
η	mPa•s	dynamische Viskosität
κ	1/Ω•m	Elektrische Leitfähigkeit
λ	W/m•K	Wärmeleitfähigkeit
ρ	g/cm^3	Dichte
φ	rad	Phasenwinkel
$\cos\varphi$		Leistungsfaktor

1 Einleitung

1.1 Problemstellung

In der Gießereiindustrie ist eine stetige Entwicklung zur Mechanisierung bzw. Automatisierung mit dem Ziel der Produktivitätserhöhung und der Humanisierung der Arbeitsbedingungen erkennbar.

Das Gußputzen wird jedoch nach wie vor ohne grundlegende Veränderung weitgehend manuell durchgeführt.

Die Gußputzprozesse werden gegliedert nach:
- Ausleeren, Entkernen und Entsanden,
- Abtrennen von Anschnittsystemen und Speisern,
- Feinputzen /1,2/.

In der vorliegenden Arbeit wird ausschließlich das Abtrennen von Anschnittsystemen und Speisern behandelt.

Das Abtrennen von Anschnittsystemen und Speisern wird vorwiegend durch Abschlagen, Abbrechen, Sägen oder Trennschleifen bzw. neuerdings mit thermischen Verfahren (Autogen-Brennschneiden, Arc-Air-Verfahren) durchgeführt /1,2,3/. Teilweise kommen diese Verfahren auch in automatisierten Anlagen zum Einsatz.

Der Kostenanteil für das Abtrennen beträgt 10 bis 20 % der gesamten Putzkosten abhängig von der jeweiligen Geometrie der Gußteile /4/.

Die manuellen Arbeitsplätze sind durch eine geringe Arbeitsproduktivität, verbunden mit ungünstigen Arbeitsbedingungen, hohem Kraftaufwand und zahlreichen Arbeitserschwernissen gekennzeichnet /5,6,7,8/. Daraus leitet sich die Forderung ab, den Gußputzprozeß verstärkt zu automatisieren.

Aufgrund der Anforderungen an den flexiblen Einsatz automatischer Abtrennprozesse bezüglich Zugänglichkeit des Werkzeuges am Werkstück, hoher Leistung und technischer Zuverlässigkeit kommt den thermischen Trennverfahren besondere Bedeutung zu.

Für das Plasmaschneiden als ein solches Verfahren ergeben sich durch die Anwendung von Industrierobotern völlig neue Anwendungsmöglichkeiten. Es kann den bisher manuellen Abtrennvorgang von Anschnittsystemen und Speisern größtenteils ersetzen.

In dieser Arbeit sollen deshalb die Problemstellungen, die beim Plasmaschneiden von Gußteilen mit Industrierobotern auftreten, systematisch analysiert und Lösungsansätze für die Anwendung aufgezeigt werden.

1.2 Zielsetzung und Vorgehensweise

Die Einsatzmöglichkeiten des Plasmaschneidens mit Industrierobotern für das Gußputzen werden bisher nicht einheitlich beurteilt. So gibt es zwar einige Installationen, jedoch konnte bisher das Plasmaschneiden in der Gußputzerei keinen bemerkenswerten Durchbruch erreichen.

Ziel dieser Arbeit ist es deshalb, die Randbedingungen des Plasmaschneidens mit Industrierobotern für das Gußputzen zu untersuchen. Dazu gehört zunächst die funktionelle Adaption des Verfahrens an den Industrieroboter.

Als Einsatzhindernis wird bisher die oft schlechte Schnittqualität des Verfahrens angesehen. Aufgabe dieser Arbeit ist deshalb die Ermittlung der Bewertungskriterien für die Schnittqualität sowie ihre Optimierung durch die Variation beeinflußbarer Parameter.

Aus den Ergebnissen sollen Gestaltungsmerkmale für Schneidanlagen, Industrieroboter und Peripheriesystem abgeleitet werden.

Dazu wird zunächst das Plasmaschneiden in seinen verschiedenen Verfahrensvarianten dargestellt und eine Abgrenzung des Anwendungsbereiches beim Gußputzen sowie ein Vergleich mit anderen automatisierbaren Trennverfahren durchgeführt.

In einem Versuchsaufbau werden die technologischen Parameter untersucht und optimiert. Dabei werden die für das Gußputzen wichtigen Qualitätsmerkmale definiert und qualitativ erfaßt. Die beeinflußbaren Parameter beim Plasmaschneiden werden in ihrer Wirkung auf diese Qualitätsmerkmale systematisch experimentell untersucht.

Anstelle von Gußwerkstoffen wird überwiegend mit St 37 als Werkstoff gearbeitet. Damit wird sichergestellt, daß durch die hohe Anzahl der zu untersuchenden Schnittproben keine Verfälschungen durch Geometrie- oder Werkstoffinhomogenitäten auftreten können, da Lunker oder wechselnde Zusammensetzungen bei Guß nicht auszuschließen sind.

Die Eigenschaften, Warmbehandlungs-, Härtungs- und Legierungsmöglichkeiten sind für Stahlguß grundsätzlich die gleichen wie für Stahl /9/. Die Gleichwertigkeit der für das Plasmaschneiden relevanten Werkstoffeigenschaften von Stahlguß und St 37 zeigt Tabelle 1.

Werkstoff	ZUSAMMENSETZUNG (%)			
	C	Si	Mn	P
GS	0,15 bis 0,44	0,30 bis 0,50	0,5 bis 0,8	unter 0,06
St 37	unter 0,2	unter 0,5	unter 0,8	unter 0,05

Tabelle 1: Vergleich der Zusammensetzung bei Stahlguß und St 37 /9,10/

Die Untersuchung der Werkstückeigenschaften in bezug auf die Schnittqualität erfolgt ebenfalls experimentell, jedoch an Gußwerkstoffen. Insbesondere werden hier auch fertigungstechnische Eigenschaften wie z.B. die Formtoleranz und ihre Auswirkung auf das Plasmaschneiden untersucht. Die Ergebnisse dieser Untersuchungen werden in konstruktive Vorschläge für die Konzeption und Realisierung einer Industrieroboterzelle für das Gußputzen umgesetzt.

Für eine geeignete Gestaltung der Trennstellen des Kreislaufmaterials werden Richtlinien abgeleitet und eine Abschätzung der Wirtschaftlichkeit im Vergleich zu anderen Trennverfahren vorgenommen.

2 Stand der Technik

2.1 Begriffe und Definitionen

2.1.1 Gußputzen

Gußputzen ist das Trennen der Anschnitte und Speiser von den Rohgußstücken, Entfernen von Gießgraten und Formstoffresten sowie das Säubern und Reinigen der Gußstücke durch Strahlmittelbehandlung oder Beizen /11/.

Die Bezeichnungen an einem Rohgußwerkstück sind in Bild 1 dargestellt.

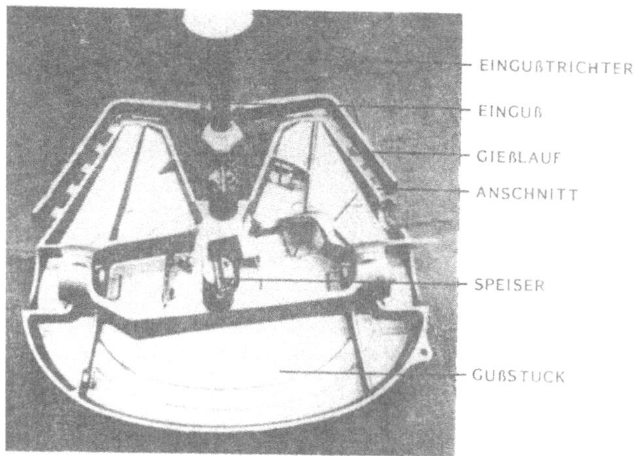

Bild 1: Bezeichnungen am Gußwerkstück

Der Einguß ist der Strömungskanal einer Gießform, in den die Schmelze eingegossen wird. Er ist Bestandteil des sog. Einguß-Lauf-Anschnittsystems, das die Schmelze dem Formhohlraum zuführt /11/.
Der Eingußtrichter ist der obere, konisch erweiterte Teil des Eingusses bei Sand- und Kokillenguß /11/.
Der Gießlauf ist der Strömungskanal in der Gießform, der den Einguß mit den Anschnitten verbindet /11/.

Der Anschnitt ist der Gießkanal, der unmittelbar in den Formhohlraum mündet /11/.
Der Speiser ist ein offener oder geschlossener Raum in der Gießform, der von der Gießströmung mit flüssigem Metall gefüllt wird, um das Volumendefizit bei der Erstarrung des Gußstücks auszugleichen und so eine Lunkerbildung im Gußstück zu verhindern /11/.
Der Genauigkeitsgrad ist der Kennwert für die erzielbare Fertigungsgenauigkeit bei näherungsweise gleichen Fertigungsschwierigkeiten unter etwa gleichen Fertigungsbedingungen für eine Reihe von Nennmaßbereichen /12/.

2.1.2 Plasmaschneiden

Das Plasmaschneiden erfolgt mit Schneidgas.
Plasma ist ein durch Ionisierung elektrisch leitfähiges Gas oder Gasgemisch. Erfolgt die Ionisierung durch hohe Temperatur im Lichtbogen, so spricht man von einem thermischen Plasma. Die elektrische Leitfähigkeit eines solchen thermischen Plasmas kann diejenige eines Metalls erreichen /10/.
Beim Plasmaschneiden mit übertragenem Lichtbogen erfolgt die Stromübertragung in einem Lichtbogen zwischen Elektrode (Kathode) und Werkstück (Anode). Dieses Verfahren wird zum Schweißen und Schneiden von elektrisch leitenden Werkstoffen verwendet. Beim Plasmaschneiden mit nicht übertragenem Lichtbogen erfolgt die Stromübertragung zwischen Elektrode (Kathode) und Düse (Anode). Dieses Verfahren wird zum Plasmaspritzen, Mikroschweißen /10/ und als Zündhilfe beim Plasmaschneiden verwendet.

Es gibt zwei Arten bei der berührungslosen Zündung des Lichtbogens: Bei direkter Zündung wird der Lichtbogen direkt zwischen Elektrode und Werkstück gezündet. Der große Abstand macht eine hohe Impulsenergie notwendig. Bei indirekter Zündung wird der Lichtbogen über einen Hilfslichtbogen zwischen Elektrode und Düse gezündet.

Einige Begriffe beim Plasmaschneiden sind in Bild 2 erläutert.

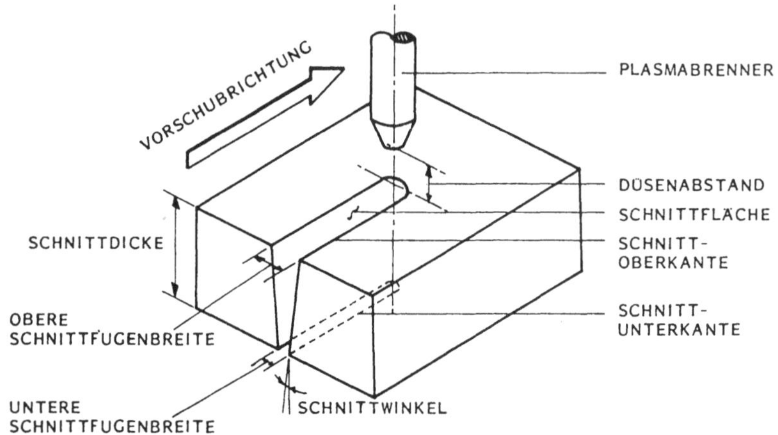

Bild 2: Begriffe beim Plasmaschneiden (siehe auch Bild 4, Bild 5, Bild 15, Bild 17 und Bild 18)

Die Unebenheit ist der Abstand zweier Parallelen, die unter dem theoretisch richtigen Winkel das Schnittflächenprofil im höchsten bzw. tiefsten Punkt berühren /13/.
Die Riefentiefe ist der größte Abstand zwischen Istprofil und Grundprofil entlang der untersuchten Meßlinie rechtwinklig zur Schneidrichtung /13/.
Der Riefennachlauf ist der größte Abstand zweier Punkte einer Schnittriefe in Vorschubrichtung /13/.
Die Abschmelzung ist der Radius der Schnittoberkante, der den Abrundungsgrad bezeichnet.
Der Bart ist das wiederverdichtete oxidierte Metall, das an der Schnittunterkante anhaftet.
Kolkungen sind Kerben unregelmäßiger Breite, Tiefe und Form, die eine sonst gleichmäßige Schnittfläche unterbrechen /13/.
Der Schnittwinkel ist der Winkel zwischen senkrechtem und tatsächlichem Schnittflächenprofil /13/.

Der Düsenabstand ist der Abstand zwischen Düse und Werkstück.
Der Elektrodenabstand ist der Abstand zwischen Elektrodenspitze und Düse.

2.1.3 Industrieroboter

Industrieroboter sind universell einsetzbare Automaten mit mehreren Achsen, deren Bewegungsmöglichkeiten i.a. durch einen oder mehrere Arme realisiert werden, an denen weitere Gelenke (Nebenachsen) angebracht sein können. Ihre Bewegungen müssen hinsichtlich Bewegungsfolge und Wegen bzw. Winkeln ohne mechanischen Eingriff in die Steuerung programmierbar sein; sie können sensorgeführt sein. Industrieroboter sind mit Greifern, Werkzeugen, Meßmitteln, oder anderen Fertigungsmitteln ausrüstbar und können Handhabungs- und/oder andere Fertigungsaufgaben ausführen /14/. Bild 3 zeigt ein kinematischer Aufbau eines Industrieroboters.

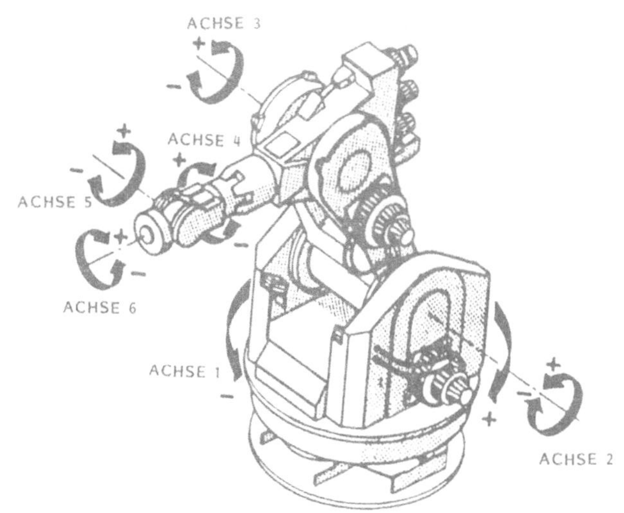

Bild 3: Aufbau eines Industrieroboters (KUKA 160/60)

Der Arbeitsraum ist der Raum, der vom Mittelpunkt der Schnittstelle zwischen den Nebenachsen und dem Werkzeug mit der Gesamtheit aller Achsbewegungen erreicht werden kann /15/.
Die Nennlast (i.a. Tragfähigkeit genannt) kennzeichnet betragsmäßig die Last, die eine Handhabungseinrichtung als vektorielle Summe von Werkzeuglast und Nutzlast ohne Einschränkung der für die Achsen angegebenen kinematischen und geometrischen Kenngrößen, wie Geschwindigkeiten, Beschleunigungen, Verfahrzeiten, Arbeitsbereiche und der Genauigkeit, handhaben kann /15/.
Als Bahngeschwindigkeit wird die aus den Geschwindigkeitskomponenten mehrerer Achsen mit Hilfe eines Interpolators erzeugte resultierende Geschwindigkeit bezeichnet /15/.
Unter der Bahngenauigkeit ist im wesentlichen die Wiederholgenauigkeit beim Nachfahren einer Bahn zu verstehen; sie gibt an, mit welcher Genauigkeit programmierte Bahnkurven bei Nennlast nachgefahren werden können /15/.

2.2 Plasmaschneidverfahren

Das Plasmaschmelzschneiden läßt sich auf zwei verschiedene Arten ausführen: mit übertragenem Lichtbogen oder ohne übertragenen Lichtbogen. Zum Abtrennen an Gußteilen ist das erstgenannte Verfahren vorteilhafter. Es erlaubt eine hohe Schneidleistung und große Standzeiten der Düsen. Das Plasmaschmelzschneiden gehört in der Einteilung der Fertigungsverfahren zum thermischen Abtragen durch elektrische Gasentladung /13,16,17/. Einzige Voraussetzung des Plasmaschneidens mit übertragenem Lichtbogen ist die elektrische Leitfähigkeit des Werkstoffes.

In den Jahren 1955 bis 1959 kamen die ersten Plasmabrenner als Schneidbrenner zur Anwendung. Es bestand auf dem Gebiet des Schneidens Bedarf an einem neuen Trennverfahren, da sich das Autogen-Brennschneiden praktisch nur für unlegierte und niedriglegierte Stahlwerkstoffe eignet, jedoch die damit nicht brennschneidbaren Werkstoffe an Bedeutung zunahmen /18/.

Durch die Entwicklung der verschiedenen Verfahrensvarianten und Geräte wurden die Schneidleistung und Schnittqualität verbessert. Das Hauptanwendungsgebiet ist heute die Blechbearbeitung, wobei der Schneidbrenner mit einer CNC-Maschine, zum Teil fotoelektrisch geführt wird. Die Blechdicke liegt dabei vorwiegend im Bereich zwischen 1,0 und 12 mm /19/.

2.2.1 Das Verfahrensprinzip

Beim Plasmaschneiden wird in einem Lichtbogen elektrische in thermische Energie umgewandelt. Zum sicheren Zünden des Schneidlichtbogens (Hauptlichtbogen) wird zuerst ein Hilfslichtbogen zwischen der Elektrode und der Düse durch eine hohe Spannung mit hoher Frequenz (1 bis 5 kV, 100 bis 300 kHz) gezündet. Bild 4 stellt das Plasmaschneiden schematisch dar.

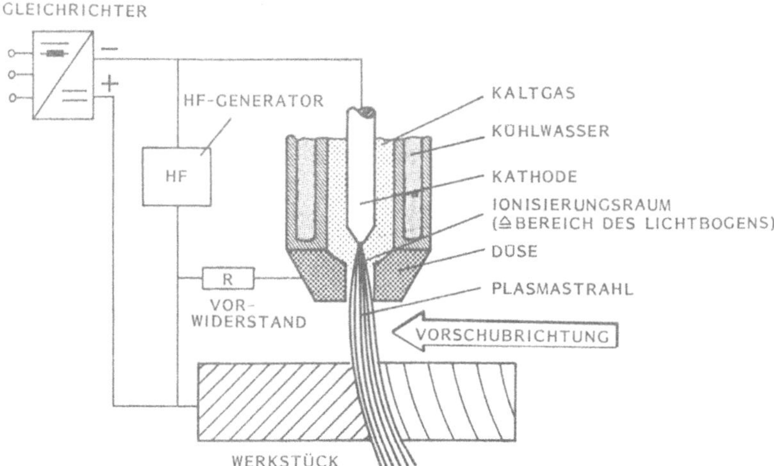

Bild 4: Darstellung des Plasmaschneidens

Das in den Plasmabrenner eingegebene Schneidgasgemisch wird durch den Hilfslichtbogen ionisiert und bildet eine elektrisch leitende Verbindung zum Werkstück. Dadurch, daß der elektrische Widerstand zwischen Elektrode und Kupferdüse durch den Vorwiderstand größer ist als derjenige zwischen Elektrode und Werkstück, springt der Hauptlichtbogen auf das Werkstück über /20/.

Durch Rekombination der Gasionen am Werkstück wird die zur Dissoziation und Ionisation aufgewandte elektrische Energie wieder frei und bewirkt zusätzlich zur Lichtbogenwärme das Schmelzen des Werkstückes. Die Plasmatemperatur am Werkstück erreicht bis zu 15 000 K je nach Leistung der Anlage /18,21/.

Durch die Einschnürung des Plasmastrahles in der Düse und die starke thermische Ausdehnung der Plasmagase erreicht die Strömungsgeschwindigkeit Werte über der Schallgeschwindigkeit. Durch die hohe kinetische Energie wird der geschmolzene bzw. verdampfte Werkstoff aus der Schnittfuge ausgetragen.

Wegen der hohen Plasmatemperatur müssen Elektrode und Düse des Brenners intensiv abgekühlt werden. Die Düse kann vom Kühlwasser direkt durchströmt oder indirekt über den Brennerkörper wassergekühlt werden. Bei dieser Konstruktion kann die Düse ohne Dichtprobleme ausgewechselt werden.

Bild 5 zeigt einen Plasmabrenner mit indirekter Kühlung und der Spitzenelektrode.

Beim Plasmaschneiden wird die für den Ablauf des Prozesses notwendige Leistung allein von der Stromquelle zugeführt. Deshalb ist die maximale Schnittdicke unter anderem durch die Leistung der Stromquelle begrenzt.

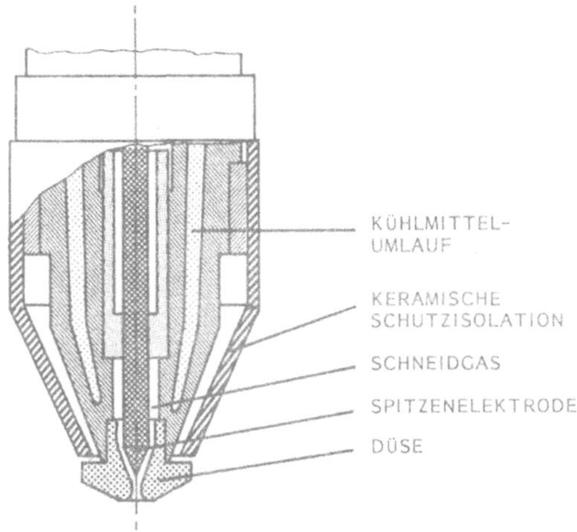

Bild 5: Plasmabrenner mit indirekter Kühlung und der Spitzenelektrode

Eine Anlage zum Plasmaschneiden besteht aus folgenden Komponenten (siehe Bild 6):

- Zündgerät
  Indirekte HF Zündung.
- Gleichstromquelle mit geregelter Strom/Spannungscharakteristik.
  Stromstärke 100 bis 500 A, Schneidspannung 100 bis 200 V am Lichtbogen, Leistung 10 bis 100 kW.
- Kühlsystem
  Geschlossene Wasserumlauf- oder CO_2- Kühlung.
- Schneidgas-Mengen-Regelung
  Üblicherweise wird die Gasmenge manuell eingestellt. Die Gasmengen sollten geregelt werden, um eine konstante Schnittqualität zu erzielen.
- Steuergerät
  Schalteinrichtungen, Strom- oder Spannungsregelung, Überwachungseinrichtungen.

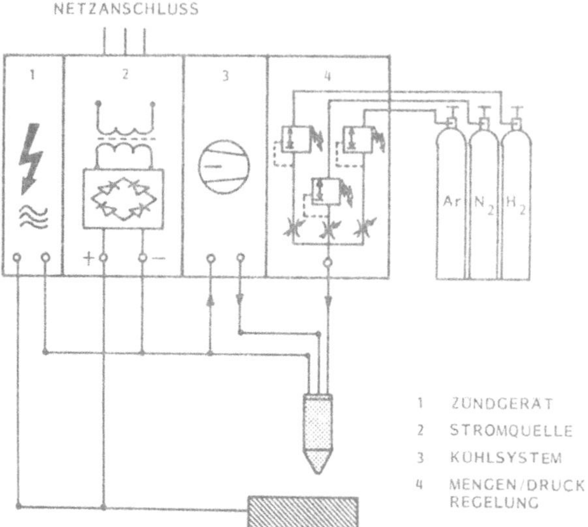

Bild 6: Aufbau einer Plasmaschneidanlage

2.2.2 Verfahrensvarianten

Nach dem verwendeten Gas kann man Plasmaschneidverfahren gliedern in:

- Argon-Wasserstoff-Plasmaschneiden
- Druckluft-Plasmaschneiden
- Schutzgas-Plasmaschneiden
- Wasserinjektions-Plasmaschneiden

Beim Argon-Wasserstoff-Plasmaschneiden /10,18/ werden Argon, Wasserstoff und Stickstoff verwendet. Durch die Anwendung einer Spitzenelektrode (siehe Bild 5) ergibt sich ein gebündelter Plasmastrahl.

Druckluft-Plasmaschneiden /10,18/ bietet den Vorteil guter Schnittqualität auch an Kohlenstoffstählen bei gleichzeitig hoher Schneidgeschwindigkeit. Wegen der Anwesenheit von Sauerstoff werden Zirkonium- oder Hafniumlegierungen als Elektrodenwerkstoff verwendet, deren Oxide eine höhere Schmelztemperatur als Wolframoxide haben.

WERKSTOFF	KURZ-ZEICHEN	SCHMELZTEMP. (°C)	OXID	KURZ-ZEICHEN	SCHMELZTEMP. (°C)
WOLFRAM	W	3407	W-OXID	WO_3	1472
ZIRKONIUM	Zr	1852	Zr-OXID	ZrO_2	2677
HAFNIUM	Hf	2222	Hf-OXID	HfO_2	2910
THORIUM	Th	1755	Th-OXID	ThO_2	3220

Bild 7: Die Schmelztemperaturen einiger Elektrodenwerkstoffe und deren Oxide

Wegen der niedrigen Schmelztemperaturen der Elektrodenwerkstoffe ist eine direkte Kühlung der Elektrode notwendig, dies führte zur Verwendung von Flächenelektroden. Der Kühlmittelumlauf erfolgt in der Flächenelektrode. Bild 8 zeigt einen Brenner mit der Flächenelektrode.

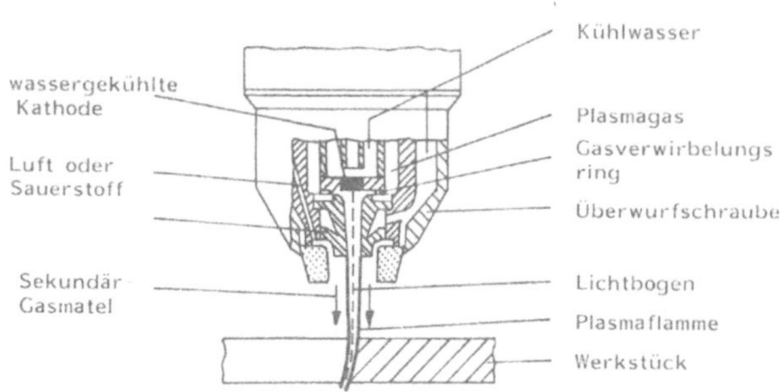

Bild 8: Plasmabrenner mit der Flächenelektrode /10/

Die Flächenelektrode verursacht einen relativ schlechten Wirkungsgrad. Die Verwendung von Druckluft führt zu geringen

Gaskosten, aber die entstehenden giftigen Stickoxide und die Ozonbildung erfordern eine aufwendige Absaugung.

Beim Schutzgas-Plasmaschneiden /18,21,22,23/ wird Stickstoff als Schneidgas verwendet. Dabei setzt man einen zusätzlichen Gasmantel zum Schutz gegen den Einfluß der Atmosphäre auf den Plasmastrahl und zur Kühlung ein. Als Schutzgas wird vor allem CO_2 benutzt.

Beim Wasserinjektions-Plasmaschneiden /10,18,21/ übernimmt Wasser die Funktion, den Plasmastrahl einzuschnüren und die Düse abzukühlen. Die Flächenelektrode und die Verdampfung des Wassers erzeugen einen zusätzlichen Leistungsverlust. Durch den Wasserschleier werden giftige Gase abgeführt und der Schallpegel um etwa 10 dB(A) gedämpft.

Bild 9 zeigt einen groben Vergleich der unterschiedlichen Verfahren.

Merkmal \ Verfahren		Argon-Wasserstoff-Plasmaschneiden	Druckluft-Plasmaschneiden	Schutzgas-Plasmaschneiden	Wasser-injektions-Plasmaschneiden
Gas		Ar, H_2, N_2	Druckluft	Schneidgas: N_2 Schutzgas: CO_2	Schneidgas: N_2 Wassereinspritzen
Elektrode	Form	Spitzenelektrode	Flächenelektrode	Flächenelektrode	Flächenelektrode
	Werkstoff	Wolfram	Hafnium- oder Zirkoniumlegierung	Kupfer mit eingelötetem Wolfram	Kupfer mit eingelötetem Wolfram
Kühlungsart		indirekt	direkt	direkt	direkt
Bemerkungen		•geringer spezifischer Stromverbrauch •einfacher Brenneraufbau •Schneidleistung 10 bis 100 kW	•begrenzte Leistung bis 30 kW •vorteilhaft für Kohlenstoffstähle •geringe Gaskosten •Absauganlage notwendig	•höhere Leistung erforderlich •vorteilhaft für unleg. und niedrigleg. •komplizierter Brenneraufbau	•höhere Leistung erforderlich •vorteilhaft für unleg. und niedrigleg. •einfacher Brenneraufbau •giftige Gase vom Wasser abgeführt

Bild 9: Die unterschiedlichen Plasmaschneidverfahren

Beim automatischen Trennen von Guß mit Industrierobotern hat das Argon-Wasserstoff-Plasmaschneiden einige Vorteile gegenüber anderen Plasmaschneidverfahren:

- höhere Schneidleistung
  Durch die Verwendung einer Spitzenelektrode läßt sich eine höhere Schneidleistung gegenüber anderen Verfahren bei gleichem Stromverbrauch erzielen. Das Druckluft-Plasmaschneiden hat durch den schnellen Verschleiß der Elektrode eine begrenzte Leistung. Schutzgas- und Wasserinjektions-Plasmaschneiden erfordern einen höheren Energieeinsatz wegen der Flächenelektrode und haben zusätzliche Energieverluste (Diffusion der Energie wegen Schutzgas, Verdampfung des Wassers).
- einfacher Wechsel der Verschleißteile
  Mit der Zeit verschleißen die Elektrode und die Düse beim Plasmaschneiden. Bei einem automatischen Plasmaschneidarbeitsplatz muß der Wechselvorgang ebenfalls automatisch erfolgen. Beim Argon-Wasserstoff-Plasmaschneiden erleichtern eine einfache Brennerkonstruktion und die Möglichkeit der indirekten Kühlung der Düse und Elektrode den Wechselvorgang.

2.2.3 Vergleiche mit anderen Trennverfahren bei der Automatisierung

Die im Einsatz befindlichen bzw. möglichen Trennverfahren können wie folgt gegliedert werden:

- mechanische Trennverfahren:
  Abschlagen (Hammer, Meißel, Abschlaggerät),
  Abbrechen (Brechmaschine, Abtrennkeil),
  Sägen (Bandsäge, Kreissäge),
  Trennschleifen,
  Fräsen,
  Wasserstrahlschneiden,

- thermische Trennverfahren:
  Autogen-Brennschneiden,
  Plasmaschneiden,
  Arc-Air-Verfahren,
  Laserschneiden.

Die Anwendbarkeit der Trennverfahren hängt stark vom Gußwerkstoff ab.

Bild 10 zeigt, daß Trennschleifen und Plasmaschneiden den größten Anwendungsbereich bei Gußwerkstoffen haben. Abschlagen und Abbrechen sind nur bei spröden Gußwerkstoffen anwendbar.
Kreis- und Bandsägen werden in vielfältiger Weise insbesondere zum Trennen von Nichteisenmetallen eingesetzt /24/.

Werkstoff / Trennverfahren	Grauguß	Sphäroguß	Temperguß	Stahlguß	Aluminiumguß	Kupferguß
SÄGEN	●	●	○	◑	●	●
TRENNSCHLEIFEN	●	●	●	●	◑	●
WASSERSTRAHL-SCHNEIDEN	○	○	○	○	◑	◑
AUTOGEN-BRENNSCHNEIDEN	○	○	○	●	○	○
ARC-AIR-VERFAHREN	◑	◑	◑	●	◑	◑
PLASMASCHNEIDEN	●	●	●	●	●	●
LASERSCHNEIDEN	◑	◑	◑	◑	○	○

● GUT ANWENDBAR ◑ BEDINGT ANWENDBAR ○ NICHT ÜBLICH

Bild 10: Eignung einiger Trennverfahren in Abhängigkeit vom Gußwerkstoff

Hochdruckwasserstrahlschneiden /25,26/ erweitert durch Zumischung von abrasiven Stoffen als modernes Trennverfahren sein Anwendungsgebiet. Beim Eisenguß ist jedoch eine größere

Leistung erforderlich, außerdem sind Korrosionsprobleme /27/ zu lösen.
Seit langer Zeit ist das Autogen-Brennschneiden beim Stahlguß bekannt. Aus verfahrensspezifischen Gründen ist das Autogen-Brennschneiden aber nur für niedriglegierten Stahlguß (C-Gehalt unter 0,3%) verwendbar.
Das Arc-Air-Verfahren (Lichtbogen-Sauerstoffschneiden) ist für hochlegierten Stahlguß bzw. nichtbrennschneidbaren Guß anwendbar.
Die Anwendung des Laserschneidens ist beschränkt auf Werkstoffe mit geringer Wärmeleitfähigkeit /28/ und geringem Reflexionsvermögen /29/.

Folgende Kriterien dienen neben der Anwendbarkeit an den einzelnen Gußwerkstoffen der Bewertung zur Auswahl der geeigneten Trennverfahren bei der Automatisierung des Gußputzens:

- Schnittqualität,
- maximale Schnittdicke,
- Vorschubgeschwindigkeit,
- Reaktionskräfte am Werkzeugträger besonders beim Industrierobotereinsatz,
- Zugänglichkeit des Werkzeuges am Werkstück,
- Investitionskosten,
- Betriebskosten (Energie- und Werkzeugkosten).

Mechanische Trennverfahren sind im allgemeinen beim Vergleich der Schnittqualität den thermischen Trennverfahren überlegen. Beim Abschlagen und Abbrechen ist jedoch die Trennqualität gegenüber anderen mechanischen Trennverfahren schlechter und deshalb ist meistens ein Nachschleifen notwendig.

Wasserstrahlschneiden und Laserschneiden sind bisher nur bei sehr geringer Schnittdicke anwendbar. Wasserstrahlschneiden ist auf Schnittdicke von 2 bis 3 mm beim Gußeisen eingeschränkt. Das Laserschneiden ist üblicherweise technologisch bis zu 12 mm, aber wirtschaftlich bis zur Schnittdicke von 6 mm am Gußeisen einsetzbar.

Bild 11 zeigt die Bewertung verschiedenen Trennverfahren beim Automatisieren.

Kriterium / Trennverfahren	Schnitt-qualität	maximale Schnittdicke	Reaktions-kraft	Zugäng-lichkeit	Investitions-kosten	Verschleiß-verhalten	zulässige Teiletoleranz
Sägen	MITTEL	GUT	SCHLECHT	SCHLECHT	GUT	GUT	SCHLECHT
Trennschleifen	GUT	MITTEL	SCHLECHT	SCHLECHT	GUT	MITTEL	MITTEL
Wasserstrahl-schneiden	MITTEL	SCHLECHT	MITTEL	MITTEL	SCHLECHT	GUT	MITTEL
Autogen-Brennschneiden	SCHLECHT	GUT	GUT	MITTEL	GUT	GUT	SCHLECHT
Arc-Air-Verfahren	SCHLECHT	GUT	GUT	MITTEL	GUT	GUT	SCHLECHT
Plasmaschneiden	MITTEL	GUT	GUT	MITTEL	MITTEL	GUT	GUT
Laserschneiden	MITTEL	SCHLECHT	GUT	MITTEL	SCHLECHT	GUT	MITTEL

GUT MITTEL SCHLECHT

Bild 11: Bewertung einiger Trennverfahren beim Automatisieren mit Industrierobotern

Die Vorschubgeschwindigkeit muß im Zusammenhang mit Schnittqualität und Schnittdicke gesehen werden.

Beim Vergleich von Reaktionskraft und Zugänglichkeit sind thermische Trennverfahren den mechanischen überlegen. Gründe dafür sind die thermische Schmelzenergie und die Trennung in Brenner und Schaltungsteil.

Beim Vergleich der Investitionskosten stellen das Wasserstrahlschneiden und das Laserschneiden mit Abstand die teuersten Alternativen dar. Die Betriebskosten sind je nach Anwendungsbereich unterschiedlich hoch.

2.3 Aufbau und Einsatz von Industrierobotern

Während es das Ziel in den ersten zwei Jahrzenten der Industrieroboterentwicklung war, ein möglichst breites Anwendungsspektrum mit einem einzigen Gerätetyp abdecken zu können, sind Neuentwicklungen nahezu ausschließlich von vornherein für eine Untergruppe dieser möglichen Arbeitsfelder konzipiert worden /30,31/.

Auf kinematischer Seite dominieren heute Industrieroboter mit torusähnlichem Arbeitsraum und fünf bis sechs Bewegungsachsen. Entwicklungsschwerpunkte sind heute die Leichtbauweise und größere Steifigkeit, um die Genauigkeit zu verbesseren und die Geschwindigkeit zu erhöhen.

Viele Industrieroboter-Steuerungen sind bereits im Grundausbau mit verschiedenen komfortablen Funktionen ausgerüstet. Die Schwachpunkte der Steuerungen liegen noch auf folgenden Gebieten:

- Standardisierung der Schnittstellen, um die Schwierigkeiten beim Koppeln der Sensoren, Offline-Programmiersysteme oder anderen externen Systemen an die Industrieroboter-Steuerung zu vermeiden /32,33/,
- Korrekturmöglichkeit der Parameter im eingespeicherten Programm durch externe Sensorsignale insbesondere beim Bearbeiten, z.B. Bahn-, Geschwindigkeits-, Richtungskorrektur /34/,
- Leistungsfähigkeit der Rechner, damit Industrieroboter schneller auf Sensorsignale reagieren.

Industrieroboter können ohne Hilfe von Sensoren sowohl Handhabungsaufgaben als auch verschiedene einfache Bearbeitungsaufgaben durchführen /35/. Zur Erhöhung der Flexibilität und Zuverlässigkeit ist aber ein Sensoreinsatz erforderlich.

Bei der Programmierung ist das "Anfahren und Speichern mit dem Programmiergerät" noch dominierend. Die Reduzierung des Programmieraufwandes an komplexen Konturen wurde durch automatisierte Programmierung mit Hilfe von Sensoren versucht /36,37/. Aufgrund der Integrationsmöglichkeit des Industrieroboters in einem System und Verwendbarkeit des Programms auf anderen Industrierobotern gewinnt die Offline-Programmierung immer mehr an Bedeutung /38/.

Bei der Auswahl von Industrierobotern für das Bearbeiten sind nicht nur "quasi-statische", sondern verschiedene dynamische Beurteilungskriterien erforderlich, wie z.B. das Beschleunigungs- und Verzögerungsverhalten, die Überschwing- und Abrundungsfehler und die Genauigkeit der Bahn und Konstanz der Geschwindigkeit.

2.4 Einsatzbereiche des Plasmaschneidens

Wegen der bei üblichen Gußabmessungen hohen Schneidgeschwindigkeit (z.B. 1000 mm/min bei einer Schnittdicke von 20 mm) beim Plasmaschneiden, der Anforderung an die Flexibilität in der Gießerei, wo überwiegend Gußstücke in mittleren bis kleinen Losgrößen bearbeitet werden /5/, und der Anpassungsfähigkeit an Gußwerkstücke mit komplexer Geometrie, ist der Industrieroboter als Führungsmaschine für den Plasmabrenner geeignet.

Bis jetzt wurden erst wenige Ansätze zum mechanisierten Plasmaschneiden zum Gußputzen veröffentlicht. Im Jahre 1977 wurde ein Plasmaschneidversuch an 3-dimensionalen Dünnblechteilen mit einem 5-achsigen Portalroboter als Ersatz für ein Schnittwerkzeug im Karosseriebau durchgeführt /39/. In dieser Veröffentlichung wurde die Problematik beim Einsatz gezeigt: Lichtbogenstabilität beim Übergang vom Zündlichtbogen auf Hauptlichtbogen, Konstanthaltung der Schneidgeschwindigkeit, Schnittqualität an Ecken mit kleinem Radius.

In der Deutschen Demokratischen Republik wurden einige Einsätze des mechanisierten Plasmaschneidens zum Gußtrennen realisiert /3,4,40,41,42,43/. Die Arbeitsplätze bestehen überwiegend aus Druckluft-Plasma-schneidanlage, Kreuzwagenbrennschneidmaschine als Führung des Schneidbrenners, Transportplatte und Absauganlage /41,43/.

In anderen Veröffentlichungen wurde das Plasmaschneiden an Gußteilen mit Industrierobotern beschrieben und als Problematik verfahrensbedingte Schnittergebnisse /44/ und die Notwendigkeit der plasmaschneidgerechten Konstruktion /44,45/ gezeigt.

In den bisherigen Arbeiten wurde jedoch kaum eine systematische Untersuchung der Probleme durchgeführt, die beim Einsatz des Plasmaschneidens zum Gußputzen mit Industrierobotern auftreten können.

3 Analyse der technologischen Parameter beim Plasmaschneiden

3.1 Beschreibung des Versuchsaufbaus

Der Versuchsaufbau für die Untersuchungen der Problematik beim Plasmaschneiden zum Gußputzen mit Industrierobotern besteht aus:
Plasmaschneidgerät, Industrieroboter, Schneidtisch mit Absauganlage und Sicherheitskabine.

Das Plasmaschneidgerät Plasmajet PC 250-1 der Firma Messer Griesheim ist für Stromstärken von 20 bis 250 A konstruiert. Die Betriebsspannung beträgt 100 bis 200 V. Die Einstellung der Stromstärke erfolgt stufenlos über einen Transduktorregelkreis /46/. Die maximale Schneidleistung beträgt ca. 32 kW.

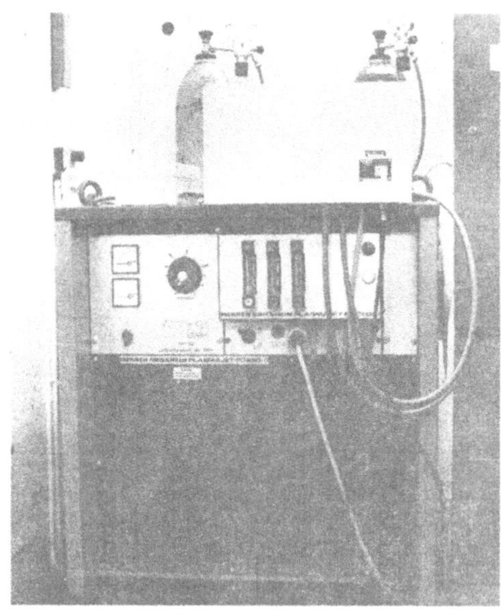

Bild 12: Plasmaschneidgerät (PC 250-1, Messer Griesheim)

Als Schneidgase wurden Argon, Wasserstoff und Stickstoff benutzt.

Beim Plasmabrenner PMC 250, ebenfalls von der Firma Messer Griesheim, wird das Prinzip des übertragenen Lichtbogens, der Spitzenelektrode und der indirekten Wasserkühlung verwendet. In dem aus Messing- und Kupferteilen zusammengesetzten Düsenhalter befindet sich das keramische Elektrodenzentrierstück. Die Elektrode wird durch eine sich im äußeren Mantel des Brenners befindliche Schraube arretiert. Aus Sicherheitsgründen ist der Plasmabrenner nach außen hin völlig isoliert. Die Stromzuführungskabel, die Gasleitung sowie die Kühlwasserleitung werden in einem Schlauchpaket vom Schneidgerät zum Brenner geführt /46,47/.

Der Lichtbogen wird indirekt mit einer Spitzenspannung von 5000 V und einer Frequenz von 200 kHz gezündet.

Bild 13: Versuchsaufbau beim Plasmaschneiden zum Gußputzen mit Industrieroboter

Zur Führung des Schneidbrenners wurde ein 6-achsiger Industrieroboter IR 160/60 der Firma KUKA verwendet. Die Wiederholgenauigkeit beträgt ± 0,45 mm bei 60 kg Nennlast /48/.

Die Programmierung kann sowohl im kartesischen als auch im werkzeugspezifischen Koordinatensystem erfolgen.

Zur Sicherheitseinrichtung gehören Absauganlage, Schallschutzkabine und Wasserstoff-Gaswarngerät. Die Absauganlage befindet sich unter dem Schneidtisch, so daß die Metallstäube und Gase von unten abgesaugt werden.

3.2 Definition von Bewertungsmerkmalen

Die Schnittqualität beim Plasmaschneiden hängt neben der Schnittdicke von verschiedenen Schneidparametern ab:

- Schneidgeschwindigkeit,
- Stromstärke,
- Schneidgaszusammensetzung,
- Düsenabstand und Düsendurchmesser.

In DIN 2310, Teil 4 Vornorm werden für die Einteilung der Güte von Schnittflächen die Kenngrößen Unebenheit und Riefentiefe, wie im Bild 14 gezeigt, verwendet.

KENNGRÖßE		UNEBENHEIT (mm)			RIEFENTIEFE (µm)
SCHNITTDICKE (mm)		5 bis 20	20 bis 30	30 bis 40	5 bis 20
SCHNITT-GÜTE	GÜTE 1	0,0 bis 0,7	0,0 bis 1,1	0,0 bis 1,5	0 bis 130
	GÜTE 2	0,7 bis 1,2	1,1 bis 1,7	1,5 bis 2,2	130 bis 210

Bild 14: Einteilung der Schnittflächengüte nach Vornorm DIN 2310, Teil 4

Um die Qualität der Schneidergebnisse jedoch quantitativ zu bewerten, sollen weitere Beurteilungskriterien durch Ermittlung verschiedener Parameter festgelegt werden.

3.2.1 Schnittflächenqualität

Beim Plasmaschneiden treten auf den Schnittflächen Riefen auf, die sich durch Erstarrungsvorgänge bzw. durch Schwankungen des Anodenfußpunktes bilden.

Die Riefen werden von technologischen Parametern beeinflußt und können durch Riefenbreite, Riefentiefe und Riefennachlauf sowie Riefenform charakterisiert werden.

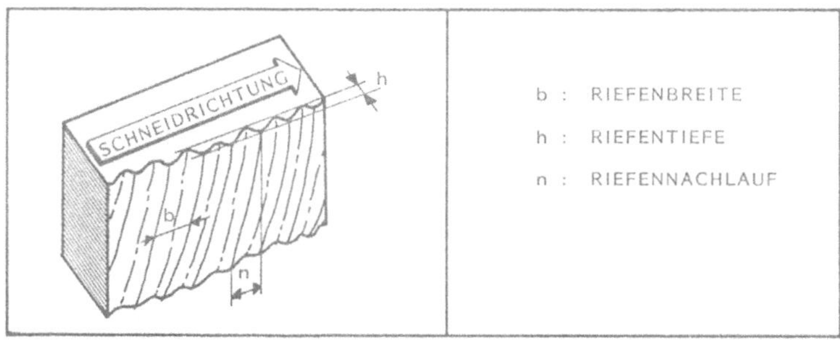

Bild 15: Riefenausbildung beim Plasmaschneiden

In einigen Veröffentlichungen /40,45,49/ wird die Gefügeveränderung bei hoher Temperatur des Plasmastrahles gezeigt. Die Einhärtungstiefe nimmt mit abnehmender Schneidgeschwindigkeit und größerer Schnittdicke zu. Abhängig von diesen Parametern beträgt die Einhärtungstiefe 0,2 bis 2 mm. Nach der Anwendungscharakteristik soll der Einfluß der Gefügeveränderung berücksichtigt werden. Die Beseitigung der Gefügeveränderung durch Glühen wird vorgeschlagen /40/.

Diese Einhärtung ist vor allem bei Stahlgußteilen sehr störend. Durch Optimierung der Schneidparameter kann jedoch die Einhärtungstiefe so minimiert werden, daß die in der Regel erforderliche Nachbearbeitung bzw. Glühung diese völlig beseitigt.

3.2.2 Schnittparallelität

Die Schneidleistung des Plasmastrahles verändert sich über die Schnittiefe, so daß drei Bereiche unterschieden werden können /10,50/:

- die positive Säule, in der durch Umwandlung der elektrischen Energie Wärme erzeugt wird,
- der Anodenfußpunkt mit dem Stromdichte- und Leistungsmaximum,
- die indirekte Plasmaflamme, in der keine Energie mehr freigesetzt wird.

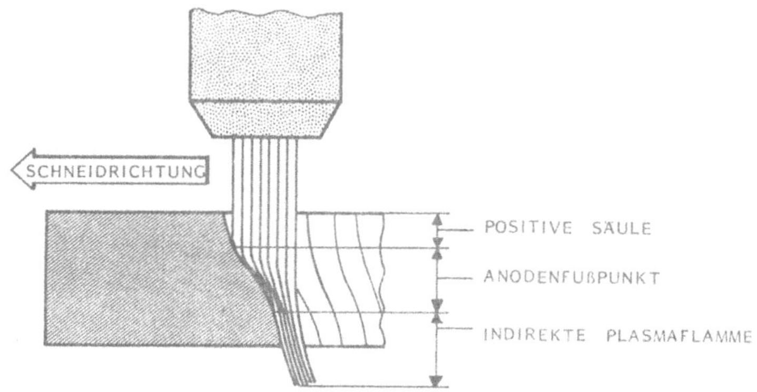

Bild 16: Die drei unterschiedlichen Bereiche in der Schnittiefe

Durch diese Leistungsinhomogenität über die Schnittiefe wird eine Verengung der Schnittfuge verursacht. Diese Konvergenz der Schnittflächen ist normalerweise störend und muß daher als Qualitätsmaß für den Plasmaschnitt berücksichtigt werden. Die Schnittparallelität wird durch die in Bild 17 dargestellten Parameter gekennzeichnet.

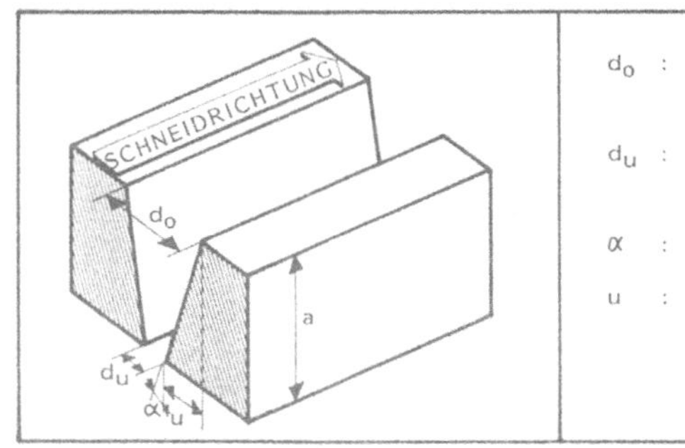

Bild 17: Bewertungsparameter für Schnittparallelität

3.2.3 Schnittkantenqualität

Die Schnittkanten können unregelmäßige Schnittprofile bilden, was bei entsprechender Ausbildung ebenfalls als qualitätsmindernd angesehen wird.

An der Schnittoberkante tritt eine Abschmelzung auf, deren Radius gemessen werden kann.

An der Schnittunterkante kommt es durch die auf die Schmelze wirkenden Adhäsionskräfte zu einer Bartbildung. Dieser Materialüberhang an der Schnittunterkante kann meistens durch Meißeln bzw. Schleifen leicht entfernt werden. Beim Feinputzen der Kante mit einem Fräser oder mit der Feile treten jedoch vielfach Schwierigkeiten wegen der Härte des Bartmaterials auf.

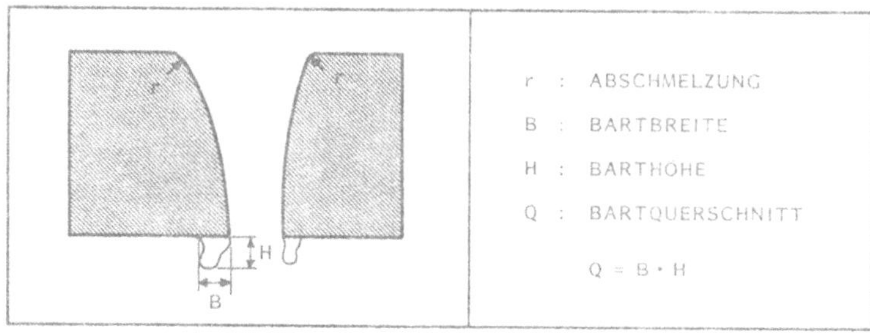

Bild 18: Querschnittsprofil einer Schnittfuge

3.2.4 Zusammenfassung der Bewertungsmerkmale

Die verschiedenen Bewertungsparameter lassen sich in drei Beurteilungskriterien zusammenfassen:

BEURTEILUNGS-KRITERIUM	SCHNITTFLÄCHEN-QUALITÄT	SCHNITT-PARALLELITÄT	SCHNITTKANTEN-QUALITÄT
QUALITÄTS-MERKMAL	Rauheit der Schnittfläche	Abweichungsgrad zwischen dem idealen und dem tatsächlichen Schnittflächenprofil. Bei idealer Schnitt-parallelität sind obere und untere Schnitt-fugenbreite gleich.	Abrundung an der Schnittoberkante und Bartausprägung an der Schnittunterkante
ZU MESSENDE PARAMETER	• Riefentiefe • Riefennachlauf • Riefenform • Riefenbreite	• Schnittwinkel • Unebenheit • obere/untere Schnittfugenbreite	• Abschmelzung • Bart

Bild 19: Bewertungsmerkmale der Schnittqualität beim Plasmaschneiden

Die Schnittqualität wurde in den im folgenden beschriebenen Versuchen in Abhängigkeit von den beeinflußbaren Schneidparametern untersucht.

Bild 20 zeigt ein Beispiel der Auswertungsformulare, die bei den Plasmaschneidversuchen verwendet wurden.

PLASMASCHNEID-VERSUCHE

IPA

WERKSTÜCK Nr.: 2003024 02.52.12 10 am 11. 10. 1985

• PARAMETER

1	Werkstoff		GG20	2	Schnittdicke (mm)	30
3	Stromstärke (A)		200	4	Schneidgeschw. (mm/min)	300
5	Plasma-gas (l/min)	Ar	24	6	Düsendurchmesser (mm)	2.0
		H_2	2,5	7	Düsenabstand (mm)	10
		N_2	21	8	Düsenanstellwinkel (°)	0
9	Wartezeit (sec)		3,5	10	Schneidrichtung	R
Merkmale	Zum Vergleich mit verschiedenen Gußwerkstoffen					

• AUSWERTUNG

1	Schnittfugenbreite (mm)	obere	5,60	
		untere	3,85	
2	Schnittwinkel (°)		1.62	
3	Unebenheit (mm)		0,85	
4	Riefenform			
5	Riefentiefe (mm)		klein	O
6	Riefenbreite (mm)		–	
7	Riefennachlauf (mm)		6,8 mm	
8	Kolkung		–	O
9	Abschmelzung		–	O
10	Bartbildung	Breite (mm)	5.0	
		Höhe (mm)	4,08	
Merkmale				

Bild 20: Auswertungsformular eines Plasmaschneidversuches

3.3 Schneidparameter beim Plasmaschneiden

3.3.1 Schneidgeschwindigkeit

Beim Plasmaschneiden kann aufgrund der hohen Leistungsdichte von thermischer und kinetischer Energie eine relativ hohe Schneidgeschwindigkeit bei großen Schnittdicken erreicht werden. In Bild 21 wurde die Schneidgeschwindigkeit beim Plasmaschneiden mit dem Pulverbrennschneiden verglichen.

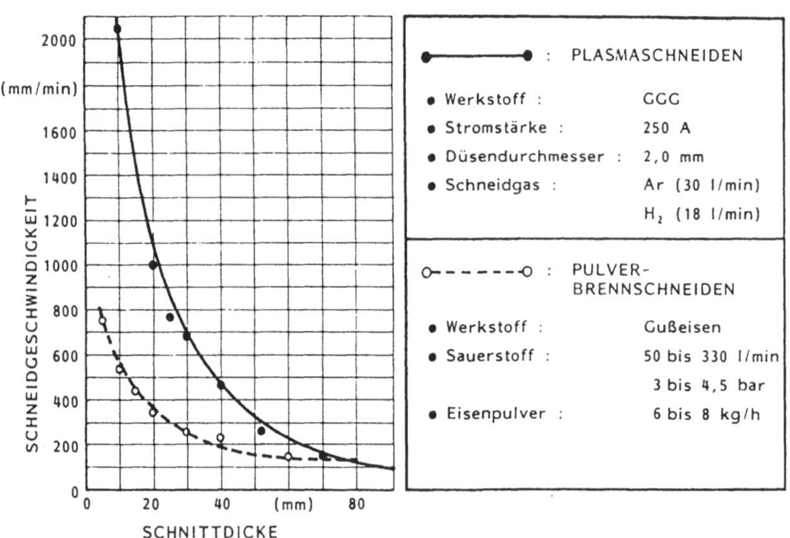

Bild 21: Vergleich der Schneidgeschwindigkeiten an Guß beim Plasmaschneiden und Pulverbrennschneiden. (Werte beim Pulverbrennschneiden nach /51/)

Beim Plasmaschneiden hängt aufgrund der externen Energiezuführung im Gegensatz zur Oxidationsenergie beim Pulverbrennschneiden die Schneidgeschwindigkeit besonders von der Schnittdicke ab.

Bis zur Schnittdicke von 40 mm ist die Schneidgeschwindigkeit beim Plasmaschneiden mehr als doppelt so hoch wie beim

Pulverbrennschneiden. Bis zur Schnittdicke von 70 mm sind die Werte der Schneidgeschwindigkeit beim Plasmaschneiden größer als die Geschwindigkeit beim Pulverbrennschneiden. Bemerkenswert ist auch, daß der Gasverbrauch beim Pulverbrennschneiden durchschnittlich mehr als doppelt so hoch wie beim Plasmaschneiden ist.

Die durchgezogene Linie zeigt die Werte für einen Qualitätsschnitt beim Plasmaschneiden, der bei einer bestimmten Schnittdicke durch Optimierung der Schneidgeschwindigkeit als beste Schnittqualität angesehen werden kann. Der Trennschnitt mit maximaler Durchtrenngeschwindigkeit bei einer bestimmten Schnittdicke ohne Berücksichtigung der Schnittqualität ermöglicht um 20 bis 50 % höhere Schneidgeschwindigkeiten als der Qualitätsschnitt. Die Versuche haben gezeigt, daß die maximale Schnittdicke bei einer Stromstärke von 250 A bei 90 mm liegt.

Im folgenden werden in eigenen Versuchen die Einflüsse der Änderung der Schneidgeschwindigkeit auf die Schnittqualität nach drei Beurteilungskriterien (Schnittflächenqualität, Schnittparallelität, Schnittkantenqualität) und der Zusammenhang zwischen diesen Kriterien analysiert (siehe <u>ANHANG I</u>).

- <u>Schnittflächenqualität</u>

Bei hoher Schneidgeschwindigkeit ergeben sich beim Riefennachlauf drei Bereiche:

- An der positiven Säule an der Schnittoberkante tritt ein großer Neigungswinkel gegen die Brennerachse auf.
- Durch die Wirkung des Anodenfußpunktes zeigt sich fast geradlinig ein geringer Neigungswinkel.
- An der Schnittunterkante zeigt sich durch die indirekte Plasmaflamme wieder ein großer Neigungswinkel.

Die unterschiedlichen Neigungswinkel bedeuten offensichtlich unterschiedliche Energieübertragungsraten des Plasmastrahles in der Schnittfuge.

Bei niedrigeren Geschwindigkeiten, d.h. bei größerer Energieaufnahme verschwindet der Bereich mit großem Neigungswinkel an der Schnittunterkante und der Neigungswinkel der Riefen wird geringer. Der Riefennachlauf verringert sich ebenfalls.

SCHNEIDGESCHW. (mm/min)	100	150	200	250	300	400
RIEFENFORM						
RIEFENNACHLAUF (mm)	-	4,0	4,75	5,0	5,4	5,25
RIEFENBREITE (mm)	-	0,9 bis 1,0	0,65	0,5 bis 0,6	0,7 bis 0,9	0,6 bis 0,7

Werkstoff :	St 37,	Schnittdicke :	25 mm
Stromstärke :	200 A	Düsenabstand :	7 mm
Schneidgas :	Ar (30 l/min)		
	H_2 (18 l/min)		

Bild 22: Schnittflächenqualität bei verschiedenen Schneidgeschwindigkeiten (siehe ANHANG I)

Bei abnehmender Geschwindigkeit wird auch die Riefentiefe geringer und die Riefenform abgerundet aufgrund der höheren Energieaufnahme. Bei zu niedrigen Geschwindigkeiten treten aber kleine abgeschmolzene Zonen im oberen Teil der Schnittfläche auf, die der Glätte der Schnittfläche schaden. Die Riefenbreite ist dagegen fast unabhängig von der Schneidgeschwindigkeit.

Störfaktor für die Schnittflächenqualität bei höheren Geschwindigkeiten ist die große Riefentiefe. Bei optimalen

Schneidgeschwindigkeiten ergibt sich eine Gerade oder eine leicht gekrümmte Linie als Riefenprofil.

Unter den in Bild 22 beschriebenen Bedingungen beträgt dieser Wert 200 mm/min.

- Schnittparallelität

Der Anodenfußpunkt in der Schnittfuge ist nicht ortsfest, sondern bewegt sich auf und ab. Bei optimalen Schneiddaten liegt der Anodenfußpunkt etwa in der Werkstückmitte /50/.

Da der Plasmastrahl mit hoher kinetischer Energie den Anodenfußpunkt des Lichtbogens weit nach unten drückt, verschiebt er sich auch bei kleineren Schneidgeschwindigkeiten und die untere Schnittfugenbreite wird größer.

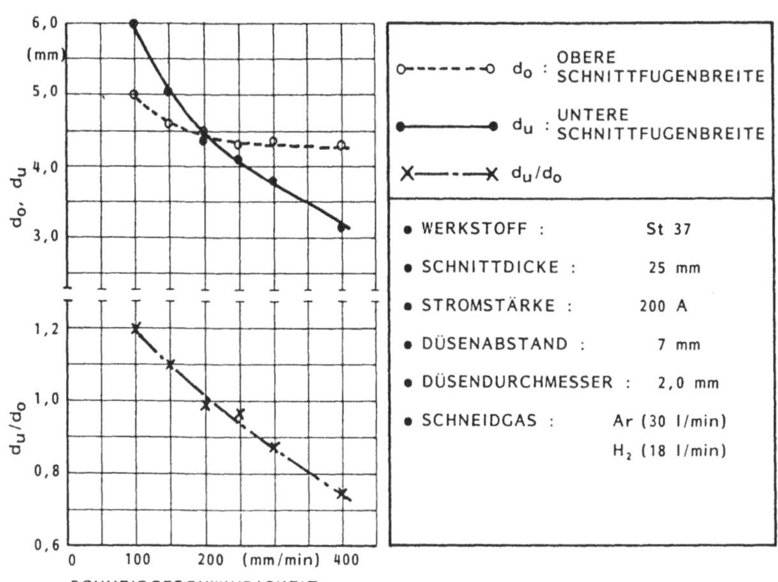

Bild 23: Schnittfugenbreite bei verschiedenen Schneidgeschwindigkeiten (siehe ANHANG I)

Im Gegensatz dazu wird die obere Schnittfugenbreite in der positiven Säule durch den Anodenfußpunkt fast nicht beeinflußt. Nur im Bereich der niedrigen Geschwindigkeiten wird wegen größeren Energieübertragungsraten die obere Schnittfugenbreite etwas größer.

Bei höheren Schneidgeschwindigkeiten treten damit V-förmige Schnittfugen ($d_u/d_o < 1$), bei niedrigeren Schneidgeschwindigkeiten dagegen Λ-förmige Schnittfugen ($d_u/d_o > 1$) auf.

Hieraus folgt, daß der Ansatzpunkt des Anodenfußpunktes für die Schnittparallelität eine wichtige Rolle spielt.

Durch Optimierung der Schneidgeschwindigkeit läßt sich nahezu ein Parallelschnitt erzielen. Unter den beschriebenen Versuchsbedingungen erreicht man diesen Schnitt bei einer Geschwindigkeit von 200 mm/min.

- Schnittkantenqualität

Im Gegensatz zum Brennschneiden ist der Radius der Abschmelzung an der Schnittoberkante beim Plasmaschneiden sehr klein. Bei den in Bild 24 beschriebenen Bedingungen ist der Radius der Abschmelzung kleiner als 0,2 mm. Der Einfluß auf die Abschmelzung ist bei visueller Beurteilung kaum bemerkbar.

Die Bartbildung an der Schnittunterkante ist jedoch ein wesentliches Qualitätsmerkmal, da sie aufwendige Nachbearbeitung der Gußteile zur Folge haben kann.

Bild 24 zeigt die Bartgröße in Abhängigkeit von verschiedenen Schneidgeschwindigkeiten. Die Bartbildung an der Schnittunterkante tritt sowohl bei hohen Schneidgeschwindigkeiten als auch bei niedrigen auf.

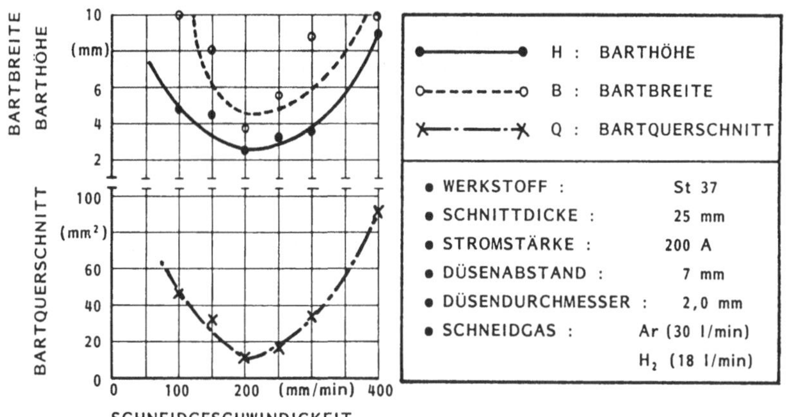

Bild 24: Bartquerschnitt bei verschiedenen Schneidgeschwindigkeiten (siehe ANHANG I)

Die Schneidgeschwindigkeit mit dem kleinsten Bartquerschnitt liegt ebenfalls bei 200 mm/min.

- Zusammenfassung der Versuchsergebnisse

Bei der Betrachtung der Schnittflächenqualität ergibt sich bei niedrigen Schneidgeschwindigkeiten als optimale Riefenform eine gerade oder leicht gekrümmte Linie. Mit Erniedrigung der Schneidgeschwindigkeit verringert sich der Riefennachlauf und die Riefentiefe. Allerdings treten bei zu niedriger Schneidgeschwindigkeit kleine abgeschmolzene Zonen im oberen Teil der Schnittfläche auf. Der optimale Wert der Schneidgeschwindigkeit liegt bei 200 mm/min.

Auch bei der Schnittparallelität und der Schnittkantenqualität liegt dieser Wert bei 200 mm/min, so daß sich in allen Versuchen bei gleichen Voraussetzungen dieselbe optimale Schneidgeschwindigkeit ergibt und somit die beste Schnittqualität ohne Kompromisse erreicht werden kann.

3.3.2 Stromstärke

Die Schneidleistung beim Plasmaschneiden hängt im wesentlichen von der Stromstärke im Plasmalichtbogen ab. Je höher die Stromstärke im Lichtbogen, desto größer ist die Anzahl der ionisierten Atome.

Durch die Gasionisation wird die Temperatur der Gase im Brenner stark erhöht. Wenn der Gasstrom als Volumenstrom in der Anlage ausgeregelt wird, ergibt sich damit eine Erhöhung des Druckabfalls an der Düse und damit im Gasschlauch gegenüber dem Druckabfall ohne Lichtbogen.

Diese Druckerhöhung ist im Bild 25 dargestellt. Sie ist abhängig von der Gasart und von der Stromstärke (siehe ANHANG II). Dadurch bietet sich die Möglichkeit, den Zündvorgang über diese Größe zu steuern. Beim Zünden des Schneidlichtbogens muß der Brenner einige Sekunden an der Zündstelle verharren, um den Lichtbogen zu stabilisieren.

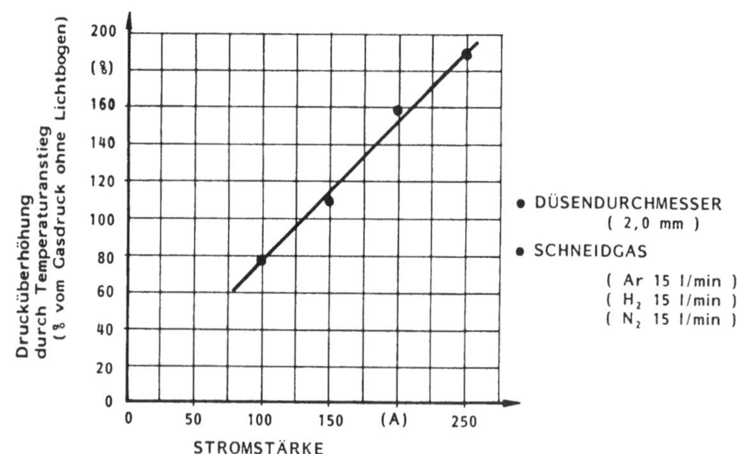

Bild 25: Drucküberhöhung in Abhängigkeit von der Stromstärke (siehe ANHANG II)

Diese Wartezeit kann entsprechend der Schnittdicke, der Werkstoffart und der Stromstärke nach Erfahrungswerten festgelegt und an einem Zeitrelais eingestellt werden. Da diese Erfahrungswerte aber lediglich eine Näherung für die tatsächlichen Verhältnisse bilden, kommt es an der Zündstelle oft zu hohen Abschmelzungen, die die Qualität erheblich beeinträchtigen.

Durch Messen der Drucküberhöhung kann jedoch das Ende der Zündphase präzise festgestellt werden und die Führungsmaschine den Brenner zu einem optimalen Zeitpunkt in Bewegung setzen.

Die Stromstärke im Lichtbogen bestimmt die erreichbare Schneidgeschwindigkeit. Bild 26 zeigt die Verhältnisse für Qualitätsschnitte. Die Kurven zeigen geradlinige Verläufe, d.h. die Schneidgeschwindigkeit steht in diesem Bereich in einem konstanten Verhältnis zur Stromstärke.

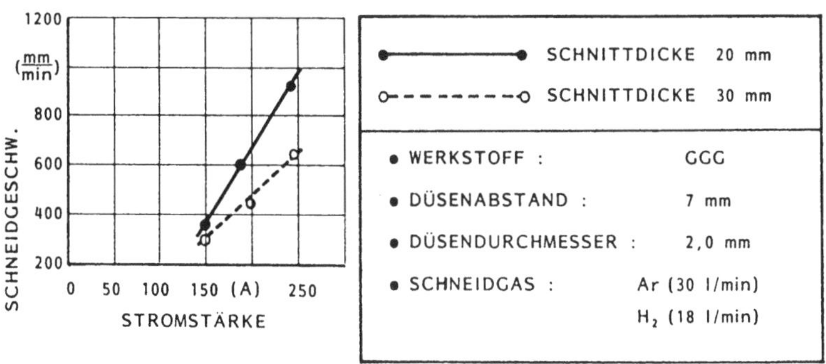

Bild 26: Schneidgeschwindigkeit in Abhängigkeit von der Stromstärke (siehe ANHANG III)

Dabei wird deutlich, daß die Zunahme der erreichbaren Schneidgeschwindigkeit durch Erhöhung der Stromstärke bei geringeren Schnittdicken größer ist. Deshalb muß die Stromstärke besonders bei geringen oder wechselnden Schnittdicken entsprechend der Schneidgeschwindigkeit gesteuert werden.

Auf Grund der hohen Temperatur des Plasmastrahls wird die Düse trotz starker Wasserkühlung hoch erhitzt. Die einzige Möglichkeit, trotzdem eine akzeptable Standzeit der Düse zu erzielen, liegt in der Anpassung des Düsendurchmessers entsprechend der Stromstärke. Andererseits verschlechtert sich mit abnehmender Stromdichte in der Düse die Schnittqualität bzw. die Schneidgeschwindigkeit. Hier muß für jeden Einsatzfall ein Kompromiß gefunden werden.

Hierbei wird die Stromdichte folgendermaßen definiert:

$$\text{Stromdichte} = \frac{\text{Stromstärke}}{\text{Austrittsfläche der Düse}}$$

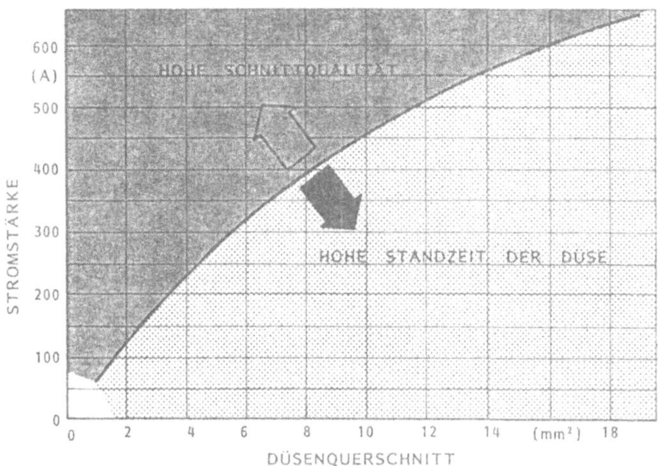

Bild 27: Einfluß der Stromdichte auf die Schnittqualität und Standzeit der Düse /18,51/

- Schnittflächenqualität

Die Riefenform bleibt bei verschiedenen Stromstärken unverändert. Mit zunehmender Stromstärke wird jedoch der Riefennachlauf kleiner.

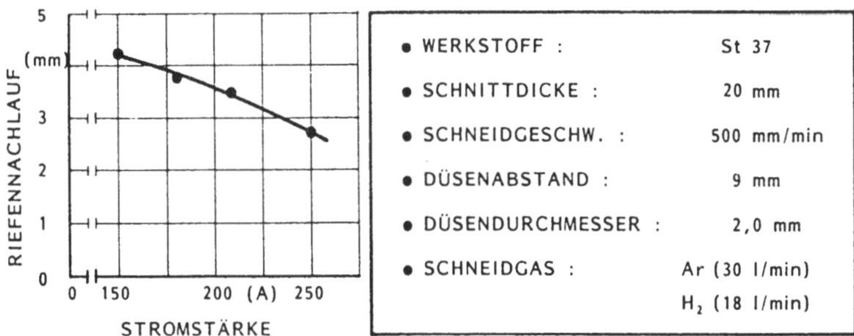

Bild 28: Riefennachlauf in Abhängigkeit von der Stromstärke (siehe ANHANG III)

Die Riefentiefe bleibt fast konstant. Bei größerer Stromstärke verbreitet sich das abgeschmolzene Material wie kleine Tröpfchen auf der ganzen Schnittfläche und erzeugt neue Streifen senkrecht zur Schneidrichtung wie bei den Riefen. Dies kann damit erklärt werden, daß bei hohen Stromstärken das Verhältnis zwischen kinetischer und thermischer Energie des Plasmastrahles immer geringer wird, bis schließlich mehr Material aufgeschmolzen wird, als durch den Gasstrahl ausgeblasen wird.

Diese Streifen vermindern die Schnittflächenqualität. Bei geringer Stromstärke werden die Tröpfchen nur im oberen Teil der Schnittfläche erzeugt.

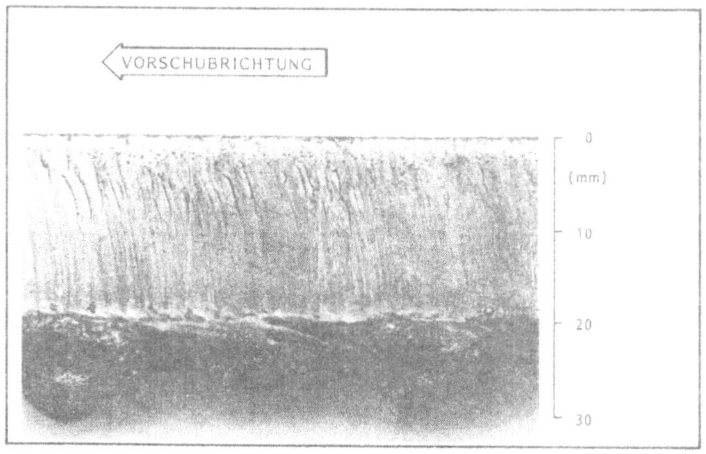

Bild 29: Riefen- und Bartbildung bei zu hoher Stromstärke (250 A)

- Schnittparallelität

Mit zunehmender Stromstärke nimmt die Schnittfugenbreite zu. Die obere Schnittfugenbreite beträgt unter dem in

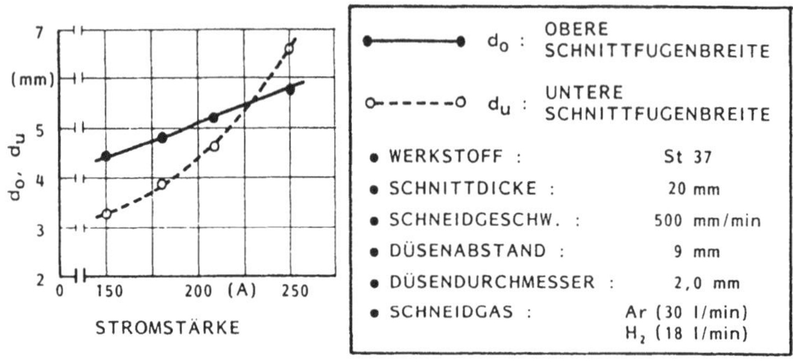

Bild 30: Schnittfugenbreite in Abhängigkeit von der Stromstärke (siehe ANHANG III)

Bild 30 beschriebenen Bedingungen zwischen 4 und 6 mm und ist in der Regel 2 bis 3 mal größer als der Düsendurchmesser.

Wie auch bei der Schneidgeschwindigkeit kann man eine überproportionale Zunahme der oberen Schnittfugenbreite erkennen. Bei Stromstärke 225 A, Schneidgeschwindigkeit 500 mm/min sind die beiden Schnittfugenbreiten bei den Versuchsbedingungen gleich. Die Schnittfugenbreite ist jedoch außer von der Stromstärke und der Schneidgeschwindigkeit noch von anderen Schneidparametern, z.B. dem Düsenabstand, abhängig.

- Schnittkantenqualität

Der Radius der Abschmelzung an der Schnittoberkante blieb fast unverändert. Da die Bartbildung an der Schnittunterkante neben der Stromstärke auch im Zusammenhang mit Schneidgeschwindigkeit, Düsenabstand und Schneidgaszusammensetzung steht, läßt sich die Bartbildung nicht allein in Abhängigkeit von der Stromstärke erklären. Aber die bartfreie Zone wird mit zunehmender Stromstärke größer, denn die hohe thermische Energie bei großer Stromstärke bewirkt eine hohe Werkstücktemperatur, so daß ein Wiederanschmelzen des Materials an der Schnittunterkante vermieden werden kann.

- Zusammenfassung der Versuchsergebnisse

Es ist kein wesentlicher Einfluß der Stromstärke auf die Riefentiefe feststellbar. Hohe Stromstärken vermindern jedoch die Schnittflächenqualität, da sich abgeschmolzene Tröpfchen streifenförmig auf der Schnittfläche absetzen. Dieser Effekt bildet die obere Grenze der Stromstärke bei einer bestimmten Schnittdicke, wenn eine gute Schnittflächenqualität erreicht werden soll.

Wie bei der Schneidgeschwindigkeit, ergibt sich mit steigender Stromstärke eine proportionale Zunahme der oberen Schnittfugenbreite und überproportionale Zunahme der unteren Schnittfugenbreite.

Der Einfluß auf die Qualität der oberen Schnittkante ist vernachlässigbar. Die bartfreie Zone an der Schnittunterkante wird bei zunehmender Stromstärke größer. Offensichtlich muß hier ein Kompromiß zwischen Bartfreiheit und Schnittflächenqualität angestrebt werden.

3.3.3 Schneidgaszusammensetzung

Das Schneidgas beim Plasmaschneiden dient als Energieträger sowohl der thermischen Energie zum Aufschmelzen des Materials als auch der kinetischen Energie zum Austreiben des Materials aus der Schnittfuge. Als Plasmagase werden Argon, Stickstoff, Wasserstoff, Sauerstoff, Helium und Neon bzw. Gemische oder Druckluft verwendet.

An die Schneidgase werden deshalb folgende Anforderungen gestellt:

- gute Wärmeübertragung
  Durch diese Eigenschaft des Schneidgases kann die in Wärme umgewandelte Lichtbogenenergie das Aufschmelzen des Werkstückes in der Schnittfuge unterstützen.
- gute Impulsübertragung
  Die durch hohes Atom- bzw. Molekulargewicht große kinetische Energie der Gase treibt das geschmolzene Material aus der Schnittfuge aus.
- niedrige Dissoziations- und Ionisationsenergie
  Dies gewährleistet ein sicheres Zünden des Lichtbogens bei niedriger Leerlaufspannung der Stromquelle.

Außerdem sollte eine ausreichende Standzeit der Elektrode und der Düse erreicht werden. Dies bedeutet, daß eine Oxidation der Elektrode möglichst vermieden werden soll, da sie einen schnellen Verschleiß der Elektrodenspitze verursacht. Durch den Verschleiß kann der Plasmastrahl pendeln und erzeugt damit Metallspritzer an der Schnittoberkante, die das Schneidergebnis verschlechtern.

Die Überhitzung zerstört die Zentrierung der Düsenbohrung, dies führt zu einer übermäßigen Riefentiefe.

Bild 31 zeigt einige physikalische Eigenschaften der Schneidgase.

Gas / Eigenschaft	Ar	H_2	N_2	O_2	He	Ne	Luft
Molekulargewicht M ($\frac{kg}{kmol}$)	39,944	2,016	28,016	32,000	4,003	20,183	28,967
Wärmeleitfähigkeit λ ($\frac{W}{m \cdot K}$) (1 bar, 5000 K)	0,131	3,663	0,657	0,616	1,050	0,293	0,718
molare Wärmekapazität c_m ($\frac{kJ}{kmol \cdot K}$) (1 bar, 5000 K)	19,711	46,509	38,096	42,380	20,865	20,865	38,721
Dissoziations-energie E_d ($\frac{kJ}{mol}$)	.	435	950	498	.	.	846
Ionisationsenergie E_i ($\frac{kJ}{mol}$)	1520	1310	1400	1310	2370	2080	1360

Bild 31: Physikalische Eigenschaften der Schneidgase /52,53/

Argon weist hier das höchste Atomgewicht auf. Die hohe kinetische Energie des strömenden Argons erleichtert das Ausblasen des geschmolzenen Materials aus der Schnittfuge. Im Gegensatz dazu stehen Wasserstoff und Helium, die wegen geringen Atom- bzw. Molekulargewichts nur geringere kinetische Energien übertragen können. Die Impulsübertragung von Stickstoff, Sauerstoff und Luft hat mittlere Werte.

Im Gegensatz zu Argon und Neon hat Wasserstoff eine sehr hohe spezifische Wärme und Wärmeleitfähigkeit, wodurch die Wärme gut auf das Werkstück übertragen wird.

Über den Gasdruck im Schlauchpaket kann auf die Temperatur der Gase im Brenner geschlossen werden und damit auf den Fortschritt des Ionisationsprozesses (siehe ANHANG II). Die Anteile der einzelnen Gaskomponenten an dieser Druckerhöhung sind jedoch vom individuellen Temperaturprofil und damit von der Gasart abhängig. Bild 32 zeigt den Verlauf der Drucküberhöhung für verschiedene Gase bei der Veränderung des Volumenstroms. Dabei wird deutlich, daß die Ionisation von Argon eine stärkere Drucküberhöhung verursacht als Wasserstoff oder Stickstoff. Mit Argon kann der Zündvorgang aufgrund der niedrigen Zündspannung leichter erfolgen. Im Gegensatz dazu braucht Wasserstoff eine höhere Spannung, um eine genügende Gasmenge zu ionisieren.

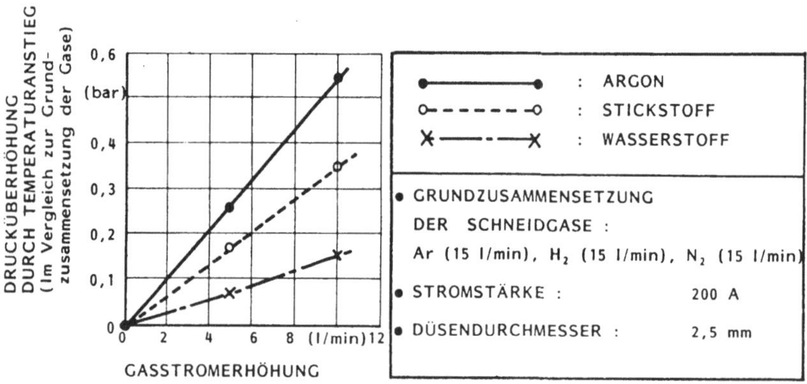

Bild 32: Druckerhöhung in Abhängigkeit von der Gasart (siehe ANHANG II)

Im folgenden sollen Versuche beschrieben werden, die unter zwei Gesichtspunkten durchgeführt wurden (siehe ANHANG IV):

a) Einfluß der Schneidgasarten auf die Schnittqualität:
Dieser Versuch wurde bei konstanter Gesamtgasmenge und verschiedenen Gaszusammensetzungen durchgeführt.

b) Einfluß der absoluten Schneidgasmenge auf die Schnittqualität:
Das Mischungsverhältnis der Gaszusammensetzung blieb konstant und die gesamte Gasmenge wurde variiert.

a) Einfluß der Gasart

- Schnittflächenqualität

Die Riefentiefe bleibt fast unabhängig von der Gaszusammensetzung.

Die Schnittfläche wird bei einem großen Wasserstoffanteil aufgrund des Reduktionscharakters eben und glänzend. Infolge der hohen spezifischen Wärme des Wasserstoffes entsteht eine scharfe Spur angeschmolzener Materialien an der oberen Schnittfläche.

Anders ist die Wirkung von Stickstoff, durch den die Schnittfläche mattiert wird. Eine abgerundete Spur angeschmolzener Materialien entsteht wie ein Kapillarnetz im unteren Bereich der Schnittfläche.

Der Einfluß von Argon ist ähnlich dem von Stickstoff, jedoch weniger ausgeprägt.

Der Riefennachlauf ist bei einem Schnitt mit hohem Argonanteil groß. Mit einem hohen Stickstoffanteil läßt sich ein vergleichsweise geringer Riefennachlauf erreichen (siehe ANHANG IV).

Der Riefennachlauf hängt offensichtlich von der Wärmeübertragung und der Impulsübertragung ab. Die Riefenform bleibt bei Änderung der Gaszusammensetzung fast unverändert.

- Schnittparallelität

Mit zunehmendem Argonanteil vergrößert sich die obere Schnittfugenbreite. Ein größerer Wasserstoffanteil vergrößert die untere Schnittfugenbreite. Dies kann damit erklärt werden, daß der Gasanteil mit hoher Impulsübertragung die obere Schnittfugenbreite verbreitert und die untere Schnittfugenbreite verkleinert. Der Schnitt mit einem Gas mit großer Wärmeübertragung weist eine kleinere obere Schnittfugenbreite und eine größere untere Schnittfugenbreite auf.

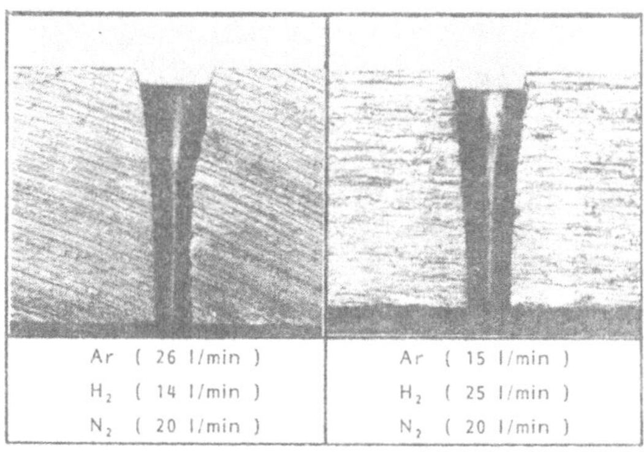

Ar (26 l/min)	Ar (15 l/min)
H_2 (14 l/min)	H_2 (25 l/min)
N_2 (20 l/min)	N_2 (20 l/min)

Bild 33: Vergleich der Schnittfugenbreite in Abhängigkeit von der Gasart

Die Gaskomponente mit großer Wärmeübertragung verbessert die Schnittparallelität (siehe ANHANG IV).

- Schnittkantenqualität

Die Abschmelzung an der Schnittoberkante ist fast unabhängig von der Gaszusammensetzung.

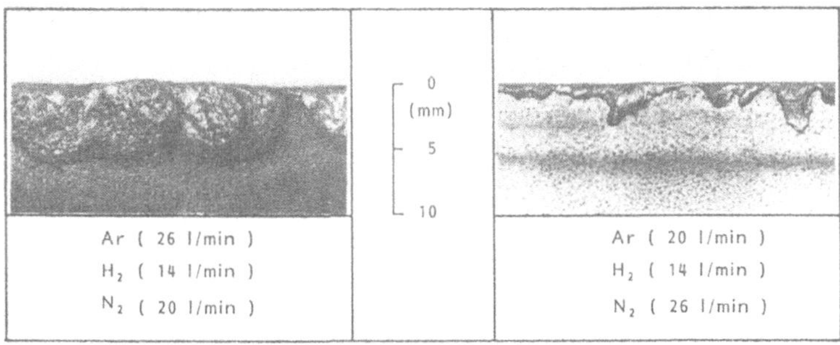

Bild 34: Vergleich der Bartbildung in Abhängigkeit von der Gasart (siehe ANHANG IV)

Bei der Bartbildung an der Schnittunterkante läßt sich jedoch durch die Zugabe von Stickstoff eine erhebliche Reduktion erreichen. Argon verursacht dabei die größere Bartbildung.

b) Einfluß der Gasmenge

Der Versuch wurde mit 100 % (Ar: 30 l/min, H_2 : 18 l/min), 80 % und 60 % der maximalen Gasmenge unter Beibehaltung des gleichen Mischungsverhältnisses (Ar:H_2 = 5:3) durchgeführt.

Bei ungenügender Gasmenge entsteht eine rauhe Schnittfläche, d.h. größere Riefentiefe. Die Riefenform bleibt jedoch fast gleich.

Bei ungenügender Gasmenge verringert sich die kinetische Energie des Plasmastrahles. Dies verursacht eine größere Schnittfugenbreite und einen größeren Schnittwinkel, da der Anodenfußpunkt nicht weiter nach unten wandert.

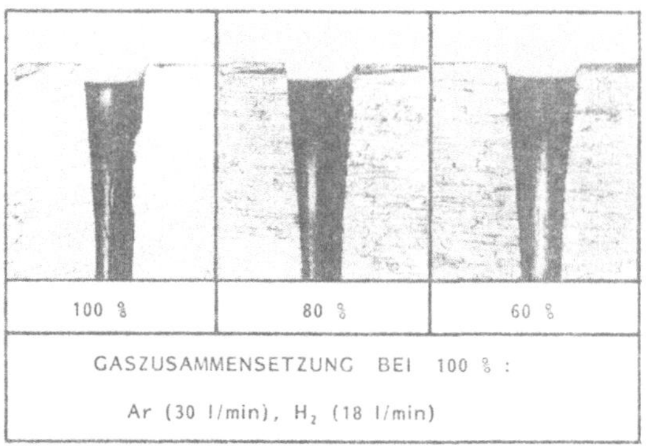

Bild 35: Vergleich der Schnittfugenbreite in Abhängigkeit von der Gasmenge (siehe ANHANG IV)

Bei geringer Gasmenge wird wegen ungenügender kinetischer Energie der Gase der Bartquerschnitt größer.

- Zusammenfassung der Versuchsergebnisse

Die Auswahl der geeigneten Gasart kann je nach dem Beurteilungskriterium verschieden ausfallen. Über die absolute Gasmenge unter Beibehaltung des Mischungsverhältnisses kann allgemein gesagt werden, daß die bessere Schnittqualität mit der größeren Gasmenge erreicht wird.

BEURTEILUNGS-KRITERIUM \ PARAMETER		GASART		
		Ar	H_2	N_2
SCHNITTFLÄCHENQUALITÄT		◐	●	○
SCHNITTWINKEL		○	●	◐
SCHNITTFUGEN-BREITE	OBERE	○	●	◐
	UNTERE	●	○	◐
BARTBILDUNG		○	◐	●

● GUT ◐ MITTEL ○ SCHLECHT

Bild 36: Einfluß der Gasart auf die Schnittqualität

3.3.4 Düsenabstand

Beim Plasmaschneidverfahren mit übertragenem Lichtbogen wird durch Einschnürung in einer Düse mit kleinem Düsendurchmesser ein dicht gebündelter Plasmastrahl erzeugt.

Da der Abstand der Düse vom Werkstück in Zusammenhang mit der Position des Fußpunktes des Plasmalichtbogens steht /21/ und dadurch Einfluß auf die Schnittqualität hat, sollte der Düsenabstand optimiert und konstant gehalten werden. Bei der Optimierung muß der Einfluß des Düsendurchmessers berücksichtigt werden, da die Stromdichte vom Düsendurchmesser abhängt.

Die Untersuchung in diesem Kapitel soll den Einfluß des Düsenabstandes auf die Schnittqualität zeigen. Die Zone des optimalen Düsenabstandes wird hierbei ermittelt. Ferner wird der Einfluß der Stromdichte (durch die Änderung des Düsendurchmessers bzw. Änderung der Stromstärke) auf die Schnittqualität und auf den optimalen Düsenabstand untersucht.

Bild 37 zeigt die Schneidparameter (z.B. Stromstärke, Düsendurchmesser) bei Versuch 1, 2 und 3, (siehe ANHANG V) bei optimaler Schneidgeschwindigkeit.

SCHNEIDPARAMETER	VERSUCH 1	VERSUCH 2	VERSUCH 3
STROMSTÄRKE (A)	200	200	250
DÜSENDURCHMESSER (mm)	2,0	2,5	2,5
STROMDICHTE (A/mm²)	63,7	40,7	50,9
SCHNEIDGESCHW. (mm/min)	600	600	700
VARIATIONSBEREICH DES DÜSENABSTANDES (mm)	4,0 bis 19,0	6,0 bis 25,0	7,0 bis 30,0

Werkstoff: St 37, Schnittdicke: 20 mm,
Elektrodenabstand: 3,5 mm, Schneidgas: Ar (30 l/min)
Elektrodendurchmesser: 4,0 mm, H_2 (18 l/min).

Bild 37: Schneidparameter bei drei Versuchen (siehe ANHANG V)

- Schnittflächenqualität

Die Riefenform bleibt bei einer Änderung des Düsenabstandes unverändert, der Riefennachlauf ändert sich jedoch mit dem Düsenabstand. Mit größerem Düsenabstand wird der Riefennachlauf geringer.

In Versuch 2 ist der Riefennachlauf größer als in den Versuchen 1 und 3 (siehe Bild 38). Daraus folgt, daß die höhere Stromdichte den geringeren Riefennachlauf erzeugt.

Mit zunehmendem Düsenabstand nimmt der Riefennachlauf bis auf einen bestimmten Wert ab, und bleibt dann fast konstant. In den Versuchen 1 und 2 beträgt dieser Abstand

8 mm, bei Versuch 3 10 mm. Das bedeutet, daß zur Stabilisierung des Lichtbogens ein bestimmter Abstand zwischen der Elektrode und dem Werkstück mit einem Toleranzbereich gehalten werden muß.

Die Riefen werden mit zunehmendem Düsenabstand abgerundeter, deshalb wird die Riefentiefe kleiner. Dafür ist im wesentlichen die Verteilung der kinetischen Energie aufgrund der Divergenz des Plasmastrahles verantwortlich. Das gilt bei allen drei Versuchen. Sowohl bei zu geringem Düsenabstand als auch bei zu großem Abstand entsteht eine kleine abgeschmolzene Zone im oberen Bereich der Schnittfläche und vermindert die Schnittflächenqualität.

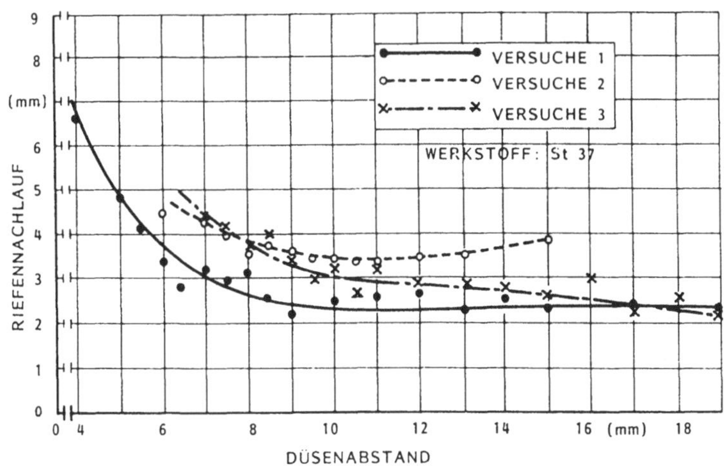

Bild 38: Riefennachlauf in Abhängigkeit vom Düsenabstand
(siehe ANHANG V)

In Versuch 1 sind die Schnittflächen unter Berücksichtigung der Riefentiefe bei einem Düsenabstand von 8,0 mm bis 14,0 mm optimal. Bei zu geringen Düsenabständen (unter 6,0 mm) und zu großen Düsenabständen (über 16,0 mm) wird eine Schmelzspur im oberen Teil der Schnittfläche erzeugt.

In Versuch 2 sind wie in Versuch 1 Düsenabstände von 8,0 mm und 12,0 mm akzeptabel. Wie in Versuch 3 erreicht man mit einem Düsenabstand von 9,0 mm bis 20 mm eine gute Schnittflächenqualität. Man erkennt, daß mit größeren Stromstärken die Zone des optimalen Düsenabstandes für eine gute Schnittflächenqualität zunimmt.

- Schnittparallelität

Im Gegensatz zur Schneidgeschwindigkeit und Stromstärke (siehe Kapitel 3.3.1 und 3.3.2) ändert sich im wesentlichen nur die obere Schnittfugenbreite mit dem Düsenabstand. Dabei nimmt die obere Schnittfugenbreite mit steigendem Düsenabstand bei allen drei Versuchen zu. Dies wird auch hier durch die Divergenz des Plasmastrahles verursacht.

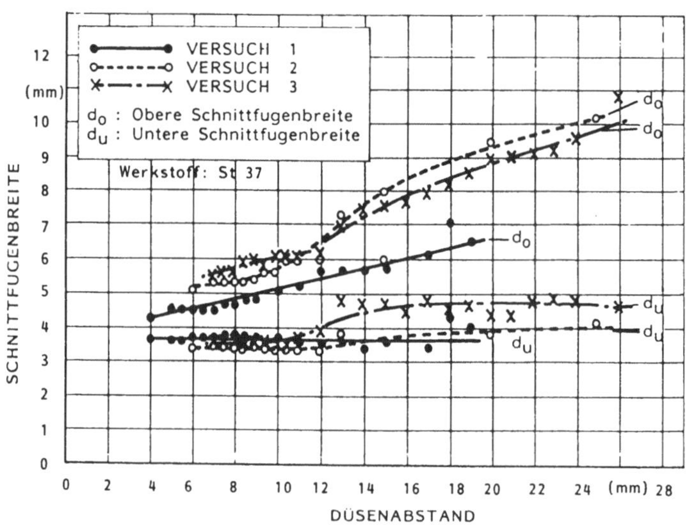

Bild 39: Schnittfugenbreite in Abhängigkeit vom Düsenabstand (siehe ANHANG V)

Die obere Schnittfugenbreite läßt sich aber durch eine höhere Stromdichte verringern.

Bild 40 zeigt, daß sich bei höherer Stromdichte ein geringerer Schnittwinkel ergibt, und dadurch eine bessere Schnittparallelität erzielt wird.

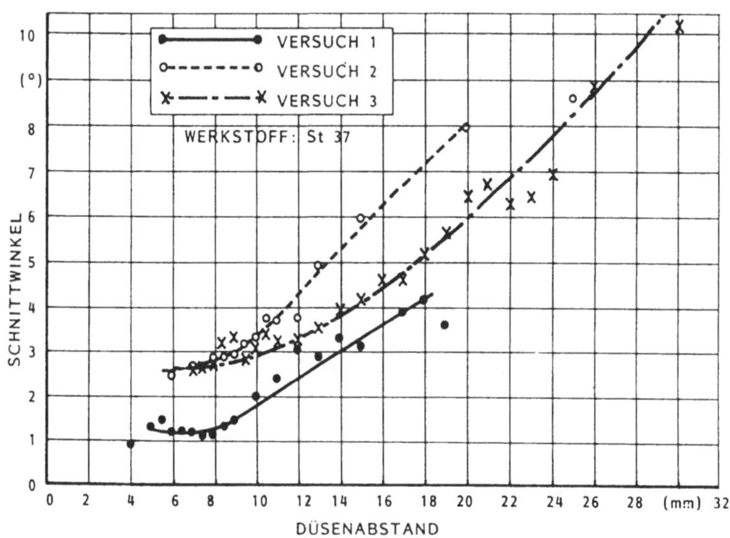

Bild 40: Schnittwinkel in Abhängigkeit vom Düsenabstand (siehe ANHANG V)

- Schnittkantenqualität

Der Plasmastrahl ist ein sehr dicht gebündelter Gasstrom. Der Querschnitt des Plasmastrahles vergrößert sich jedoch mit zunehmender Länge des Lichtbogens, wobei die Stromdichte verringert wird. Der Divergenzwinkel beträgt ca. 6° /18/. Die Abschmelzung an der Schnittoberkante wird deshalb mit zunehmendem Düsenabstand größer. Mit der Stromstärke nimmt der Radius der Abschmelzung geringfügig zu.

In Bild 41 zeigt sich die Abhängigkeit der Bartbildung von Stromstärke, Düsendurchmesser und Düsenabstand.

Im Bereich kleiner Abstandswerte zeigen alle drei Kurven die Abnahme des Bartquerschnittes mit zunehmendem Düsenabstand. Für große Werte steigt der Bartquerschnitt mit zunehmendem Düsenabstand wieder an.

Bei geringer Stromdichte (Versuch 2) ergibt sich eine instabile bartarme Zone. Bei Versuch 1 entsteht die bartarme Zone bei einem Düsenabstand von 7,0 mm bis 17,0 mm. Bei Versuch 3 liegt die bartarme Zone zwischen 9,0 mm und 22,0 mm Düsenabstand.

Offensichtlich verbessert sich mit höherer Stromdichte nicht nur die Stabilität der bartfreien Zone, auch die Bartausprägung nimmt ab.

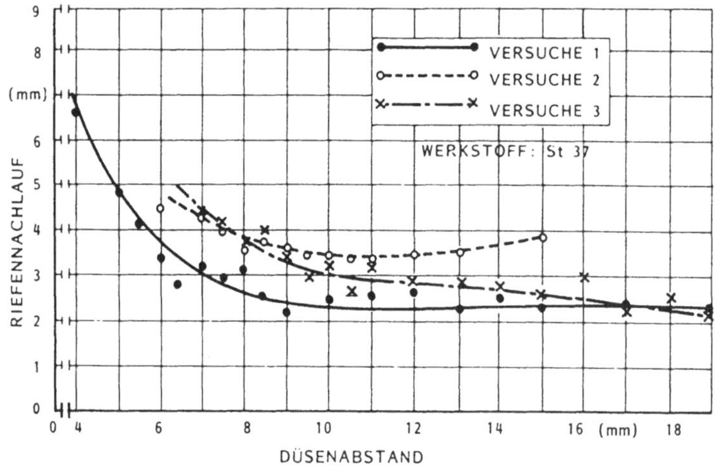

Bild 41: Mittlerer Bartquerschnitt in Abhängigkeit vom Düsenabstand (siehe ANHANG V)

- Zusammenfassung der Versuchsergebnisse

Die Riefentiefe wird mit zunehmendem Düsenabstand kleiner. Die am oberen Teil der Schnittfläche angeschmolzene Zone begrenzt jedoch den für eine gute Schnittflächenqualität optimalen Bereich des Düsenabstandes.

Der Düsenabstand hat großen Einfluß auf die Schnittparallelität insbesondere auf die obere Schnittfugenbreite. Auch bei ungenügender Stromdichte wird die obere Schnittfugenbreite größer.

Die Bartbildung an der Schnittunterkante läßt sich durch Einhaltung des optimalen Düsenabstandes vermeiden bzw. vermindern. Durch eine hohe Stromdichte läßt sich der bartarme Bereich des Düsenabstandes vergrößern.

Die Zone des optimalen Düsenabstandes läßt sich nach verschiedenen Bewertungskriterien wie Bild 42 bestimmen.

BEWERTUNGSKRITERIUM	DIE ZONE DES OPTIMALEN DÜSENABSTANDES (mm)		
	VERSUCH 1	VERSUCH 2	VERSUCH 3
SCHNITTFLÄCHENQUALITÄT	8,0 bis 14,0	8,0 bis 12,0	9,0 bis 20,0
SCHNITTPARALLELITÄT *)	bis 14,0	bis 9,0	bis 11,0
SCHNITTKANTENQUALITÄT **)	7,0 bis 17,0	10,0 bis 14,0	9,0 bis 22,0

*) bis auf Schnittwinkel 3° (Unebenheit ca. 1 mm bei Schnittdicke 20 mm)

**) bis 2 mm^2 vom kleinsten Wert des Bartquerschnittes abweichend

Bild 42: Der optimale Düsenabstand bei verschiedenen Bewertungskriterien (siehe ANHANG V)

Welcher Düsenabstand als optimal anzusehen ist, hängt vom angewandten Bewertungskriterium für die Schnittqualität ab.

- Unter Berücksichtigung von Schnittflächenqualität, Schnittparallelschnitt und Schnittkantenqualität (Bartbildung) ergibt sich:

  Versuch 1 : 8,0 bis 14,0 mm (6 mm Toleranz)
  Versuch 2 : Ein optimaler Bereich ist nicht erreichbar
  Versuch 3 : 9,0 bis 11,0 mm (2 mm Toleranz)

  Die Größe der einzelnen Toleranzen entspricht der Stromdichte, d.h. eine größere Stromstärke mit kleinem Düsendurchmesser erzeugt bessere Schnittqualität mit größerer Toleranz. Dieser Gesichtspunkt wird jedoch durch die große Hitzebelastung der Düse und Elektrode und die dadurch kürzere Standzeit eingeschränkt.

- Nur unter Berücksichtigung der Bartbildung ergibt sich:
  Versuch 1 : 7,0 bis 17,0 mm (10 mm Toleranz)
  Versuch 2 : 10,0 bis 14,0 mm (4 mm Toleranz)
  Versuch 3 : 9,0 bis 22,0 mm (13 mm Toleranz)

  Die Bartbildung verursacht ein aufwendiges Nachschleifen. Wenn die anderen Bewertungskriterien vernachlässigt werden und man nur das Kriterium der Bartbildung zugrunde legt, ergibt sich ein großer Bereich des optimalen Düsenabstandes.

4 Analyse werkstückspezifischer Einflußfaktoren für das Plasmaschneiden mit Industrierobotern

4.1 Gußtoleranzen

Zu den störenden werkstückspezifischen Einflußfaktoren beim Gußputzen mit Industrierobotern zählen unterschiedliche Gratquerschnitte, Formtoleranzen und Aufspanntoleranzen /34,54/.

Plasmaschneiden zum Gußputzen mit Industrierobotern wird nicht zum Entgraten sondern hauptsächlich zum Abtrennen von Speisern und Anschnittsystemen eingesetzt. Die aufgrund des thermischen Verfahrens geringe Bearbeitungskraft auf das Werkstück erleichtert das Aufspannen.

Die Formtoleranz von Gußrohteilen hängt von folgenden Einflußgrößen ab:

- Nennmaß,
- Modelleinrichtung,
- Schwindung,
- Schmelz-, Gieß- und Formverfahren,
- Putztechnik und
- Wärmebehandlung /12/.

ANHANG VI zeigt die Formabweichungen von Gußrohteilen bei einzelnen Nennmaßbereiche und Genauigkeitsgraden.

4.1.1 Einfluß der Gußtoleranz auf die Schnittqualität

Die Maßabweichung der Gußwerkstücke untereinander verursacht die folgenden Probleme beim Plasmaschneiden mit Industrierobotern:

- Veränderung des programmierten Düsenabstandes,
- Veränderung der Schnittdicke,
- Verlagerung des Zündpunktes.

Der Einfluß des Düsenabstandes auf die Schnittqualität wurde im vorigen Kapitel beschrieben. Maßabweichungen von Gußwerkstücken in Brennerrichtung wirken sich auf die Schnittqualität entsprechend aus.

Schneidparameter \ Bewertungskriterium	Schnittflächenqualität Schnittparallelität Schnittkantenqualität	Schnittkantenqualität
Stromstärke: 200 A Düsendurchmesser: 2,0 mm Stromdichte: 63,7 A/mm²	6 mm	10 mm
Stromstärke: 250 A Düsendurchmesser: 2,5 mm Stromdichte: 50,9 A/mm²	2 mm	13 mm

Bild 43: Die akzeptable Gußtoleranz in Abhängigkeit von verschiedenen Bewertungskriterien für Schnittqualität

Die erreichbare Schneidgeschwindigkeit hängt stark von der Schnittdicke ab. Eine Abweichung in der Schnittdicke hat deshalb großen Einfluß auf die Schnittqualität. Für die durch Gußtoleranzen verursachten Schnittdickenänderungen können jedoch die Qualitätseinflüsse vernachlässigt werden.

Der Einfluß der Formtoleranzen auf das Zündverhalten wird im Kapitel 4.2 untersucht.

4.1.2 Zulässige Gußtoleranzen

Liegen die Formabweichungen sowohl im Längenmaß als auch im Dickenmaß innerhalb der im vorigen Kapitel beschriebenen Toleranzen, bei denen sich eine gute Schnittqualität beim Plasmaschneiden ergibt, kann das Plasmaschneiden mit Industrierobotern ohne zusätzliche Kompensation der Gußtoleranz eingesetzt und ein gutes Ergebnis erzielt werden.

Werden die Toleranzbereiche für den Qualitätsschnitt jedoch überschritten, dann muß eine Ausgleichsfunktion eingesetzt werden.

Da eine Abweichung der Schnittdicke die Schnittqualität vermindert, kann der anwendbare Genauigkeitsgrad (unter der Voraussetzung der Beibehaltung der vorprogrammierten Schneidgeschwindigkeiten und einer guten Schnittqualität) bei jedem Nennmaßbereich der Dicke angegeben werden.

In diesem Kapitel wird der Genauigkeitsgrad für Längen- und Dickenmaße der Gußrohteile ohne Kompensation der Gußtoleranzen in jedem bestimmten Nennmaßbereich und für jeden Gußwerkstoff angegeben:

- Der erforderliche Genauigkeitsgrad in einzelnen Längennennmaßbereichen unter den Kriterien der Schnittflächenqualität, Schnittparallelität und Schnittkantenqualität (siehe ANHANG VII, Teil 1).
  Bei einer Stromdichte von 60 A/mm^2 (Stromstärke 200 A mit Düsendurchmesser 2,0 mm) beträgt die zulässige Maßtoleranz der Gußwerkstücke in Längsrichtung ca. 6 mm. Vergleicht man diesen Wert mit den vorgegebenen Gußtoleranzen, dann folgt daraus, daß sich bei GG, GGG und GS erst ab GTB 18, bei GT ab GTA 17/5, bei G-Al ab GTA 16/5 und bei G-Cu ab GTA 19 ein Qualitätsschnitt erzielen läßt.

- Der erforderliche Genauigkeitsgrad bei den einzelnen Längennennmaßbereichen ausschließlich unter dem Kriterium der Schnittkantenqualität ist im ANHANG VII, Teil 2 beschrieben. Die zulässige Gußabweichung in Längsrichtung liegt bei ca. 10 mm.

- Die Schnittdickentoleranzen bis ca. 10 % haben keinen wesentlichen Einfluß auf die Schnittqualität.

4.2 Zünden des Schneidlichtbogens

Beim Plasmaschneiden erfolgt die Zündung in zwei Stufen. Zuerst wird ein Hilfslichtbogen zwischen Elektrode und Metalldüse gezündet, der dann den Hauptlichtbogen von der Elektrode auf das Werkstück überträgt.

Der Abstand zwischen Elektrode und Düse liegt immer unter 5 mm. Deshalb erfolgt das Zünden des Hilfslichtbogens mit Hilfe hochfrequenter Hochspannung bei einem Gas mit niedriger Ionisierungsenergie problemlos.

Beim automatischen Plasmaschneiden von Gußwerkstücken mit Industrierobotern verändert sich der Abstand zwischen Elektrode und Werkstück bei jedem einzelnen Gußteil durch:

- die Gußtoleranz (Formtoleranz),
- die Bahntoleranz des Industrieroboters,
- die Spanntoleranz des Werkstücks.

Im folgenden wird der Zündbereich des Schneidlichtbogens an der Werkstückkante und auf dem Werkstück in Abhängigkeit vom Düsendurchmesser ermittelt und der Zusammenhang mit der Gußtoleranz untersucht.

Für eine ausreichende Standzeit der Schneiddüse ist der beim Zünden des Schneidlichtbogens fließende Strom auf einen geringen Wert (etwa 15 bis 40 A) zu begrenzen. Erst wenn das Zünden des Schneidlichtbogens erfolgt ist, wird der Strom langsam bis auf den eingestellten Stromwert erhöht. Damit wird der Zündbereich durch den eingestellten Schneidstromwert nicht beeinflußt.

Das Zünden des Schneidlichtbogens erfolgt bei konstanter Argonströmung. Nach dem Zünden des Schneidlichtbogens wird das Gasgemisch für das Schneiden zugeschaltet. Der Zündbereich ist also auch unabhängig von der eingestellten Gaszusammensetzung.

Der Zündbereich des Schneidlichtbogens hängt damit hauptsächlich nur vom Düsendurchmesser und dem Abstand zwischen Düse und Werkstück ab.

Eine Untersuchung für den Zündbereich des Schneidlichtbogens wurde an der Werkstückkante durchgeführt. Die Bereiche für zuverlässige Zündung in Abhängigkeit von Düsenabstand, Abstand von der Werkstückkante und Düsendurchmesser sind in Bild 44 gezeigt.

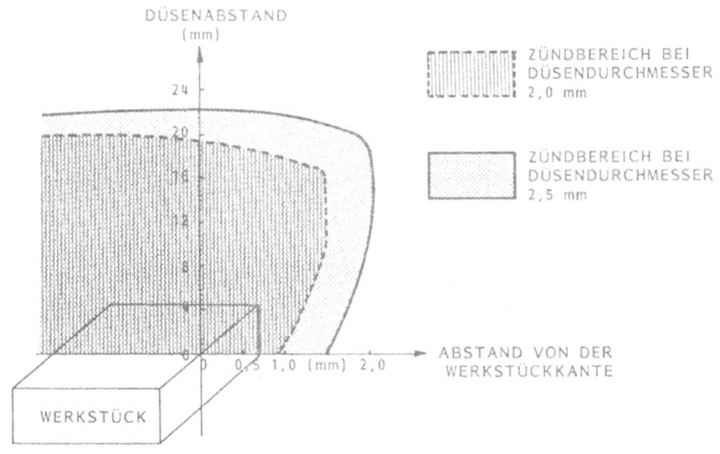

Bild 44: Zündbereich des Schneidlichtbogens in Abhängigkeit vom Abstand und Düsendurchmesser

Normalerweise wird die Brennerstellung gegenüber dem Werkstück so gewählt, daß der Schnitt senkrecht nach unten erfolgt. Die maximale Höhe über dem Werkstück, bei der der Zündvorgang noch zuverlässig eingeleitet wird, beträgt ca. 20 mm.

Bei einer Abweichung der Brennerstellung in horizontaler Richtung von der Werkstückkante besteht durch das Schrägbrennen die Gefahr des erhöhten Düsenverschleißes.

Der Zündvorgang selbst ist nur bis zu einem waagrechten Abstand von ca. 2 mm von der Werkstückkante zuverlässig möglich. Dies ist somit ein ganz wesentliches Maß für die zulässigen Gußtoleranzen.

4.3 Einfluß der Gußwerkstoffe auf die Schnittqualität

Beim Plasmaschneiden ist das Werkstück Bestandteil eines elektrischen Stromkreises (siehe Bild 45). Der Plasmastrahl übernimmt dabei die Übertragung thermischer und kinetischer Energie.

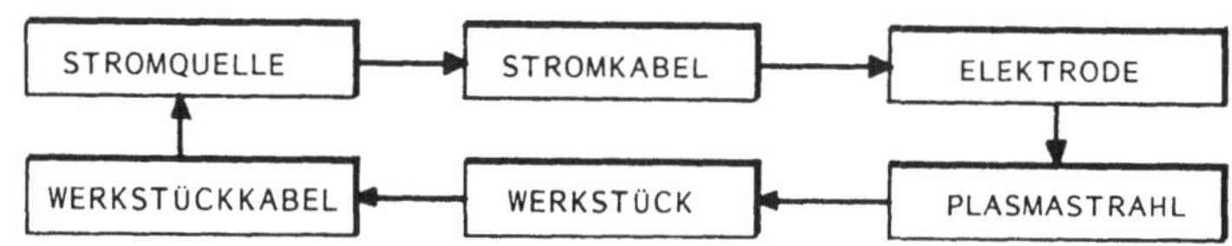

Bild 45: Der elektrische Kreis für das Plasmaschneiden

Die Einflüsse des Plasmastrahles durch Änderurg der verschiedenen Schneidparameter auf die Schnittqualität wurden schon untersucht. Da der Plasmastrahl thermische und elektrische Eigenschaften hat, sollen hier die thermischen und elektrischen Eigenschaften des Werkstückes als Einflußgrößen beschrieben werden.

Zur Verdeutlichung der für das Plasmaschneiden von Guß relevanten Zusammenhänge kann das im folgenden beschriebene thermische Modell (siehe Bild 46) dienen.

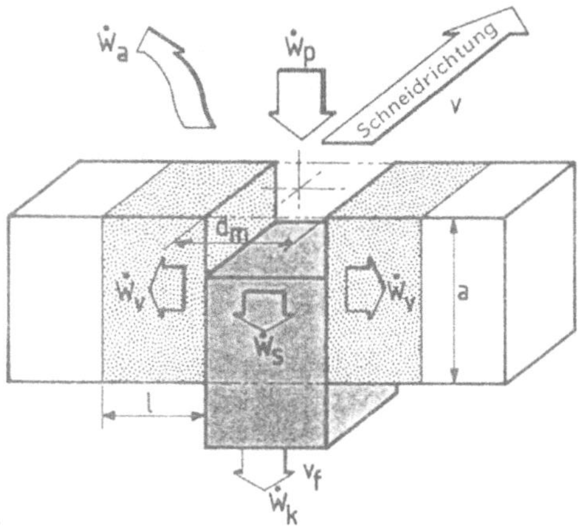

Bild 46: Modell für Energieverteilung beim Plasmaschneiden

Für die folgenden Betrachtungen kann die Energieübertragung vom Plasmastrahl auf das Werkstück wie folgt dargestellt werden:

$$\dot{W}_p = \dot{W}_s + \dot{W}_k + \dot{W}_v + \dot{W}_a \qquad (J/s) \qquad (1)$$

$\dot{W}_p$: Leistung des Plasmastrahles (J/s)
$\dot{W}_s$: thermische Energieaufnahmerate des abgeschmolzenen Materials (J/s)
$\dot{W}_k$: kinetische Energieaufnahmerate des abgeschmolzenen Materials (J/s)
$\dot{W}_v$: Wärmeleitung im Werkstück (J/s)
$\dot{W}_a$: Energieverlustrate in die Umgebung (J/s)

Hier werden W_s und W_k als Nutzenergie, W_v und W_a als Verlustenergie bezeichnet.

Die thermische Energieaufnahmerate ($\dot{W}_s$) in der Schnittfuge stellt sich wie folgt dar:

$$\dot{W}_s = \dot{m}_s \cdot c \cdot T_s + \dot{m}_s \cdot q \qquad (J/s) \qquad (2)$$

$\dot{m}_s$: Massendurchsatz des abgeschmolzenen Materials (kg/s)
c : spezifische Wärmekapazität (J/kg•K)
T_s: Temperatur des abgeschmolzenen Materials (K)
q : spezifische Schmelzwärme (J/kg)

wobei der Massendurchsatz $\dot{m}_s$ in der Schnittfuge

$$\dot{m}_s = \rho \cdot d_m \cdot a \cdot v \qquad (kg/s) \qquad (3)$$

beträgt.

ρ : Dichte des Werkstückes (g/cm^3)
d_m: mittlere Schnittfugenbreite (mm)
a : Schnittdicke (mm)
v : Schneidgeschwindigkeit (mm/s).

Deshalb wird

$$\dot{W}_s = \rho \cdot d_m \cdot a \cdot v \, (c \cdot T_s + q) \qquad (J/s) \qquad (4)$$

Man erkennt, daß bei konstanter Energiezuführung mit steigender Schneidgeschwindigkeit die Schnittfugenbreite reduziert wird.

Andererseits steigt mit der Schnittfugenbreite die erforderliche Energierate. Größere Schnittfugenbreite erfordert deshalb eine höhere Energie. Die Schnittfugenbreite ist deshalb für hohe Schnittqualität und hohe Schneidgeschwindigkeit möglichst gering zu halten, was konstruktiv durch eine hohe Stromdichte in der Düse zu erreichen ist.

Da das abgeschmolzene Material nach unten ausgeblasen wird, kann die erforderliche kinetische Energie bei Vernachlässigung der potentiellen Energie berechnet werden:

$$\dot{W}_k = \frac{1}{2}\,\dot{m}_s \cdot v_F^2 \qquad (J/s) \qquad (5)$$

v_F: Fallgeschwindigkeit des abgeschmolzenen Materials (mm/s)

Die kinetische Energie ist maßgeblich verantwortlich für saubere Schnittunterkanten, da die Adhäsionskräfte der Schmelze an der Schnittunterkante überschritten werden müssen.

Ein Teil der Plasmastrahlenergie wird in der Schnittfuge durch Wärmeleitung aufgenommen. Die Wärmeleitung $\dot{W}_v$ beträgt:

$$\dot{W}_v = \lambda \cdot A \cdot T_v / l \qquad (J/s) \qquad (6)$$

λ : Wärmeleitfähigkeit (W/m•K)

A : Kontaktbereich des Plasmastrahles zur Schnittfläche (mm^2)

T_v: Temperaturdifferenz zwischen der Schnittfläche und der Raumtemperatur (K)

l : Wärmeeinflußlänge (mm)

Mit zunehmender Wärmeleitfähigkeit erhöht sich der Wärmeverlust.

Bild 47 zeigt einige physikalische Eigenschaften von Gußwerkstoffen. Aluminium ist vor allem durch eine niedrige Schmelztemperatur gekennzeichnet. Bei Grauguß und Sphäroguß stehen Wärmeleitfähigkeit und elektrische Leitfähigkeit in einem reziproken Verhältnis zueinander. Der allgemeine Zusammenhang der thermischen und elektrischen Eigenschaften kann folgendermaßen charakterisiert werden:
Die Wärmeleitfähigkeit sinkt mit zunehmender Temperatur, höherem Anteil an Begleitelementen, steigendem Perlitanteil im Gefüge, sinkender Korngröße und abnehmendem Koh-

lenstoffgehalt /55,56/. Die spezifische Wärmekapazität wächst mit dem Kohlenstoffgehalt und steigender Temperatur /55/. Graphit, Silizium, Mangan und Phosphor verbessern das Fließverhalten, dagegen erhöht Schwefel die Viskosität /57/. Die elektrische Leitfähigkeit sinkt mit steigender Temperatur, Legierungen mit vielen Komponenten und wachsendem Graphitgehalt /55/.

Werkstoff \ Eigenschaft		Dichte $\rho(\frac{g}{cm^3})$	Schmelztemp. T_{sm} (°C)	Wärmeleitfähigkeit $\lambda(\frac{W}{m \cdot K})$	spez. Wärmekapazität $c(\frac{J}{kg \cdot K})$	spez. Schmelzwärme $q(\frac{kJ}{kg})$	dynamische Viskosität η(mPa•s)	elektrische Leitfähigkeit $\varkappa(\frac{10^4}{\Omega \cdot m})$
Gußeisen mit Lamellengraphit	GG 15	7,10	1100 bis 1360	52,5	460	244 bis 248	4,0 (3,9 % C)	125
	GG 20	7,15		50,0				130
	GG 25	7,20		48,5				137
	GG 30	7,25		47,5				143
	GG 35	7,30		45,5				149
Gußeisen mit Kugelgraphit	GGG 40	7,10 bis 7,30	1160 bis 1360	42,0 bis 25,0				143 bis 200
	GGG 50							
	GGG 60							
	GGG 70							
	GGG 80							
Temperguß	GTS	7,20	1300	50 bis 63	500 bis 670	–	–	250 bis 330
	GTW			42 bis 63	460 bis 500			
Stahlguß		7,8	1400	40 bis 60	500	-	-	800
Aluminium		2,7	660	244,9	896	377	1,14	3846
Kupfer		8,92	1083	397,7	385	207	4,0	5988

Bild 47: Physikalische Eigenschaften verschiedener Gußwerkstoffe /11,55,56,58,59,60,61/

Im folgenden wird der Einfluß der physikalischen Eigenschaften der Gußwerkstoffe auf die Schnittqualität beim Plasmaschneiden untersucht und mit dem thermischen Modell analysiert.

Die Werkstoffe bei dieser Untersuchung sind GG, GGG, GS, Aluminiumguß und Kupferguß. (siehe ANHANG VIII)

- Schnittflächenqualität

Die Riefentiefe an der Schnittfläche ist verhältnismäßig unempfindlich gegenüber Änderungen der Werkstoffzusammensetzung.

Lediglich bei Aluminiumguß bildet sich eine sehr große Riefentiefe. Durch die niedrige Schmelztemperatur ist die Schmelzrate zwar ziemlich hoch, andererseits erstarrt das Material durch die hohe Wärmeleitfähigkeit sehr schnell wieder an der Schnittfläche.

- Schnittparallelität

Die Einflußfaktoren auf die Schnittfugenbreite können nach Gleichung (4) abgeleitet werden:

$$d_m = \frac{\dot{W}_s}{\rho \cdot a \cdot v(c \cdot T_s + q)} \quad \text{(mm)} \qquad (7)$$

Das bedeutet, daß bei einem Werkstoff mit geringer Dichte, geringer spezifischer Wärmekapazität und geringer spezifischer Schmelzwärme die Schnittfugenbreite größer wird.

Bild 48 zeigt die Schnittfugenbreite in Abhängigkeit von Gußwerkstoffen.

Die gesamte Energiebilanz ist konstant. Wenn der Wärmeabfluß ins Werkstück ($\dot{W}_v$) größer wird, dann wird die Energieaufnahme des abgeschmolzenen Materials ($\dot{W}_s$) und die entsprechende Schnittfugenbreite geringer.

Der Wärmeverlust ($\dot{W}_v$) steigt jedoch nach Gleichung (6) mit der Wärmeleitfähigkeit.

Aus diesem Grund ist die Schnittfugenbreite bei Sphäroguß (GGG 40) größer als bei Grauguß (GG 20).

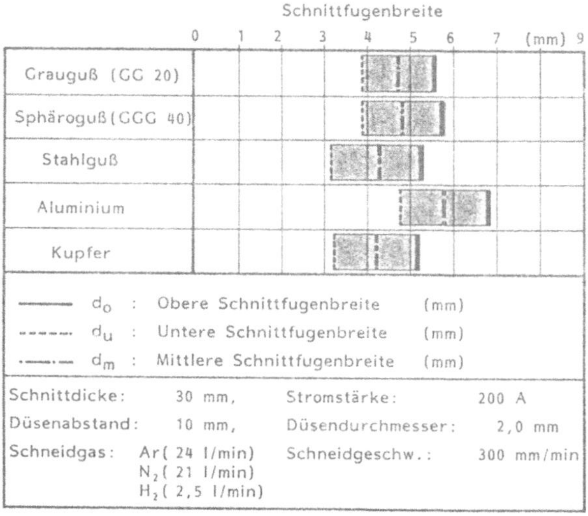

Schnittfugenbreite

0 1 2 3 4 5 6 7 (mm) 9

Werkstoff
Grauguß (GG 20)
Sphäroguß (GGG 40)
Stahlguß
Aluminium
Kupfer

——— d_o : Obere Schnittfugenbreite (mm)

- - - - - d_u : Untere Schnittfugenbreite (mm)

—·— d_m : Mittlere Schnittfugenbreite (mm)

Schnittdicke:	30 mm,	Stromstärke:	200 A
Düsenabstand:	10 mm,	Düsendurchmesser:	2,0 mm
Schneidgas:	Ar(24 l/min) N_2(21 l/min) H_2(2,5 l/min)	Schneidgeschw.:	300 mm/min

Bild 48: Die Schnittfugenbreite in Abhängigkeit von Gußwerkstoffen (siehe ANHANG VIII)

- Schnittkantenqualität

Die Einflußfaktoren auf die Bartbildung können durch zwei Kriterien beschrieben werden.

- Die kinetische Energie des Plasmastrahles.
  Durch eine höhere kinetische Energierate ($\dot{W}_k$) in Gleichung (5) kann eine saubere Schnittunterkante erzielt werden. Durch höheren Gasdurchfluß oder kleineren Düsendurchmesser bei konstantem Durchfluß läßt sich die kinetische Energierate ($\dot{W}_k$) erhöhen.

- Werkstoffart.
  Eine größere Viskosität der Werkstoffschmelze verschlechtert das Fließverhalten, und damit die Schnittqualität.

Der Viskositätswert von 4,0 mPa•s für Gußeisen ist nur ein Anhaltswert. Je nach den Begleitkomponenten sind die Viskositätswerte sehr unterschiedlich.

Der Vergleich der Bartbildung an Grauguß und Sphäroguß (siehe ANHANG VIII) verdeutlicht, daß bei Grauguß eine größere Bartbildung entsteht als bei Sphäroguß. Dies liegt vor allem an der Anwesenheit von Schwefel in Grauguß (siehe Bild 49). Schwefel macht Grauguß zähflüssig und blasig /57,58/

Zusammensetzung / Werkstoff	C %	Si %	Mn %	P %	S %
GG 20	3,3 bis 3,5	1,8 bis 2,0	0,6 bis 0,8	unter 0,5	unter 0,12
GGG 40	3,64 bis 3,70	2,43 bis 2,58	0,46 bis 0,54	unter 0,1	unter 0,01

Bild 49: Vergleich der chemischen Zusammensetzungen von Grauguß (GG 20) und Sphäroguß (GGG 40) /56,59/

5 Analyse der industrieroboterspezifischen Probleme beim Plasmaschneiden

5.1 Anforderungen an Industrieroboter

5.1.1 Kinematik

Die Handhabung des Plasmabrenners mit einem Industrieroboter unterscheidet sich nicht wesentlich von der Handhabung eines Schweißbrenners beim Lichtbogenschweißen. Die Merkmale für die Auswahl eines geeigneten Industrieroboters sind auch hier nicht maßgeblich von dem maximalen Handhabungsgewicht bestimmt. Der Plasmabrenner selbst hat je nach Typ und Ausführung eine Masse von 3 kg bis 8 kg, wobei schwerere Typen insbesondere bei Verfahren mit Wasserglockenschnitt vorkommen können. Bei der Auswahl der Kinematik muß wie beim Schweißen die Kraftbelastung durch das Versorgungsschlauchpaket berücksichtigt werden. Da beim Plasmaschneiden keine relevanten Reaktionskräfte auftreten, sind Geräte ab einem maximalen Handhabungsgewicht von 5 daN geeignet.

Eine wesentlich größere Rolle für die Auswahl der Industrieroboterkinematik spielt der nutzbare Arbeitsraum. Da das Plasmaschneiden wirtschaftlich bei größeren Trennquerschnitten einzusetzen ist, sind die Abmessungen der in Frage kommenden Gußwerkstücke in der Regel sehr groß.

Eine sorgfältige Auswahl der Kinematik und des Handhabungsgewichts ist besonders dann erforderlich, wenn die Zugänglichkeit zu den Trennstellen eingeschränkt ist, und dadurch größere Abmessungen der Handachsen Kollisionsprobleme verursachen.

Prinzipiell können für das Plasmaschneiden fünfachsige Geräte eingesetzt werden, denn das Trennergebnis wird von langsamen Drehungen in der Brennerachse kaum beeinflußt. Der Werkzeugaufpunkt und die Richtung des Plasmastrahls ändern sich jedoch während des Schnittes durch das Abschmelzen des Werkstücks, so daß durch Einhalten einer konstanten Brennerorientierung sowohl die Programmierung erheblich vereinfacht, als auch die Schnittqualität zuverlässiger eingehalten werden kann. Dazu sind sechsachsige Geräte notwendig.

5.1.2 Steuerung

Wie alle Bearbeitungsprozesse ist das Plasmaschneiden an Gußteilen eine der anspruchsvollsten Anwendungen für Industrieroboter. Dem muß auch bei der Steuerungsausstattung Rechnung getragen werden. Linear- und Kreisinterpolationen sind erforderlich. Die Wiederholgenauigkeit sollte besser als 0,5 mm sein.

Für den allgemeinen Betrieb sind eine Reihe von binären Ein- und Ausgängen notwendig. Für sensorische Toleranzkompensation sind Sensorschnittstellen und Sensorfunktionen notwendig. Dazu gehören in erster Linie die off-line Funktionen wie Nullpunktkorrektur, Suchfunktion und 3D-Verschiebung, sowie die Möglichkeit auf Sensorsignale während der Abarbeitung eines Bewegungsbefehls zu reagieren.

Die elektrische Ausrüstung des Industrieroboters muß im üblichen Rahmen störunempfindlich sein. Da die meisten Plasmaanlagen mit Hochfrequenz zünden, ist hier eine besondere Störquelle zu sehen. Betroffen davon sind insbesondere die Weggeber und Tachos des Industrieroboters sowie ihre Verbindungskabel zur Steuerung. Solange Störstrahlfestigkeit und maximale Störenergie denselben Industriestandards genügen, sind kaum Probleme zu erwarten. Allerdings können die bei einigen Plasmaanlagen eingesetzten Zündverfahren wie zum Beispiel die Dauerzündung bei ungünstiger Auslegung den Betrieb des Industrieroboters erheblich beeinflussen. In diesem Fall sind zunächst Maßnahmen beim Störer also an der Zündanlage zu ergreifen. Durch die Reduktion von Zündstrom und Zündspannung muß die Störenergie verringert werden. Gegebenenfalls muß eine Hilfselektrode für die Zündung eingesetzt werden.

5.2 Abhängigkeit der Schnittqualität vom dynamischen Verhalten des Industrieroboters

Beim Einsatz von Industrierobotern zur Werkstückbearbeitung hat das dynamische Verhalten des Industrieroboters unmittelbaren Einfluß auf die Fertigungsqualität.

Die für die Schnittqualität bestimmenden Merkmale sind:
- Bahngenauigkeit,
- Konstanz der Geschwindigkeit,
- Schwingung durch die Regelung.

Die zulässige Wiederholgenauigkeit als Bahngenauigkeit wurde im Kapitel 5.1.2 beschrieben.

In Abhängigkeit von der Regelungscharakteristik der Geschwindigkeitsüberwachung und der Kinematik des Industrieroboters weichen momentane und durchschnittliche Bahngeschwindigkeiten von den programmierten Werten ab.

Diese Abweichungen bleiben ohne großen Einfluß auf die Schnittqualität, wenn sie 10 % der programmierten Geschwindigkeit nicht übersteigen.

Die meisten Industrieroboter sind zum Antrieb mit Elektromotoren, Wegmeßsystemen und Regelungselektronik ausgerüstet.

Ein Effekt der kontinuierlichen Regelung der Bewegung des Industrieroboters sind Schwingungen um die ideale Bahn und die ideale Geschwindigkeit. Da der Plasmabrenner am Flansch des Industrieroboters befestigt ist, werden diese Schwingungen voll übertragen.

Bei den Untersuchungen wurde der Einfluß der Schwingung der Düse sowohl in Querrichtung als auch in Vorschubrichtung auf die Schnittqualität analysiert und zulässige Grenzwerte für den Qualitätsschnitt ermittelt.

Um die Auswirkungen der bei verschiedenen Industrierobotern sehr unterschiedlichen Schwingungen auf die Schnittqualität bestimmen zu können, mußte zunächst ein Verfahren gefunden werden, um diese Schwingungen während der Bewegung beeinflussen zu können. Dazu wurde der Schwingung des Industrieroboters mit Hilfe eines Vibrators eine zweite in Amplitude und Frequenz veränderbare Schwingung überlagert.

Die quantitativen Ergebnisse dieser Untersuchung sind im ANHANG IX dargestellt.

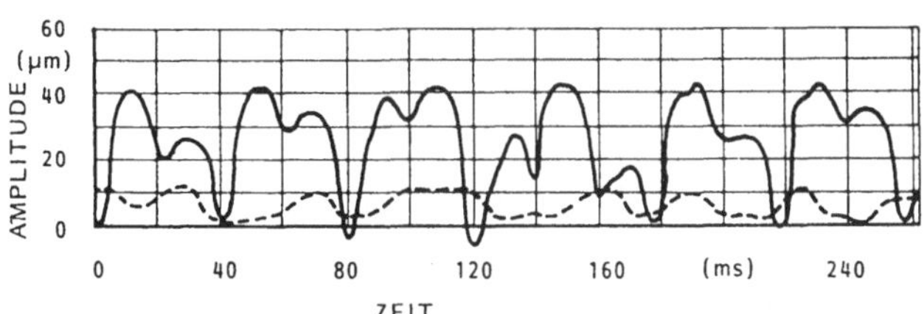

Bild 50: Amplitude der Schwingung der Düse

- Schnittflächenqualität

Die Riefentiefe ist, unabhängig von der Amplitude der Schwingung, in beiden Richtungen gleich. Sie wird im wesentlichen durch Schwingungen des Anodenfußpunktes verursacht, deren Frequenz einige kHz beträgt /50/. Da die Schwingungsfrequenzen der Regelung und des Vibrators nur ca. 25 Hz betragen, beeinflussen sich die Schwingungen nicht gegenseitig.

Der Riefennachlauf wird mit zunehmender Amplitude in beiden Richtungen kleiner. Dieser Effekt ist insbesondere bei Schwingungen in Vorschubrichtung durch die dadurch verursachte höhere Energiedichte besonders ausgeprägt.

Insgesamt ist jedoch der Einfluß der Amplitude bzw. der Schwingungsrichtung auf die Schnittflächenqualität nur gering.

- Schnittparallelität

Die Schwingung in Querrichtung vergrößert die Aufnahmefläche des Plasmastrahles auf dem Werkstück. Dadurch nimmt auch die obere Schnittfugenbreite zu, während die untere Schnittfugenbreite unverändert bleibt.

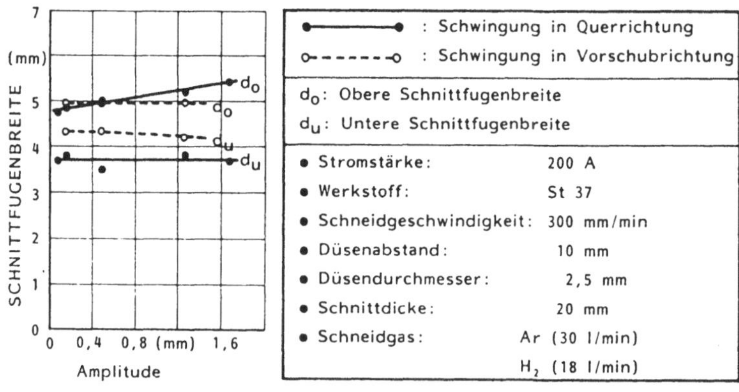

Bild 51: Die Schnittfugenbreite in Abhängigkeit von der Amplitude in beiden Richtungen (siehe ANHANG IX)

Bei der Schwingung in Vorschubrichtung wird die Schnittfugenbreite nur geringfügig geändert.

Bild 52 zeigt den Unterschied zwischen beiden Schwingungsrichtungen und ihre Auswirkung auf den Schnittwinkel.

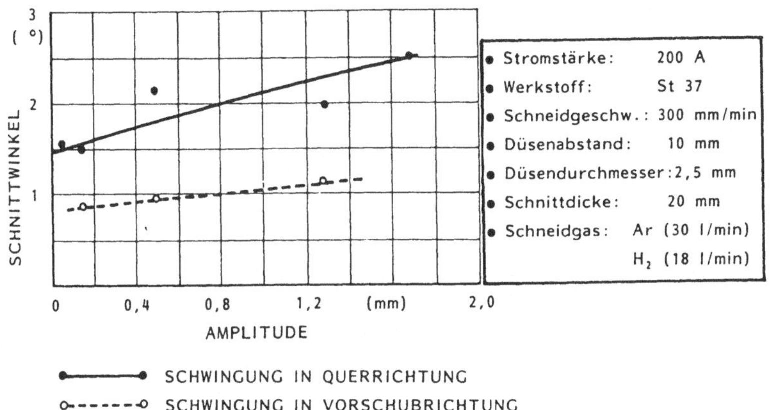

Bild 52: Schnittwinkel in Abhängigkeit von Amplitude und Schwingungssrichtung der Düse (siehe ANHANG IX)

- Schnittkantenqualität

Die Schwingung der Düse in Vorschubrichtung hat großen Einfluß auf die Bartbildung. Mit zunehmender Amplitude der Schwingung in Vorschubrichtung steigt die Bartbildung.

Die Schwingung in Querrichtung erhöht die Bartbildung bis zu einer Amplitude von 0,2 mm. Ab 0,2 mm Amplitude bleibt die Bartausprägung konstant.

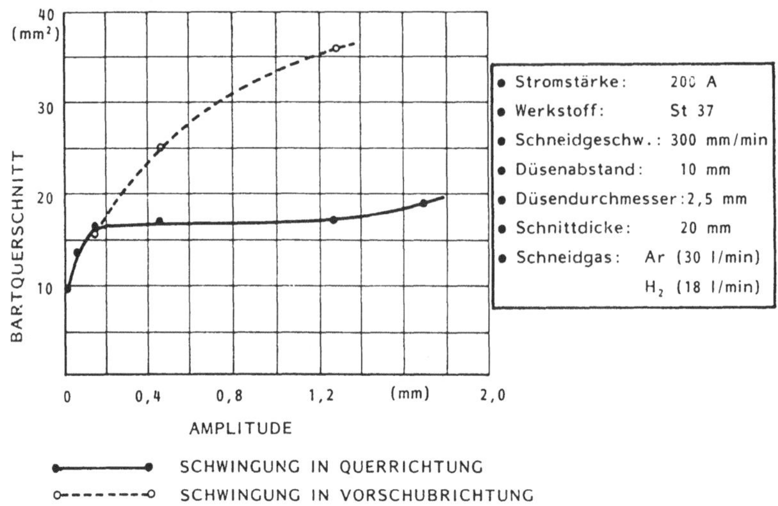

Bild 53: Bartquerschnitt in Abhängigkeit von der Amplitude und Schwingungsrichtung der Düse (siehe ANHANG IX)

- Zusammenfassung der Versuchsergebnisse

Die Schnittflächenqualität bleibt fast unabhängig von der Schwingung der Düse konstant, andererseits verschlechtern sich bei zunehmender Schwingung die Schnittparallelität und Bartbildung entscheidend.

Die Wirkung der beiden Schwingungsrichtungen ist unterschiedlich. Schwingungen in Vorschubrichtung wirken im wesentlichen auf die Bartbildung. Die Schwingung in Querrichtung beeinflußt die Schnittparallelität.

6 Konstruktive Anforderungen an Gußteile zum Plasmaschneiden mit Industrierobotern

6.1 Kreislaufmaterial

Gießtechnisch sind sowohl Einguß und Anschnittsysteme zum Einfüllen, als auch Speiser für die Kompensation des Schwindungsprozesses beim Erstarren notwendig. Speiserlose Gußstücke gibt es nur in Sonderfällen /62/.

Die Technologie der Anschnittsysteme und Speiser wurde seit langem weiterentwickelt. Die Entwicklungsrichtung wurde jedoch bisher nahezu ausschließlich gießtechnisch bzw. werkstofftechnisch ausgerichtet.

Die ansteigende Tendenz zur Rationalisierung der Gußputzerei hat die Arbeiten in zwei Richtungen geführt:

- Mechanisierung bzw. Automatisierung des Gußputzvorganges /63,64,65,66,67,68,69,70/,
- putzgerechte Konstruktion des Gußstückes /71,72,73,74, 75,76/.

Verschiedene Veröffentlichungen berichten von einer Verringerung des Putzaufwandes nach einer Neukonstruktion des Anschnittsystems /72,73,74,77/.

Da bisher die Gußteile ohne Berücksichtigung des anschließenden Gußputzens gegossen wurden, können beim Plasmaschneiden mit Industrierobotern Probleme auftreten, die durch Form und Lage der Speiser und Anschnittsysteme verursacht werden.

In diesem Kapitel werden die obengenannten Probleme analysiert und einige Aspekte zur plasmaschneidgerechten Konstruktion der Gußteile vorgestellt.

6.2 Anforderungen an Anschnittsysteme und Speiser beim Plasmaschneiden mit Industrierobotern

Das Kreislaufmaterial besteht aus Einguß, Gießläufen, Anschnitten und Speiser. Die Bearbeitungsstellen für das Plasmaschneiden sind die Kontaktflächen zwischen Anschnitten bzw. Speiser und Gußstück.

6.2.1 Form der Anschnittsysteme und Speiser

- Anforderungen für das Zünden des Hauptlichtbogens

Die Untersuchung der Toleranz des Zündbereiches zeigt, daß die zulässige Abweichung in waagrechter Richtung außerhalb des Werkstückes nur die Hälfte des Düsendurchmessers beträgt.

Bei einem Werkstück ohne Formabweichung erfolgt das Zünden an verschiedenen Zündstellen problemlos.

Bild 54 zeigt einige ungünstige und günstige Querschnittsformen der Zündstelle zum Zünden des Hauptlichtbogens beim Plasmaschneiden.

Bei Formabweichung in waagerechter Richtung verändert sich bei Querschnitt (a) und (b) der Abstand zwischen Düse und Werkstück in senkrechter und waagerechter Richtung. Wenn sich der Abstand verringert, könnte die Düse in Berührung mit dem Werkstück kommen, dann erhitzt sich die Düse sehr schnell und die Bohrung der Düse schmilzt ab. Bei Querschnitt (c) und (d) bleibt der Düsenabstand in senkrechter Richtung unverändert.

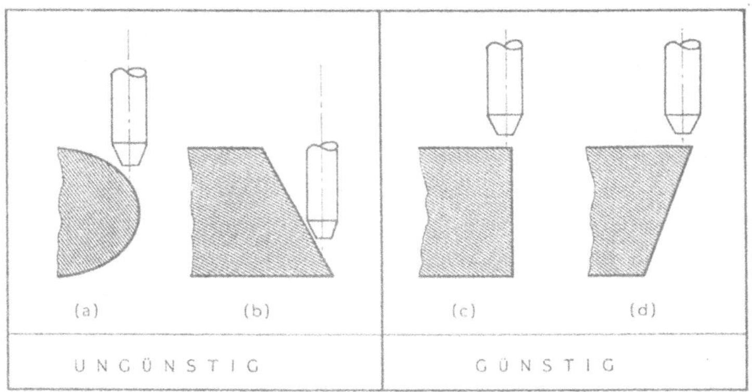

Bild 54: Querschnittsformen beim Zünden

Bei Formabweichung in senkrechter Richtung verändert sich der Abstand bei Form (a) und (b) stärker als bei Form (c) und (d).

Bei größeren Formabweichungen muß der Zündpunkt aus Sicherheitsgründen mit einem Abstand zur Zündkante programmiert werden, damit sichergestellt ist, daß beim Zündvorgang die Düse nicht außerhalb des in Kapitel 4.1 beschriebenen Toleranzbereichs steht.

Dadurch kann es natürlich vorkommen, daß das Werkstück nicht vollständig durchgeschnitten wird. Vorteilhaft ist dabei, wenn der Trennquerschnitt am Trennbeginn geringer ist, weil dann das endgültige Abtrennen keine Schwierigkeiten mehr bereitet.

- Querschnittsform

Als Querschnittsform für Speiser und Anschnitte wurden bisher meist Kreis- oder Rechteckprofile benutzt /77/.

Bild 55 zeigt verschiedene Querschnittsformen von Speisern und Anschnitten.

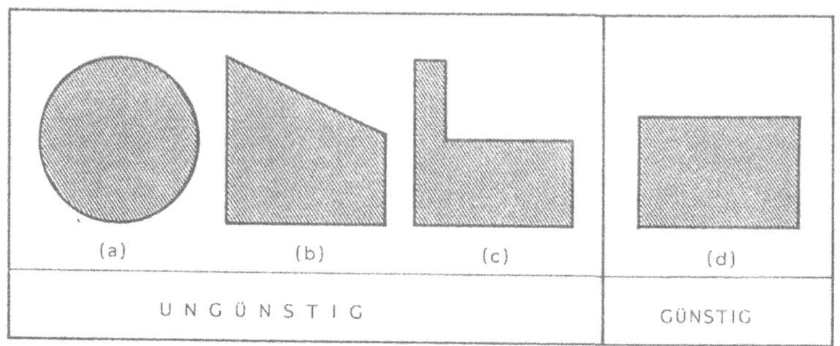

Bild 55: Günstige Querschnittsform für Plasmaschneiden.

Beim Plasmaschneiden von kreisförmigen Speisern oder Anschnitten müssen folgende Kriterien berücksichtigt werden, die auf die Schnittqualität Einfluß haben:

- Die Anzahl der programmierten Zwischenpunkte hat Einfluß auf die Geschwindigkeit,
- eine Düsenabstandänderung durch Formabweichung ist schwer kalkulierbar,
- die Berührungsgefahr der Düse mit dem Werkstück.

Der Einfluß der Eingabe der Zwischenpunkte auf die Schnittqualität wird im folgenden im Zusammenhang mit der Punktgenauigkeit und der Geschwindigkeit untersucht.

Da bei den Querschnittsformen (a) bis (c) der Trennquerschnitt nicht konstant bleibt, erfordern sie mehr Zwischenpunkte mit unterschiedlichen Geschwindigkeiten und damit einen höheren Aufwand bei der Programmierung.

Nur Querschnittsform (d) erlaubt eine konstante Schneidgeschwindigkeit und ist damit für eine gleichbleibende Schnittqualität sehr geeignet.

6.2.2 Lage der Anschnittsysteme und Speiser

- Anordnung der Anschnittsysteme

Je nach Gußteilgeometrie weisen die Anschnittsysteme oft sehr unterschiedliche Anordnungen auf. Die Anordnung der Anschnittsysteme kann in zwei Gruppen unterschieden werden: kontinuierliche und diskontinuierliche Anschnittsysteme.

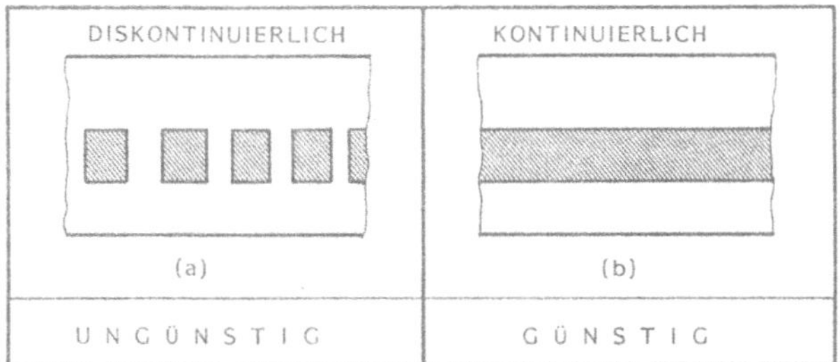

Bild 56: Anordnung des Anschnittsystems für Plasmaschneiden

Bei etwa 80 % der herkömmlichen Gußteile sind diskontinuierliche Anschnittsysteme vorzufinden und nur bei 20 % kontinuierliche Anschnittsyteme /77/.

Bei diskontinuierlichen Anschnittsystemen entstehen meist Grate zwischen den Anschnitten. Aus diesem Grund kann der Plasmaschneidvorgang auch zwischen den Anschnitten ohne Unterbrechung mit höherer Schneidgeschwindigkeit durchgeführt werden. Diese Arbeitsweise garantiert jedoch keine konstante Schnittqualität. Das Plasmaschneiden mit Unterbrechungen zwischen den Anschnitten führt zu langen Arbeitszeiten, da nach jeder Unterbrechung der Lichtbogen erneut gezündet werden muß.

Bei kontinuierlichen Anschnittsystemen (b) treten diese Probleme nicht auf und es kann eine konstante Schnittqualität erzielt werden.

- <u>Berücksichtigung der Zugänglichkeit des Schneidbrenners</u>

Die schlanke Brennergeometrie beim Plasmaschneiden hilft allgemeine Zugänglichkeitsprobleme zu verringern. Trotzdem sollte bei der Konstruktion die Lage der Speiser und Anschnittsysteme im Hinblick auf die freie Zugänglichkeit des Brenners berücksichtigt werden. Da der Brenner am Flansch des Roboters befestigt wird, sollte bei großen Gußteilen neben dem Brenner auch die Halterung am Roboterflansch bei der Konstruktion der Trennstelle einkalkuliert werden.

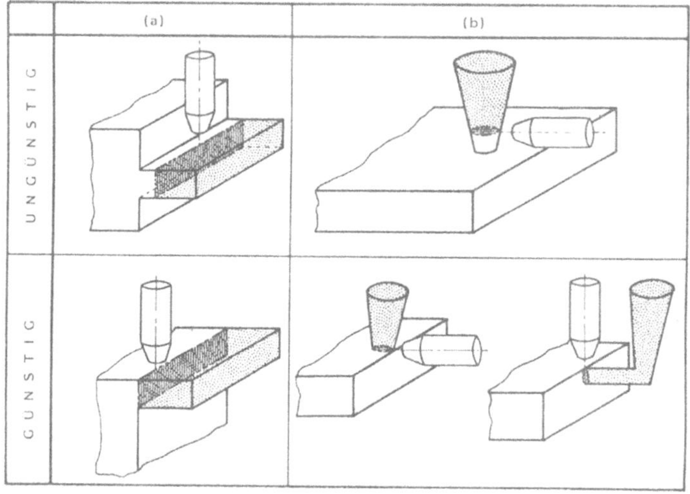

<u>Bild 57</u> : Anordnung von Anschnitten und Speisern bezüglich der Zugänglichkeit des Schneidbrenners

Bei Anordnung (a) kann die Trennstelle mit dem Plasmabrenner nicht erreicht werden. Das Anschnittsystem muß an eine äußere Kante des Gußteils verlegt werden.

<u>Bild 57(b)</u> zeigt verschiedene Anordnungen des Speisers. Auch dabei gilt, daß die Trennstelle nicht auf beiden Seiten rechtwinklig begrenzt sein darf.

7 Konzeption eines Industrieroboterarbeitsplatzes zum Gußputzen mit dem Plasmaschneidverfahren

Der Einsatz eines Industrieroboters zum Plasmaschneiden in einer automatischen Gußputzzelle erfordert sorgfältige Detailplanungen. Die Flexibilität und Leistungsfähigkeit einer solchen Anlage wird wesentlich von der Auswahl der Zellenkomponenten bestimmt, wobei das zu bearbeitende Werkstückspektrum großen Einfluß auf die Konzeption hat.

Da in der Regel nicht davon ausgegangen werden kann, daß ein nacharbeitsfreier Schnitt (Einhärtung, Spritzer usw.) erreicht werden kann, ist es sinnvoll, diesen Nacharbeitsprozeß (normalerweise verschleifen) in die Zelle zu integrieren.

In Bild 58 ist der Aufbau einer Putzzelle mit Industrieroboter dargestellt.

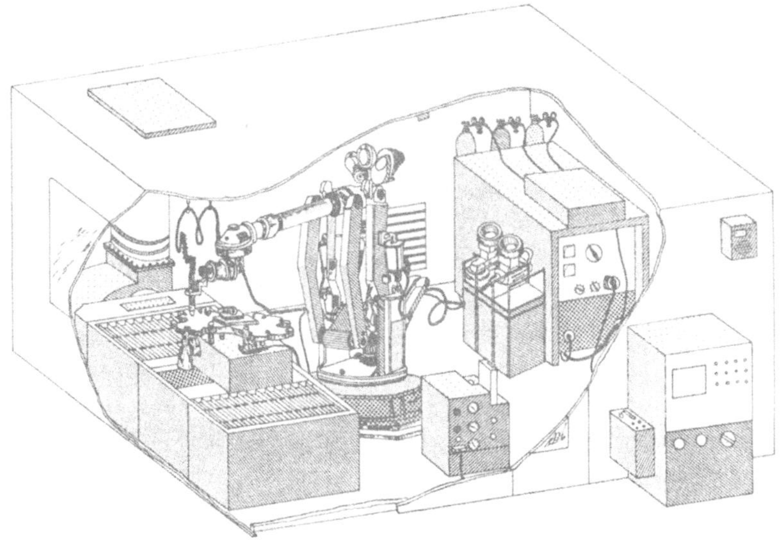

Bild 58: Komponenten einer automatisierten Plasmaschneidzelle zum Gußputzen

Gerätetechnisch handelt es sich dabei um die Hauptkomponenten:

- Industrieroboter
- Schneidanlage
- Werkzeuge und Wechselsystem
- Verschleißwechselsystem
- Spannsystem

7.1 Plasmaschneidanlage

Als dezentrales Werkzeugsystem besteht eine Schneidanlage aus der Stromquelle mit Steuer- und Bedienelementen und dem eigentlichen Brenner.

Bei der Auswahl der Stromquelle müssen einige Eigenschaften des Plasmalichtbogens berücksichtigt werden. In der Regel handelt es sich dabei um regelbare Stromquellen in der Ausführung als Transduktorgeräte oder als transistorgeregelte Stromquellen.

Während für den bisherigen Einsatz des Plasmaschneidens die manuelle Aussteuerbarkeit genügte, sollte beim Einsatz mit Industrierobotern die Stromquelle von der Robotersteuerung aus steuerbar sein. Im Gegensatz zu Schweißstromquellen wird bei Plasmastromquellen versucht, den Schneidstrom konstant zu halten. Da sich beim Plasmaschneiden die Spannung in Abhängigkeit vom Düsenabstand ändert, würde der Plasmalichtbogen bei einer Stromquelle mit Konstantspannungscharakter instabil. Mit der Einstellung der Stromstärke über die Robotersteuerung läßt sich das Schneidergebnis für einzelne Teilschnitte optimieren.

Der Einsatz moderner Halbleitertechnologien, insbesondere der transistorgeregelten Stromquellen, verbessert die Regelgüte und verringert Wartezeiten durch schnelle Anstiegs-geschwindigkeiten.

Für Schnittdicken bis 100 mm reichen Schneidanlagen aus, die bei einem Abgabestrom von 250 A noch etwa 200 V Schneid-spannung aufbringen können.

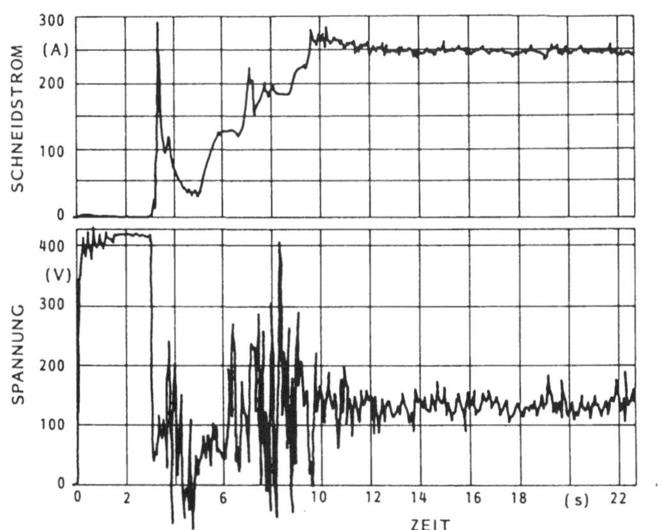

Bild 59: Strom- und Spannungsverlauf beim Plasmaschneiden

Unter den in Kapitel 5.1.2 beschriebenen Randbedingungen muß die Zündart ausgewählt werden. Dabei sind die Sicherheit und die Überwachbarkeit des Zündvorgangs von ausschlaggebender Bedeutung. Entsprechende Signalschnittstellen müssen in die Plasmaschneidanlage integriert werden. Je nach Aufstellungsort des Schneidgerätes relativ zum Industrieroboter kann unter dem Gesichtspunkt der Minimierung von Störungen eine dezentrale Zündanlage vorgesehen werden.

Die Einhaltung einer konstanten Schnittqualität hängt auch von der Zufuhr und Aufbereitung der Schneidgase ab. In der Regel wird die Anlage mit einem variablen Gasgemisch betrieben, d. h. die einzelnen Gaskomponenten werden der Schneidanlage aus Tanklagern oder Flaschen zugeführt, und die Mischung erfolgt während des Schneidprozesses.

Eine der Hauptforderungen für eine gute, konstante Schnittqualität ist, daß die Gesamtgasmenge, die durch die Ionisierungskammer des Brenners und die Düse strömt, immer dem eingestellten Strom entspricht, also konstant gehalten wird. Dabei ist jedoch zu beachten, daß durch den Ionisationsprozeß und die Aufheizung im Brenner der Gasdruck sehr stark schwankt. Außerdem muß dafür gesorgt werden, daß die Gasmengenanteile im Gasgemisch gleich bleiben.

Diese Anforderungen sind normalerweise mit den werkseitig eingebauten Meß- und Stellgliedern der Plasmaanlagen nicht zu realisieren. Dabei handelt es sich meistens um einfache Schwebekörper-Meßgeräte, wobei mit Hilfe eines einfachen Drosselventils der Gasdurchfluß der einzelnen Komponenten im stationären Zustand, d.h. bei nicht eingeschaltetem Lichtbogen, eingestellt wird. Selbstverständlich ändern sich die Werte während des Schneidvorgangs erheblich, was die Reproduzierbarkeit von optimalen Schneidergebnissen unmöglich macht. In noch einfacheren Ausführungen wird lediglich der Gasdruck über normale Gasdruckminderer ausgeregelt.

Die Prinzipskizze einer geeigneten Gasdosier- und Gasaufbereitungsanlage für Qualitätsschnitte ist in Bild 60 dargestellt.

Die Schneidgase von der Gasversorgung werden danach zuerst auf gleichen Druck gebracht, um für die nachfolgenden Durchflußregler identische Ausgangszustände zu schaffen und eine gegenseitige Beeinflussung der einzelnen Komponenten bei der Durchflußregelung zu verhindern.

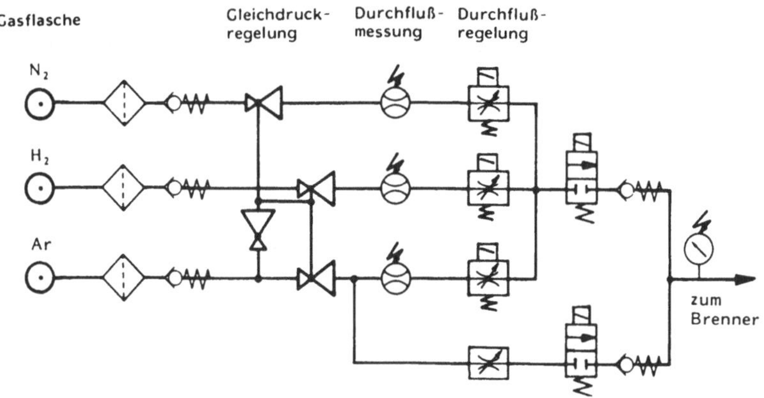

Bild 60: Gasmischanlage zum Plasmaschneiden

Aus dem Hauptgaszweig (normalerweise Argon) wird das Zünd- und Nachspülgas ausgekoppelt. Der Durchfluß aller Gaskomponenten wird thermisch erfaßt und dieses Signal in einer elektronischen Steuerungseinheit mit den eingestellten Sollwerten verglichen. Mit Hilfe von Proportionalventilen wird die eigentliche Durchflußregelung vorgenommen und das Ausgangsgemisch über verschiedene Schalteinrichtungen auf das Schlauchpaket geleitet. Eine automatische Einstellung der Mengenanteile der Gaskomponenten über die Robotersteuerung ist im Elektronikteil der Mengenregelung möglich.

Die Zeitspanne bis zur Stabilisierung des Gasdurchflusses beträgt einige Sekunden. Sie hängt außer von der Ausführung der Gasmischanlage und der Schlauchlänge auch von dem Ionisierungsverhalten des Gasgemisches ab. Ein Indikator für den Zustand der Durchflußstabilisierung ist der Gasdruck im Schlauchpaket. In Bild 61 sind die Zeitverläufe beim Starten der Anlage von Gemischdurchfluß und Schlauchdruck dargestellt.

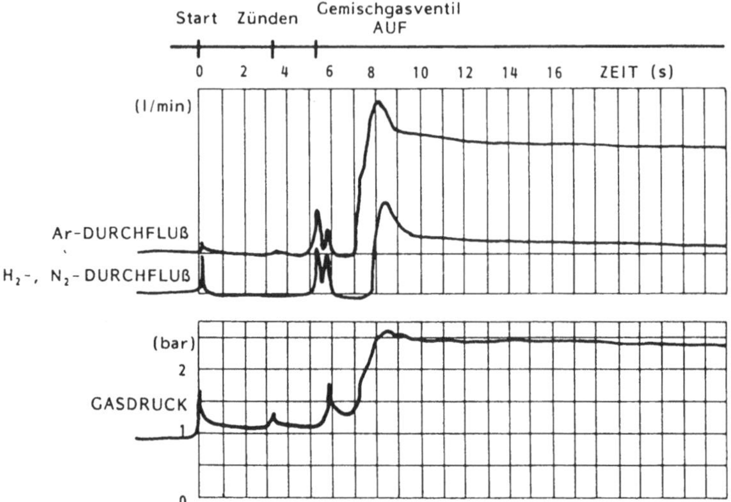

Bild 61: Gasdurchfluß- und Druckverlauf beim Plasmaschneiden

Da die Dynamik des Gasdrucks die Stabilität des Lichtbogens wiedergibt, kann das Drucksignal als Startsignal für die Roboterbewegung ausgewertet werden.

Eine der wichtigsten Komponenten der Schneidanlage ist der Plasmabrenner. Durch die hohe Leistungsdichte sind hier konstruktiv insbesondere thermische Probleme zu lösen, zum anderen gibt es in der Brennerkonstruktion die meisten Ansätze, Schnittqualität und Leistung zu verbessern.

Für das Gußputzen eignen sich nur Brenner für den Trockenschnitt, d.h. Schneidverfahren, die nicht im Wasserbad oder mit einer Wasserglocke arbeiten. Bei diesen Verfahren werden durch die Wärmedissipation im Wasser bei gleicher Stromdichte in der Düse nur ca. 60 % der Schneidleistung einer Trockenschneidanlage erreicht. Die Vorteile einer besseren Arbeitsplatzverträglichkeit können in mit Industrierobotern betriebenen Anlagen ohnehin nicht genutzt werden.

Dagegen muß hier auf andere Eigenschaften des Brenners, die beim konventionellen Einsatz des Plasmaschneidens unerheblich sind, geachtet werden.

Die Baugröße des Brenners ist für die Flexibilität einer Gußputzzelle von entscheidender Bedeutung. Sie bestimmt maßgeblich die Zugänglichkeit zu den Trennstellen und damit den zu erwartenden Aufwand bei der Umkonstruktion der Speiser- und Anschnittsysteme an den Werkstücken.

Für die Handhabung mit einem Industrieroboter muß eine isolierte Befestigungsmöglichkeit vorgesehen werden.

Eine der Hauptforderungen an die Konstruktion des Brenners ist jedoch, daß die Düse automatisch austauschbar ist. Hohe Qualitätsanforderungen beim Plasmaschnitt bedeuten zwangsläufig eine erhöhte Stromdichte in der Düse, d. h. der Plasmastrom pro Quadratmillimeter Düsenbohrung bestimmt die Qualität des Schnittes. Dabei wird die Standzeit der Düse im Extremfall bis auf einen Schnitt reduziert. Sie muß deshalb in einer automatischen Anlage auch automatisch ausgetauscht werden. Dies bedeutet für die Brennerkonstruktion, daß die Düse entsprechend zugänglich ist und gegenüber dem Kühlwasserkreislauf abgedichtet sein muß.

7.2 Wechselsysteme

Wechselsysteme erhöhen die Flexibilität von Industrieroboterbearbeitungszellen erheblich. Man unterscheidet Betriebswechselsysteme und Verschleißwechselsysteme.

Betriebswechselsysteme ermöglichen die Bearbeitung eines Werkstücks mit unterschiedlichen Werkzeugen, die nicht gleichzeitig vom Industrieroboter gehandhabt werden können.

Verschleißwechselsysteme dienen dem automatischen Austausch verbrauchter, abgenutzter oder defekter Werkzeugteile.

In Bild 62 ist ein Werkzeugwechselsystem mit einem für die Gußnachbearbeitung geeigneten Werkzeugantrieb gezeigt.

Bild 62: 10 kW Hochfrequenz-Antrieb mit Wechselflansch

Beide Wechselsystemtypen sind in einer automatischen Bearbeitungszelle mit einer Plasmaschneidanlage notwendig.

Der Einsatz thermischer Brennverfahren an Gußwerkstücken bedingt in der Regel eine Nachbearbeitung der Oberfläche. Sehr große Schnittiefen verursachen oft erhebliche Qualitätseinbußen an den Schnittflächen. Gußtoleranzen können bei großen Nennmaßen zu nicht akzeptablen Fehllagen der Schnittflächen führen. Außerdem kann die Einhärtung der Schnittfläche zwar minimiert, jedoch nicht vollständig beseitigt werden.

Aus diesen Gründen wird bei vielen Anwendungen des Plasmaschneidens zum Gußputzen ein Nachschleifen der Schnittfläche erforderlich sein.

Für diese Bearbeitungsprozesse stehen eine Reihe geeigneter Industrieroboterwerkzeuge und Werkzeugwechselsysteme auf dem Markt zur Verfügung. Diese Wechselsysteme müssen für den Einsatz in einer automatischen Schneidzelle über integrierte Durchführungen für die Energieversorgungen der Maschinen verfügen. Da eine automatisch trennbare Verbindung der Plasma-, Gas- und Stromführung innerhalb eines solchen Wechselsystems zu aufwendig wäre, muß die Versorgung des Plasmabrenners über das fest angeschlossene Schlauchpaket erfolgen.

Würden die Versorgungsleitungen der Bearbeitungsmaschinen ebenso fest angeschlossen, könnten Kollisionsprobleme der Leitungsführungen im Bereich des Werkstücks kaum vermieden werden. Darüberhinaus ist die Anbringung und der Betrieb eines Plasmabrenners mit einem Industrieroboter über eine solche Werkzeugwechselvorrichtung problemlos.

Für den Plasmabrenner selbst ist ein Verschleißwechselsystem erforderlich. Durch die Vorschubbewegung des Brenners wird die Düsenbohrung einseitig ausgewaschen und verliert ihre konzentrische Form. Die Folge ist ein welliger Schnitt mit schlechter Schnittqualität. Ein absoluter Funktionsausfall der Düse ist zwar nicht zu erwarten, jedoch gebietet die Einhaltung der Schnittqualität einen häufigen Düsenwechsel /78/.

Dieser Düsenwechsel kann zwischen den einzelnen Werkstücken in einer automatischen Düsenwechselvorrichtung wie in <u>Bild 63</u> dargestellt vorgenommen werden.

Sie besteht aus einem Schrauberkopf, einem pneumatischen zweiachsig bewegbaren Düsenwechselarm und einem Fallmagazin für die Düsen.

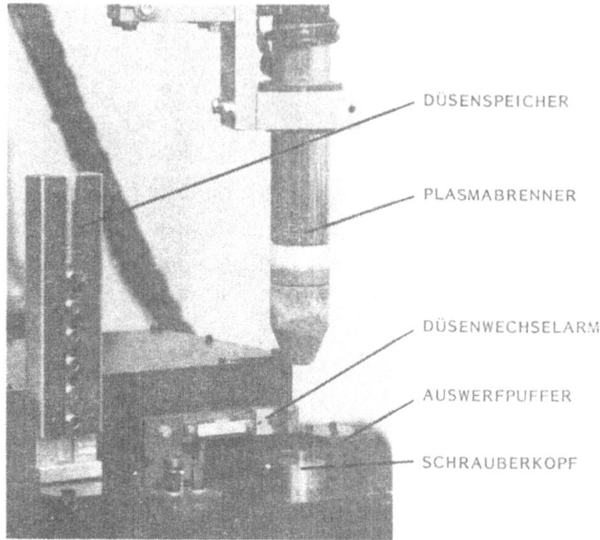

Bild 63: Eine automatische Düsenwechselvorrichtung

Während über die Zuführeinrichtungen das Werkstück gewechselt wird, führt der Industrieroboter den Plasmabrenner zunächst zur Düsenwechselstation, wo durch Aufsetzen auf den Schrauberkopf die verschlissene Düse ausgeschraubt wird. Der Düsenwechselarm übernimmt nach dem Hochfahren des Plasmabrenners die Düse aus der Schraubstation und stattet die Schraubstation mit einer neuen Düse aus dem Fallmagazin aus. Der Industrieroboter setzt den Plasmabrenner wieder auf den Schrauberkopf und die neue Düse wird eingeschraubt.

Die automatische Düsenwechselvorrichtung wird vollständig vom Industrieroboter gesteuert. Bild 64 zeigt den Ablauf eines Düsenwechselvorgangs.

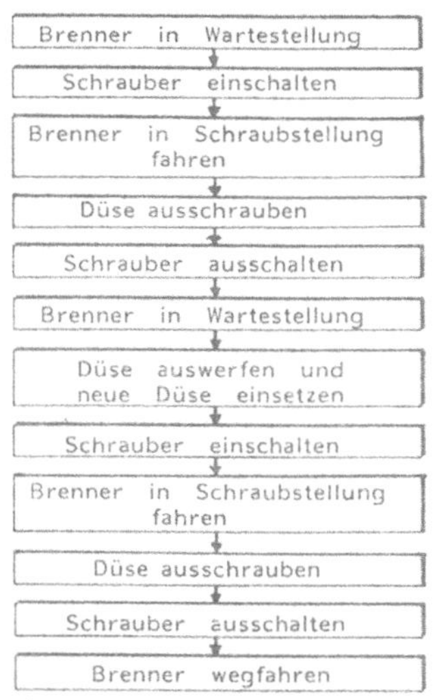

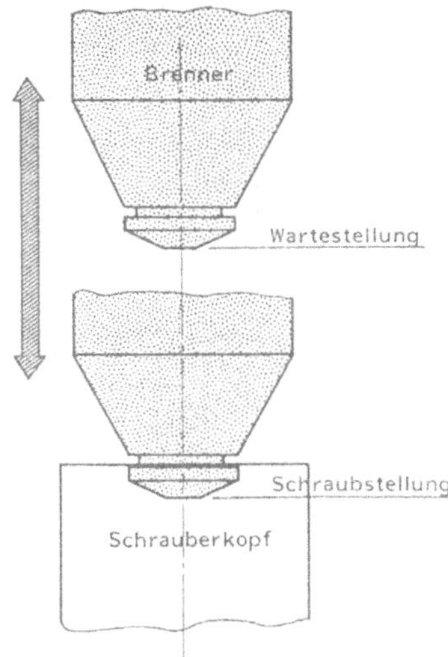

Bild 64: Ablauf des Düsenwechselvorganges

In wesentlich größeren Zeitabständen muß im Plasmabrenner die Elektrode gewechselt werden.

Der Elektrodenverschleiß im Brenner hat im wesentlichen zwei Ursachen, wcbei zunächst der natürliche Abbrand aufgrund des Stromflusses zu nennen wäre. Der Verschleiß der Elektrode wird außerdem stark beschleunigt, wenn die Zündung des Lichtbogens und das Nachspülen des Brenners nicht oder nur ungenügend mit Inertgas, d.h. mit Argon, erfolgt.

Bei Anwesenheit von Luft oxidiert das Wolfram der Elektrode bei hohen Temperaturen sehr schnell. Die so erzeugte Oxidschicht hat jedoch eine geringere Schmelztemperatur als das Wolfram selbst, was im Betrieb zu einer schnelleren Abschmelzung der Elektrode führt.

Die Elektrode kann jedoch im Brenner nicht so angeordnet werden, daß ein schneller Austausch ohne Zerlegen des Brenners möglich ist. Zumindest die Düse muß zum Ausbau der Elektrode entfernt werden. Zu beachten ist auch, daß der Abstand zwischen Elektrode und Düse nach Montage der Elektrode justiert werden muß.

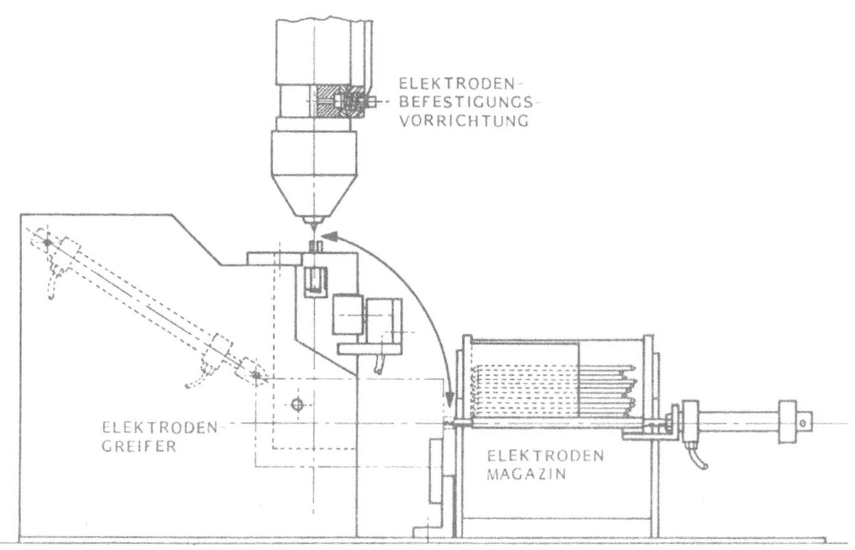

Bild 65: Konzept einer automatischen Elektrodenwechselvorrichtung

7.3 Spannmittel

Die Wahl und die Konstruktion der in einer automatischen Schneidzelle eingesetzten Spannmittel hängt stark von dem zu bearbeitenden Werkstückspektrum ab. Obwohl die Bearbeitungskräfte beim Plasmaschneiden vernachlässigbar gering sind, müssen eine ganze Reihe von Anforderungen für das Plasmaschneiden erfüllt werden, die durchaus zu aufwendigen mechanischen Konstruktionen führen können.

Die Spannmittel sollten zunächst eine genaue Positionierung des Werkstückes ermöglichen. Dabei muß die Positioniereinrichtung möglichst nahe an den Trennstellen angeordnet werden, um einen möglichst geringen Einfluß der Formtoleranzen der Gußwerkstücke zu erreichen.

Die Spannvorrichtungen müssen außerdem die elektrische Kontaktierung des Werkstückes übernehmen, da das Werkstück beim Plasmaschneiden als Gegenelektrode wirkt.

Ein besonderes Problem bei der Konstruktion der Spannmittel ist die Vorhersage der Fallrichtung des abgeschnittenen Kreislaufmaterials. Hier muß im Vorgriff auf die spätere Programmierung berücksichtigt werden, welche Bewegung das abgeschnittene Kreislaufmaterial unter dem Einfluß der Schwerkraft ausführt. Gegebenenfalls muß mit Hilfe zusätzlicher Vorrichtungen verhindert werden, daß Teile des Kreislaufmaterials auf den Brenner schlagen oder auf dem Werkstück liegen bleiben. Insbesondere das Verbleiben von Kreislaufresten auf dem Werkstück kann bei den nachfolgenden Bearbeitungs- und Schneidprozessen zu Kollisionen führen.

Wenn möglich, sollte die Werkstückanordnung und die Werkstückspannung so ausgeführt werden, daß Speiser und Eingüsse nach dem Abtrennen in eine Sammelvorrichtung fallen, von der aus sie abtransportiert werden können.

Durch das Abschneiden des Kreislaufmaterials kann der Schwerpunkt des Werkstückes erheblich geändert werden. Dies ist bei der Konstruktion der Abstützungen zu berücksichtigen. In den meisten Fällen wird deshalb eine mechanisch stabile Fixierung des Werkstückes erforderlich sein, wobei dies für nachfolgende Bearbeitungsvorgänge, die höhere Bearbeitungskräfte erfordern, wie z.B. das Verschleifen, ohnehin erforderlich ist.

Bei der Konstruktion der Spannmittel muß neben der Zugänglichkeit zu den Trenn- und Bearbeitungsstellen auch die Führung des Plasmastrahles mit berücksichtigt werden. Eine Behinderung der Strahlführung unterhalb des Schnittes verursacht ein Verspritzen des geschmolzenen Materials auf die umliegende Werkstückoberfläche. Die Spannvorrichtung kann außerdem durch den Plasmastrahl beschädigt werden.

7.4 Schutzmaßnahmen

Das manuelle Plasmaschneiden konnte sich bisher nur in Anwendungen durchsetzen, wo dies aufgrund der Werkstoffeigenschaften zwingend notwendig war. Der Grund dafür ist u.a. die hohe Arbeitsplatzbelastung beim Plasmaschneiden.

Der automatisierte Betrieb mit einem Industrieroboter erfordert zwar keine so weitreichenden Schutzmaßnahmen wie das manuelle Schneiden, jedoch müssen bei der Konzeption einer Schneidanlage die für das Plasmaschneiden spezifischen Sicherheitsanforderungen und Anforderungen aus dem Arbeitsschutz berücksichtigt werden.

Durch die hohe Spannung an Elektrode und Düse ist eine erhöhte Berührgefahr bei eingeschaltetem Gerät gegeben, was einerseits die elektrische Isolation des Brenners vom führenden Industrieroboter notwendig macht und andererseits eine Zwangsabschaltung der Spannungsquelle mit der obligatorischen Zugangsüberwachung zur Schneidzelle erforderlich macht.

Beim Plasmaschneiden entstehen Metallstäube und giftige Gase wie Stickoxide und Ozon /79,80,81/. Die besonders giftigen Stickoxide entstehen vor allem beim Druckluftplasmaschneiden durch Verunreinigungen in der Luft. Die gesamte Anlage muß deshalb in einer Kabine untergebracht werden. Da sich normalerweise kein Bedienungspersonal in dieser Kabine aufhält, müssen keine maximalen Arbeitsplatzkonzentrationen an Staub und Giftgasen eingehalten werden. Eine Abluftführung mit geringerer Leistung nach oben genügt, was gegenüber dem manuellen Plasmaschneiden zu erheblichen Kosteneinsparungen führt.

Da je nach Luftleistung der Absauganlage eine gewisse Mindestzeit beispielsweise bei einer Störung vor dem Betreten der Kabine eingehalten werden muß, ist es sinnvoll die Industrierobotersteuerung sowie alle wichtigen Bedienfunktionen außerhalb der Kabine anzuordnen.

Die durch den Plasmastrahl erzeugte ultraviolette Strahlung muß in jedem Fall von der Kabine abgeschirmt werden, d.h. daß Beobachtungsfenster mit den vorgeschriebenen Athermal-Scheiben oder -Vorhängen ausgerüstet sein müssen.

Aufgrund der hohen Austrittsgeschwindigkeit des Plasmastrahles aus der Brennerdüse wird ein sehr hoher Schallpegel erzeugt. Der Schallpegel in Abhängigkeit von Stromstärke und Abstand wurde durch Messung ermittelt. Die Ergebnisse sind in Bild 66 dargestellt.

ABSTAND / STROMSTÄRKE	10 cm	100 cm	250 cm
50 A	-	105 dB	94 dB
150 A	116 dB	108 dB	98 dB
250 A	120 dB	109 dB	101 dB
Schneidgas: Ar (30 l/min), H_2 (18 l/min) Düsendurchmesser: 2,0 mm			

Bild 66: Schallpegel in Abhängigkeit von Stromstärke und Abstand

Darin ist ersichtlich, daß die Schneidkabine schalldämmend ausgerüstet sein muß.

Die Richtung und Intensität des vom Plasmastrahl zerstäubten flüssigen Metall kann bei der Programmierung kaum vorausgesehen werden. Bei allen Ausrüstungen in der Kabine ist dieser Umstand zu berücksichtigen und entsprechend feuersichere Armierungen zu verwenden. Gegebenenfalls müssen Funktionsteile des Industrieroboters, wie z.B. Gelenkdichtungen mit einer zusätzlichen Abdichtung versehen werden.

Beim Einsatz von Wasserstoff als Schneidgaskomponente muß für entsprechende Explosionssicherheit aller Anlagenkomponenten bzw. für eine Überwachung der Wasserstoffkonzentration in der Schneidzelle gesorgt werden.

Für den Industrierobotereinsatz ist die vom Industrieroboter geführte Trennschleifscheibe das alternative Verfahren zum Plasmaschneiden.

Ein technisch sinnvoller Wirtschaftsvergleich kann deshalb nur zwischen diesen beiden Verfahren bei gleichen Randbedingungen angestellt werden.

Die Kosten für den Industrieroboter sind bei der Installation einer Schneidzelle ausschlaggebend für die Wirtschaftlichkeit der Anlage. Ein Wirtschaftsvergleich zwischen Plasmaschneiden und Trennschleifen ist deshalb nur nach vorheriger Analyse der Leistungen beider Verfahren bei der Anwendung mit Industrierobotern möglich. In Bild 67 sind die empirisch ermittelten Vorschubwerte für Plasmaschneiden und Trennschleifen dargestellt.

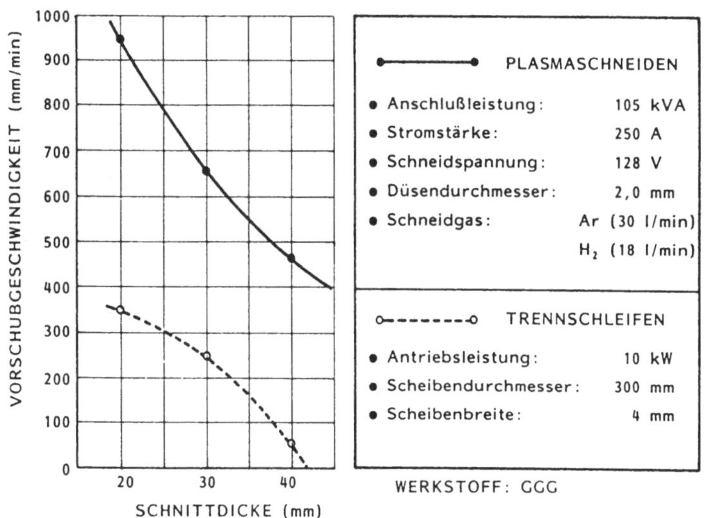

Bild 67: Vergleich der Vorschubgeschwindigkeiten am GGG.

Eine mit dem Plasmabrenner vergleichbare Zugänglichkeit kann mit Trennscheiben nur mit einem maximalen Scheibendurchmesser von 300 mm erreicht werden. Dadurch wird der Einsatz leichter Hydraulikantriebe verhindert, da die erforderlichen Drehzahlen kaum noch mit vertretbarem Aufwand erreicht werden können. Durch das hohe Gewicht elektrischer Antriebe ist bei der Handhabung mit dem Industrieroboter die Antriebsleistung auf ca. 10 kW begrenzt.

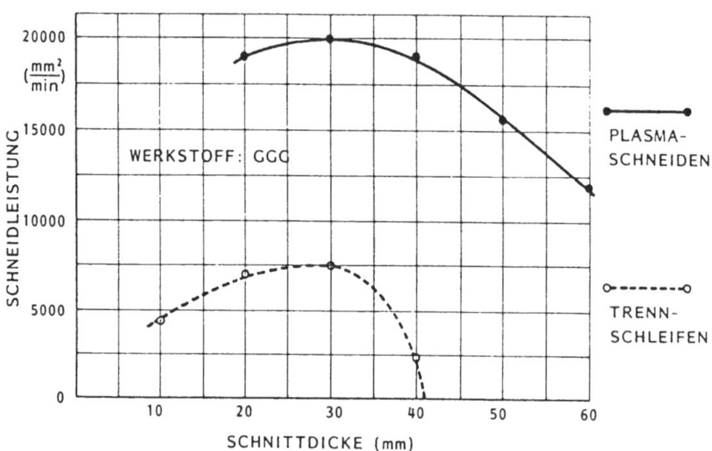

Bild 68: Vergleich der Schneidleistung

Während die Schneidleistung beim Plasmaschneiden ab ca. 25 mm Schnittdicke linear abfällt, erfolgt dieser Leistungsabfall beim Trennschleifen stark überproportional. Bei großen Schnittdicken weisen die Schnittleistungen des Trennschleifens beim Einsatz mit Industrieroboter erhebliche Unterschiede auf. Der Grund dafür ist in der schnellen Zunahme der Eingriffslänge der Scheibe zu sehen. Während in konventionellen Anwendungen des Trennschleifens durch einen großen Scheibendurchmesser verhindert wird, daß die Eingriffslänge ca. 7 % der Umfangslänge übersteigt, ist dies beim Trennen mit Industrieroboter aus Zugänglichkeitsgründen kaum möglich. Ebenso ist der sogenannte Pendelschnitt mit dem Industrieroboter gerade bei großen Trennquerschnitten sehr problematisch.

Für den Wirtschaftlichkeitsvergleich werden die Energie- und Werkzeugkosten der beiden Verfahren sowie die notwendigen Investitionen ermittelt.

Die Energiekosten entstehen bei beiden Verfahren durch den elektrischen Stromverbrauch. Bezugsgröße ist der spezifische Stromverbrauch bei verschiedenen Schnittdicken. Wie der Tabelle in Bild 69 entnommen werden kann, sind die Energiekosten beim Plasmaschneiden höher als beim Trennschleifen.

VERFAHRENSART	PLASMASCHNEIDEN (Anschlußleistung 105 kVA)			TRENNSCHLEIFEN (Antriebsleistung 10 kW)		
Schnittdicke (mm)	20	30	40	20	30	40
spezifischer Stromverbrauch ($\frac{kWh}{m^2}$)	92,1	87,5	91,6	23,8	22,2	69,4
spezifische Energiekosten (DM/m²) (1 kWh = 0,12 DM)	11,0	10,5	11,0	2,9	2,7	8,3

WERKSTOFF: GGG

Bild 69: Vergleich der Energiekosten

Die Leistungsabgabe der Plasmaschneidanlage beträgt 32 kW (250 A x 128 V). Die hohe Anschlußleistung von 105 kVA der Plasmaanlage resultiert zum großen Teil aus der hohen Blindstromaufnahme des Schneidgerätes ($\cos\varphi = 0{,}6$), was gegebenenfalls kompensiert werden kann.

Werkzeugkosten entstehen beim Plasmaschneiden durch den Schneidgasverbrauch. Die Kosten für Verschleißteile (Düse und Elektrode) liegen unter 100 DM/m^2.

Die Gaskosten wurden wie folgt ermittelt;
Argon: 0,07 DM/l, Wasserstoff: 0,05 DM/l.

Beim Trennschleifen wurde im Labor Werkzeugkosten von 500 DM/m^2 ermittelt. Gegenüber dem Handtrennen kann hier nur eine geringe Durchmesserveränderung in Kauf genommen werden, da sonst der Antrieb nicht mehr genügend Drehzahl zum Erreichen der geforderten Mindestumfangsgeschwindigkeit liefern kann.

VERFAHRENSART	PLASMASCHNEIDEN			TRENNSCHLEIFEN		
Schnittdicke (mm)	20	30	40	20	30	40
spezifische Gaskosten (DM/m^2)	157,9	150,0	157,1	-	-	-
Kosten für Verschleißteile (DM/m^2)	100	100	100	500	500	500
spezifische Werkzeugkosten (DM/m^2)	257,9	250,0	257,1	500	500	500

WERKSTOFF: GGG

Bild 70: Vergleich der Werkzeugkosten

Die Werkzeugkosten in Bild 70 sind damit beim Trennschleifen fast doppelt so hoch wie beim Plasmaschneiden.

Die Investitionskosten ergeben sich durch eine Vorausabschätzung der Kosten für die Einzelkomponenten. Beim Industrieroboter werden ca. 50 TDM dadurch gespart, daß beim Plasmaschneiden keine Reaktionskräfte auftreten und dadurch mit einem Industrieroboter einer kleineren Leistungsklasse gearbeitet werden kann.

Da sowohl beim Trennschleifen als auch beim Plasmaschneiden die Arbeitsumgebung sehr stark belastet und gefährdet ist, müssen bei beiden Verfahren etwa gleiche Sicherheitsmaßnahmen getroffen werden. Die Investitionen für die entsprechenden Ausstattungen sind demnach gleich.

Die Maschinenkosten für das Werkzeug betragen beim Plasmaschneiden ca. 50 TDM, beim Trennschleifen in der gleichen Leistungsklasse ca. 30 TDM. Man kann also davon ausgehen, daß bei einem Investitionskostenvergleich für beide Verfahren bei gleicher Leistung etwa gleiche Investitionen zu tätigen sind.

Der Vergleich zeigt, daß beim Plasmaschneiden mit Industrierobotern ungefähr halb so hohe Betriebskosten entstehen wie beim Trennschleifen.

9 Zusammenfassung und Ausblick

Die Putzereien in der Gießereiindustrie sind bis heute kaum automatisiert. Obwohl Humanisierungsgesichtspunkte und der hohe Kostendruck in diesem Bereich zu einem großem Mechanisierungspotential führen, wird das Gußputzen bisher überwiegend manuell durchgeführt. Kleine Losgrößen und niedrige Stückzahlen bei komplexen Werkstückgeometrien verhindern den wirtschaftlichen Einsatz von Sondermaschinen.

Industrieroboter bieten dagegen die erforderliche Flexibilität und die Bewegungsmöglichkeiten zur Bearbeitung komplizierter Konturen. Allerdings müssen für viele Anwendungen Werkzeuge und Bearbeitungsverfahren neu entwickelt oder an die spezielle Applikation angepaßt werden.

Für das Abtrennen von Speisern und Anschnittsystemen mit großem Trennquerschnitt hat sich gezeigt, daß das manuell eingesetzte Trennschleifen in der Anwendung mit dem Industrieroboter große technologische und wirtschaftliche Probleme verursacht.

Unter den heute industriell eingesetzten Trennverfahren ist aus technischer und ökonomischer Sicht nur das Plasmaschneiden als Alternative geeignet. Es bietet für den Einsatz mit dem Industrieroboter überzeugende Vorteile:

- keine Reaktionskräfte
- niedrige Investitionskosten bei hoher Schneidleistung
- kein geometrischer Werkzeugverscheiß
- weitgehende Unempfindlichkeit gegenüber Gußtoleranzen.

In dieser Arbeit wurde die Adaption des Plasmaschneidverfahrens sowohl an den Betrieb mit einem Industrieroboter als auch an die Gußwerkstücke und -werkstoffe durchgeführt.

Schwerpunkt war dabei die Verbesserung der Schnittqualität durch eingehende Untersuchung und Optimierung der Betriebsparameter des Plasmaschneidens. Einflußgrößen, die von der Handhabung des Brenners mit einem Industrieroboter verursacht werden, wurden in ihren Auswirkungen untersucht und die für einen erfolgreichen Einsatz notwendigen technischen Randbedingungen ermittelt.

Die Entwicklung von technischen Verbesserungen und Erweiterungen für den Einsatz von Plasmaschneidgeräten mit Industrierobotern in der Gußputzerei wurden dargestellt. Es konnte gezeigt werden, daß bei optimaler Wahl der Betriebsparameter eine befriedigende Schnittqualität erreicht werden kann.

Für die Konstruktion des Kreislaufmaterials wurden geeignete Formen zum Trennen durch Plasmaschneiden ermittelt.

Diese Ergebnisse bilden die Grundlage für den Einsatz von Industrierobotern zum Abtrennen von Speiser und Anschnittsystemen. Durch die Kombination von Plasmaschneiden und konventioneller Schleifbearbeitung entsteht außerdem ein neuer Ansatzpunkt für die Automatisierung mit Industrierobotern in der Gußputzerei.

ANHANG I

Ermittlung der Schnittqualität in Abhängigkeit von der Schneidgeschwindigkeit

- SCHNEIDPARAMETER

Werkstoff :	St 37,	Schnittdicke :	25 mm
Stromstärke :	200 A,	Düsenabstand :	7 mm
Düsendurchmesser :	2,0 mm,		
Schneidgas :	Ar (30 l/min),		
	H_2 (18 l/min)		

- MEßERGEBNISSE

Schneidgeschw. (mm/min)		100	150	200	250	300	400
Riefennachlauf (mm)		-	4,0	4,75	5,0	5,4	5,25
mittlere Riefenbreite (mm)		-	0,95	0,65	0,55	0,8	0,65
Schnittfugen-breite (mm)	obere	5,0	4,65	4,55	4,3	4,3	4,3
	untere	6,0	5,1	4,45	4,15	3,8	3,2
Schnittwinkel (°)		-1,15	-0,52	0,11	0,17	0,57	1,26
Bart	Barthöhe (mm)	4 bis 5	4 bis 5	2,5	3,25	3 bis 4	8 bis 10
	Bartbreite (mm)	10,0	7 bis 9	3 bis 4	5,5	9,0	10,0
	Bart-querschnitt (mm^2)	45,0	36,0	8,75	17,8	31,5	90,0

ANHANG II

Druckverlauf des Schneidgases im Schlauchpaket

Eingangsdruck im geschlossenen Schlauchpaket : 4,0 bar(a),
Raumdruck ohne Durchfluß : 0,9389 bar(a),
Elektrodenabstand : 3,5 mm

	Schneidgas (l/min)			Stromstärke (A)	Düsendurchmesser (mm)	Druck (bar(a))	
	Ar	H_2	N_2			mit Lichtbogen	ohne Lichtbogen
A	15	15	15	100	1,4	5,02	2,763
				150	1,4	5,08	2,763
				200	1,4	5,09	2,763
				100	2,0	2,87	2,025
				150	2,0	3,225	2,025
				200	2,0	3,755	2,025
				250	2,0	4,10	2,025
				150	2,5	2,295	1,922
				200	2,5	2,44	1,922
				250	2,5	2,625	1,922
B	20	15	15	200	2,5	2,705	2,147
	25	15	15			2,99	2,368
	15	20	15			2,505	2,010
	15	25	15			2,60	2,100
	15	15	20			2,615	2,085
	15	15	25			2,80	2,267
C	20	20	0	200	2,5	2,347	-
	20	0	20			2,657	-
	0	20	20			1,967	-
D	16,7	16,7	16,7	200	2,5	2,64	2,085
	18,3	18,3	18,3			2,80	2,234
E	30	18	0	200	2,5	2,914	-
	24	14,4	0			2,524	-
	18	10,8	0			2,108	-
F	15	25	20	200	2,5	2,935	-
	17	23	20			3,008	-
	20	20	20			3,129	-
	23	17	20			3,255	-
	26	14	20			3,369	-
	29	11	20			3,469	-
	20	25	15			3,029	-
	20	23	17			3,067	-
	20	17	23			3,198	-
	20	14	26			3,269	-
	20	11	29			3,314	-

Druckverlauf in Abhängigkeit von :

A: Stromstärke und Düsendurchmesser
B: Gasart unter einzelner Gaszugabe
C: Gasart unter gleicher gesamter Gasmenge
D: Gasmenge unter gleicher einzelner Gasmenge
E: Gasmenge unter gleicher Gasverhältnis
F: Gaszusammensetzung unter gleicher gesamter Gasmenge

ANHANG III

Ermittlung der Schnittqualität in Abhängigkeit von der Stromstärke

• SCHNEIDPARAMETER

Werkstoff :	St 37,	Schnittdicke :	20 mm
Schneidgeschw. :	500 mm/min,	Düsenabstand :	9 mm
Düsendurchmesser :	2,0 mm		
Schneidgas :	Ar (30 l/min),		
	H_2 (18 l/min)		

• MEßERGEBNISSE

Stromstärke (A)		150	180	210	250
Riefennachlauf (mm)		4,25	3,80	3,55	2,80
Schnittfugen-breite (mm)	obere	4,55	4,95	5,35	5,75
	untere	3,45	3,90	4,65	6,55
Schnittwinkel (°)		1,58	1,50	1,01	-1,15
Bart	Barthöhe (mm)	2,45	1,30	2,7	2,8
	Bartbreite (mm)	7,0	2,8	5,8	5,9

ANHANG IV

Ermittlung der Schnittqualität in Abhängigkeit von der Schneidgaszusammensetzung

- SCHNEIDPARAMETER

Stromstärke : 200 A

Schnittdicke : 20 mm,

Düsenabstand : 10 mm,

Werkstoff : St 37.

Schneidgeschw. : 700 mm/min

Düsendurchmesser : 2,5 mm

Elektrodenabstand : 3,5 mm

- MEßERGEBNISSE

Gase (l/min)			Schnittfugenbreite (mm)		Schnittwinkel (°)	Riefennachlauf (mm)	Bartquerschnitt (mm^2)
Ar	H_2	N_2	obere	untere			
15	25	20	5,96	3,53	3,48	3,3	2,755
17	23	20	5,95	3,50	3,50	4,4	2,08
20	20	20	6,25	2,85	4,86	5,05	3,675
23	17	20	6,10	2,82	4,69	5,5	4,84
26	14	20	6,15	2,90	4,65	4,0	5,19
29	11	20	5,90	2,65	4,65	3,7	2,97
20	25	15	6,00	3,50	3,58	4,15	3,05
20	23	17	5,95	3,35	3,72	4,5	3,30
20	17	23	6,25	3,00	4,65	3,5	4,56
20	14	26	6,00	2,95	4,36	2,8	1,38
20	11	29	6,10	2,70	4,86	1,95	0,77
30	18	0	6,15	3,25	4,15	3,55	3,90
24	14,4	0	6,55	3,45	4,43	3,0	4,92
18	10,8	0	6,70	3,60	4,43	3,15	4,60

ANHANG V

Ermittlung der Schnittqualität in Abhängigkeit vom Düsenabstand

SCHNEID-PARAMETER

Versuchsnr.	Stromstärke (A)	Düsendurchmesser (mm)	Stromdichte (A/mm²)	Schneidgeschw. (mm/min)
1	200	2,0	64	600
2	200	2,5	41	600
3	250	2,5	51	700

Werkstoff: St 37, Schnittdicke: 20 mm, Schneidgas: Ar (30 l/min), H_2 (18 l/min).
Elektrodendurchmesser: 4,0 mm, Elektrodenabstand: 3,5 mm,

MEßERGEBNISSE

d_o : Obere Schnittfugenbreite (mm), n: Riefennachlauf (mm), α : Schnittwinkel (°),
d_u : Untere Schnittfugenbreite (mm), Q: Bartquerschnitt (mm²).

Düsenabstand (mm)	Versuch 1					Versuch 2					Versuch 3				
	n	d_o	d_u		Q	n	d_o	d_u		Q	n	d_o	d_u		Q
4,0	6,7	4,30	3,68	0,89	38,25	-	-	-	-	-	-	-	-	-	-
5,0	4,9	4,55	3,65	1,29	49,50	-	-	-	-	-	-	-	-	-	-
5,5	4,15	4,60	3,60	1,43	10,00	-	-	-	-	-	-	-	-	-	-
6,0	3,4	4,55	3,75	1,15	6,00	4,45	5,10	3,40	2,43	24,50	-	-	-	-	-
6,5	2,87	4,50	3,70	1,15	13,25	-	-	-	-	-	-	-	-	-	-
7,0	3,2	4,50	3,72	1,12	4,50	4,25	5,33	3,47	2,66	24,50	4,35	5,52	3,70	2,61	23,10
7,5	3,0	4,65	3,90	1,07	7,00	4,0	5,30	3,45	2,65	19,80	4,0	5,65	3,80	2,65	9,60
8,0	3,25	4,65	3,90	1,07	4,50	3,5	5,35	3,36	2,85	26,00	3,8	5,70	3,80	2,72	7,00
8,5	2,75	4,75	3,85	1,29	6,30	3,8	5,30	3,30	2,86	18,00	4,0	5,92	3,71	3,16	5,60
9,0	2,12	4,80	3,80	1,43	8,00	3,75	5,45	3,39	2,95	13,75	3,6	6,00	3,71	3,28	5,25
10,0	2,65	5,15	3,80	1,93	4.50	3,5	5,65	3,34	3,31	8,00	3,2	5,95	3,80	3,08	6,46
11,0	2,7	5,20	3,55	2,36	8,00	3,4	5,95	3,37	3,69	4,95	3,2	6,01	3,80	3,16	4,95
12,0	2,9	5,65	3,51	3,06	6,20	3,5	6,00	3,38	3,75	3,90	2,8	6,20	3,98	3,18	6,66
13,0	2,4	5,70	3,70	2,86	3,75	3,5	7,32	3,87	4,93	4,50	2,9	7,15	4,70	3,50	3,51
14,0	2,75	5,75	3,45	3,29	6,00	-	-	-	-	-	2,8	7,39	4,65	3,92	2,88
15,0	2,4	5,80	3,64	3,09	4,20	3,9	8,05	3,85	5,99	10,00	2,6	7,57	4,65	4,18	2,20
16,0	-	-	-	-	-	-	-	-	-	-	3,0	7,72	4,53	4,56	3,74
17,0	2,5	6,18	3,47	3,88	4,20	-	-	-	-	-	2,3	7,95	4,78	4,53	2,20
18,0	-	7,20	4,30	4,15	10,00	-	-	-	-	-	2,35	8,20	4,60	5,14	4,50
19,0	2,2	6,52	4,05	3,53	9,00	-	-	-	-	-	2,0	8,60	4,65	5,64	3,52
20,0	-	-	-	-	-	-	9,50	3,90	7,97	10,00	2,0	8,93	4,40	6,46	4,94
21,0	-	-	-	-	-	-	-	-	-	-	2,0	9,03	4,35	6,67	5,94
22,0	-	-	-	-	-	-	-	-	-	-	2,5	9,10	4,75	6,21	3,25
23,0	-	-	-	-	-	-	-	-	-	-	2,4	9,30	4,80	6,42	6,50
24,0	-	-	-	-	-	-	-	-	-	-	1,8	9,60	4,72	6,96	6,00
25,0	-	-	-	-	-	-	10,20	4,15	8,60	7,70	-	-	-	-	-
26,0	-	-	-	-	-	-	-	-	-	-	-	10,95	4,65	8,95	7,50
30,0	-	-	-	-	-	-	-	-	-	-	-	12,00	4,74	10,29	10,00

ANHANG VI

Teil 1: Gußallgemeintoleranz-Gruppe GTA nach DIN 1680,Teil 2

	Nennmaßbereich (mm)												
	von 18 bis 30	über 30 bis 50	über 50 bis 80	über 80 bis 120	über 120 bis 180	über 180 bis 250	über 250 bis 315	über 315 bis 400	über 400 bis 500	über 500 bis 630	über 630 bis 800	über 800 bis 1000	über 1000 bis 1250
GTA 14	0,52	0,62	0,74	0,88	1,0	1,2	1,3	1,4	1,6	1,8	2,0	2,4	2,6
GTA 14/5	0,7	0,8	0,9	1,1	1,3	1,5	1,6	1,7	1,9	2,2	2,4	2,8	3,2
GTA 15	0,8	1,0	1,2	1,4	1,6	1,9	2,2	2,4	2,6	2,9	3,2	3,6	4,2
GTA 15/5	1,0	1,2	1,5	1,7	2,0	2,4	2,6	2,8	3,2	3,4	4,0	4,6	5,2
GTA 16	1,3	1,6	1,9	2,2	2,6	3,0	3,2	3,6	4,0	4,4	5,0	5,6	6,6
GTA 16/5	1,6	2,0	2,4	2,6	3,2	3,6	4,0	4,4	4,8	5,4	6,2	7,2	8,2
GTA 17	2,2	2,6	3,0	3,6	4,0	4,6	5,2	5,8	6,4	7	8	9	11
GTA 17/5	2,6	3,2	3,8	4,4	5,0	5,8	6,4	7,4	8,2	8,8	10	11	13
GTA 18	3,4	4,0	4,6	5,4	6,4	7,2	8,2	9	10	11	13	14	16
GTA 18/5	4,2	5,0	5,8	6,8	8	9	10	11	12	14	16	18	20
GTA 19	5,2	6,2	7,4	8,6	10	12	13	14	16	17	20	22	26
GTA 19/5	6,6	7,8	9,2	11	13	15	16	18	20	22	24	28	32
GTA 20	8,4	10	12	14	16	18	20	22	24	28	32	36	42

Teil 2: Gußallgemeintoleranz-Gruppe GTB nach DIN 1680,Teil 2

	Nennmaßbereich (mm)												
	von 18 bis 30	über 30 bis 50	über 50 bis 80	über 80 bis 120	über 120 bis 180	über 180 bis 250	über 250 bis 315	über 315 bis 400	über 400 bis 500	über 500 bis 630	über 630 bis 800	über 800 bis 1000	über 1000 bis 1250
GTB 14	1,5	1,7	1,8	1,9	2	2,2	2,4	2,6	2,6	2,8	3	3,2	3,4
GTB 15	1,9	2	2,2	2,4	2,6	2,8	3	3,2	3,4	3,6	3,8	4	4,4
GTB 16	2,4	2,6	2,8	3	3,2	3,6	3,8	4	4,2	4,6	4,8	5,2	5,6
GTB 16/5	3	3,2	3,4	3,6	4	4,4	4,6	5	5,2	5,6	6,2	6,6	7,2
GTB 17	3,8	4	4,2	4,6	5	5,4	5,8	6,2	6,6	7	7,6	8,2	8,8
GTB 17/5	4,8	5	5,4	5,8	6,4	7	7,4	8	8,6	9,2	10	11	12
GTB 18	6	6,4	6,8	7,4	8,2	8,8	9,4	10	11	12	13	14	15
GTB 18/5	7,4	7,8	8,4	9	10	11	12	13	14	15	16	17	19
GTB 19	9,4	10	11	12	13	14	15	16	17	19	20	22	24
GTB 19/5	12	13	14	15	16	18	19	20	22	22	24	26	28
GTB 20	15	16	17	18	20	22	22	24	26	28	30	32	36

ANHANG VII

Teil 1: Der erforderliche Genauigkeitsgrad im Längennennmaßbereich beim Plasmaschneiden unter Beibehaltung der Schnittqualität nach den Bewertungskriterien der Schnittflächenqualität, Schnittparallelität und Schnittkantenqualität

<table>
<tr><th colspan="4" rowspan="2"></th><th colspan="13">Der erforderliche Genauigkeitsgrad</th></tr>
<tr><th>von 18 bis 30</th><th>über 30 bis 50</th><th>über 50 bis 80</th><th>über 80 bis 120</th><th>über 120 bis 180</th><th>über 180 bis 250</th><th>über 250 bis 315</th><th>über 315 bis 400</th><th>über 400 bis 500</th><th>über 500 bis 630</th><th>über 630 bis 800</th><th>über 800 bis 1000</th><th>über 1000 bis 1250</th></tr>
<tr><td colspan="3">GG</td><td>GTB</td><td>18</td><td colspan="6">17</td><td colspan="6">16</td></tr>
<tr><td colspan="3">GGG</td><td>GTB</td><td>18</td><td colspan="6">17</td><td colspan="6">16</td></tr>
<tr><td colspan="2" rowspan="2">GT</td><td>F</td><td>GTA</td><td colspan="6">17/5</td><td colspan="2">17</td><td colspan="2">16/5</td><td colspan="2">16</td><td></td></tr>
<tr><td>N</td><td>GTA</td><td colspan="5">17/5</td><td colspan="2">17</td><td colspan="3">16/5</td><td colspan="2">16</td><td></td></tr>
<tr><td colspan="3">GS</td><td>GTB</td><td>18</td><td colspan="3">17</td><td colspan="3">16/5</td><td colspan="6"></td></tr>
<tr><td rowspan="6">G-Al</td><td rowspan="2">S</td><td>F</td><td rowspan="6">GTA</td><td colspan="10">16/5</td><td colspan="3">15/5</td></tr>
<tr><td>N</td><td colspan="8">16/5</td><td colspan="4">15/5</td><td></td></tr>
<tr><td rowspan="2">K</td><td>F</td><td colspan="13">15/5</td></tr>
<tr><td>N</td><td colspan="12">15/5</td><td></td></tr>
<tr><td rowspan="2">D*</td><td>F</td><td colspan="13">14/5</td></tr>
<tr><td>N</td><td colspan="13">14/5</td></tr>
<tr><td rowspan="6">G-Cu</td><td rowspan="2">S</td><td>F</td><td rowspan="6">GTA</td><td>19</td><td colspan="3">18</td><td colspan="4">17</td><td colspan="5"></td></tr>
<tr><td>N</td><td>19</td><td colspan="3">18</td><td colspan="3">17</td><td>16</td><td colspan="5"></td></tr>
<tr><td rowspan="2">K</td><td>F</td><td colspan="9">15</td><td colspan="4"></td></tr>
<tr><td>N</td><td colspan="9">15</td><td colspan="4"></td></tr>
<tr><td rowspan="2">D**</td><td>F</td><td colspan="9">15</td><td colspan="4"></td></tr>
<tr><td>N</td><td colspan="9">15</td><td colspan="4"></td></tr>
</table>

Teil 2: Der erforderliche Genauigkeitsgrad im Längennennmaßbereich beim Plasmaschneiden unter Beibehaltung der Schnittqualität nach dem Bewertungskriterium der Bartbildung.

<table>
<tr><th colspan="4" rowspan="2"></th><th colspan="13">Der erforderliche Genauigkeitsgrad</th></tr>
<tr><th>von 18 bis 30</th><th>über 30 bis 50</th><th>über 50 bis 80</th><th>über 80 bis 120</th><th>über 120 bis 180</th><th>über 180 bis 250</th><th>über 250 bis 315</th><th>über 315 bis 400</th><th>über 400 bis 500</th><th>über 500 bis 630</th><th>über 630 bis 800</th><th>über 800 bis 1000</th><th>über 1000 bis 1250</th></tr>
<tr><td colspan="3">GG</td><td>GTB</td><td colspan="2">19</td><td colspan="6">18</td><td colspan="5">17</td></tr>
<tr><td colspan="3">GGG</td><td>GTB</td><td colspan="2">19</td><td colspan="6">18</td><td colspan="5">17</td></tr>
<tr><td colspan="2" rowspan="2">GT</td><td>F</td><td rowspan="2">GTA</td><td colspan="11">17/5</td><td>17</td><td></td></tr>
<tr><td>N</td><td colspan="10">17/5</td><td colspan="2">17</td><td></td></tr>
<tr><td colspan="3">GS</td><td>GTB</td><td colspan="2">19</td><td colspan="3">18/5</td><td colspan="3">18</td><td colspan="3">17/5</td><td colspan="2"></td></tr>
<tr><td rowspan="6">G-Al</td><td rowspan="2">S</td><td>F</td><td rowspan="6">GTA</td><td colspan="13">16/5</td></tr>
<tr><td>N</td><td colspan="12">16/5</td><td>15/5</td></tr>
<tr><td rowspan="2">K</td><td>F</td><td colspan="13">15/5</td></tr>
<tr><td>N</td><td colspan="13">15/5</td></tr>
<tr><td rowspan="2">D*</td><td>F</td><td colspan="13">14/5</td></tr>
<tr><td>N</td><td colspan="13">14/5</td></tr>
<tr><td rowspan="6">G-Cu</td><td rowspan="2">S</td><td>F</td><td rowspan="6">GTA</td><td colspan="2">20</td><td colspan="3">19</td><td colspan="4">18</td><td colspan="3">17</td><td>16</td></tr>
<tr><td>N</td><td>20</td><td colspan="3">19</td><td colspan="4">18</td><td colspan="4">17</td><td>16</td></tr>
<tr><td rowspan="2">K</td><td>F</td><td colspan="9">15</td><td colspan="4"></td></tr>
<tr><td>N</td><td colspan="9">15</td><td colspan="4"></td></tr>
<tr><td rowspan="2">D**</td><td>F</td><td colspan="9">15</td><td colspan="4"></td></tr>
<tr><td>N</td><td colspan="9">15</td><td colspan="4"></td></tr>
</table>

*) Im Raumdiagonalenbereich über 500 mm

**) Im Raumdiagonalenbereich über 180 bis 500 mm

ANHANG VIII

Ermittlung der Schnittqualität bei Gußwerkstoffen

- SCHNEIDPARAMETER

Stromstärke:	200	A
Schnittdicke:	30	mm
Düsenabstand:	10	mm
Düsendurchmesser:	2,0	mm
Schneidgeschwindigkeit:	300	mm/min
Schneidgas:	Ar (24	l/min)
	N_2 (21	l/min)
	H_2 (2,5	l/min)

- MEßERGEBNISSE

Gußwerkstoff	Schnittfugenbreite (mm)		Schnittwinkel (°)	Bartquerschnitt (mm^2)
	obere	untere		
GG 20	5,60	3,85	1,67	20,44
GGG 40	5,81	3,85	1,87	0,35
GS	5,30	3,15	2,05	0,26
G-Al	6,85	4,75	2,00	1,44
G-Cu	5,20	3,20	1,91	2,90

ANHANG IX

Ermittlung der Schnittqualität in Abhängigeit von der Schwingung des Brenners

- SCHNEIDPARAMETER

Stromstärke:	200 A,	Werkstoff:	St 37,
Schneidgeschw.:	300 mm/min,	Düsenabstand:	10 mm,
Düsendurchmesser:	2,5 mm,	Schnittdicke:	20 mm,
Schneidgas:	Ar (30 l/min)		
	H_2 (18 l/min).		

- MEßERGEBNISSE

Amplitude (µm)		12	90	147	506	1291	1726	147	506	1291
Vibrations-richtung		-	Q	Q	Q	Q	Q	V	V	V
Riefennachlauf (mm)		4,07	3,75	4,05	3,8	3,55	3,6	4,05	3,6	2,6
Schnitt-fugen-breite (mm)	obere	4,75	4,75	4,85	5,0	5,2	5,4	4,9	4,95	4,95
	untere	3,6	3,65	3,80	3,5	3,8	3,65	4,3	4,3	4,15
Schnittwinkel (°)		1,65	1,58	1,50	2,15	2,00	2,51	0,86	0,93	1,15
Bart	Höhe (mm)	2,2	2,65	2,7	2,7	2,85	3,0	2,3	3,35	4,1
	Breite(mm)	4,5	5,30	6,2	6,0	6,0	6,4	6,7	7,6	8,65
	Querschnitt (mm^2)	9,90	14,05	16,74	16,20	17,10	19,20	15,41	25,46	35,47

Q : Querrichtung V : Vorschubrichtung

Schrifttum

1 Schäfer, F.: Entgraten.
Mainz: Krausskopf, 1976.

2 Vörös, A.: Gußputzen.
Leipzig: VEB Deutscher Verlag für Grundstoffindustrie, 1977.

3 Riedl, H.: Entwicklungstendenzen zur Rationalisierung der Putzprozesse.
In: Gießereitechnik 26 (1980) 8, Seite 232 - 234.

4 Riedl, H.; Blaschyk, K.: Wege zur Intensivierung der Putzprozesse bei Stahlformguß.
In: Gießereitechnik 27 (1981) 10, Seite 306 - 309.

5 Abele, E.; Sturz, W.: Industrieroboter - Einsatz und Anwendung am Beispiel von Gußputzereien.
In: Arbeitsvorbereitung 19 (1982) 2, Seite 35 - 38.

6 Munson, G. E.: Foundries, robots and productivity.
In: Proceedings of the 8th International Symposium on Industrial Robots.
Stuttgart 30.5.-1.6.1978.
Kempston (UK): IFS Publ.; Stuttgart: IPA Stuttgart, 1978, Seite 303 - 320.

7 Merkblatt DVS 1201:
Absaugung an Schweißerarbeitsplätzen.

8 Spelbrink, H.: Arbeitsmedizinische Maßnahmen zur Humanisierung des Arbeitslebens der Schweißer.
In: Schweißen und Schneiden 33 (1981) 9, Seite 449 - 453.

9 Domke, W.: Werkstoffkunde und Werkstoffprüfung.
Essen: Girardet, 1977.

10 Ruge, J.: Handbuch der Schweißtechnik.
Berlin, Heidelberg, New York: Springer-Verlag, 1980.

11 Brunhuber, E.: Giesserei-Lexikon.
Berlin: Schiele & Schön, 1983.

12 Metallische Gußwerkstoffe.
Taschenbuch 53.
Berlin, Köln: Beuth, 1982.

13 Norm DIN 2310:
Thermisches Schneiden.

14 Norm VDI-Richtlinie 2860 - Entwurf:
Handhabungsfunktionen, Handhabungseinrichtungen, Begriffe, Definitionen, Symbole.

15 Norm VDI-Richtlinie 2861 - Entwurf:
Kenngrößen für Handhabungseinrichtungen.

16 Norm DIN 8580, Teil 2 - Entwurf:
Fertigungsverfahren.

17 Norm DIN 8590:
Fertigungsverfahren Abtragen.

18 Bohlen, C.: Lehrbuch des Schutzgasschweißens.
Essen: Girardet, 1976.

19 NN: Mehr Ergänzung als Konkurrenz.
In: Moderne fertigung Juli 1982,
Seite 30 - 33.

20 Autorenkollektiv: Die Verfahren der Schweißtechnik.
Düsseldorf: DVS, 1974.

21 Autorenkollektiv: Recommended practices for plasma
arc cutting.
Miami (USA): American Welding Society, Aug. 1981.

22 Maher, J. C.: Plasma-arc Processes.
In: Plant Engineering (1982) April,
Seite 73 - 75.

23 Brolund, T.: Plasma arc cutting systems on CNC
fabricating centres.
In: Sheet Metal Industries (1982)
April, Seite 340 - 341.

24 Ambos, E.;
Beier, H.-M.: Stand und Entwicklungstendenzen
des Trennens von Anschnitt- und
Speisersystemen.
In: Gießereitechnik 29 (1983) 1,
Seite 3 - 7.

25 Oweinah, H.: Hochgeschwindigkeits-Wasserstrahlen
(Fluid-Jet-Cutting).
In: Industrie-Anzeiger 106 (1984)
35, Seite 47 - 48.

26 Bosshard, F. A.: Roboterisiertes Wasserstrahlschneiden von Composite-Teilen. In: Technische Rundschau (1986) 17, Seite 44 - 49.

27 Veltrup, E. M.: Wasserstrahl mit hohem Druck zerschneidet den Kern von nichtrostenden Gußteilen. In: Maschinenmarkt 89 (1983) 18, Seite 324 - 326.

28 Teske, K.: Stand der Laserschneidtechnik von Metallen. In: Schweißtechnik (1985) 5, Seite 70 - 75.

29 Dippel, G.: Eignung einer Laseranlage zum Schneiden hängt vom Werkstoff ab. In: Maschinenmarkt 91 (1985) 94, Seite 1973 - 1975.

30 Warnecke, H.-J.: Industrieroboter als Helfer des Menschen. In: wt-Z.ind.Fertig. 74 (1984) 3, Seite 129 - 132.

31 Spur, G.; Felsing, W.: Entwicklungstendenzen in der Handhabungstechnik. Internationaler MHI-Kongreß. IPA-IAO Forschung und Praxis T3. Berlin u.a.: Springer, 1985.

32 Ahrens, U.; Drunk, G.; Langen, A.: Sensorschnittstelle für Robotersteuerungen. In: Robotersysteme 2 (1986), Seite 37 - 45.

33 Weck, M.; Zühlke, D.; Niehaus, T.: Standardschnittstellen für Robotersysteme. In: Industrie-Anzeiger 107 (1985) 18, Seite 93 - 95.

34 Abele, E.: Gußputzen mit sensorgeführten programmierbaren Handhabungsgeräten. Berlin u.a.: Springer, 1983.

35 Gzik, H.; Boley, D.; Schiele, G.; Park, Jong-Oh: Vollautomatischer Industrieroboter-Arbeitsplatz zum Schweißen und Verschleifen von Blechteilen. In: VDI-Z 125 (1983) 7, Seite 223 -225.

36 Pritschow, G.; Gruhler, G.: Geometriesensoren und Sensordatenverarbeitung für die automatisierte Roboterprogrammierung. In: Robotersysteme 2 (1986), Seite 47 - 53.

37 Abele, E.; Boley, D.; Sturz, W.: Interactive programming of industrial robots for deburring. In: Proceedings of the 14th International Symposium on Industrial Robots, October 2nd-4th, 1984, Gothenburg, Sweden. Kempston (UK): IFS Publ.; Amsterdam: North-Holland Publ., 1984, Seite 505 - 516.

38 Schreiber, R. R.: How to teach a robot. In: Robotics today (1984) June, Seite 51 - 56.

39 Tsuda, E.; Koyama, H.; Noguchi, F.: Development of plasma cutting robot for the automobile industry. In: Proceedings of 11th International Symposium on Industrial Robots, 7.-9. Oct. 1981, Tokyo, Japan, Tokyo: Japan Industrial Robot Association, 1981, Seite 723 - 730.

40 Schumann, R.; Rühl, R.: Der Einsatz des Plasmaschmelz schneidens in der Gießereitechnik. In: Gießereitechnik 23 (1977) 10, Seite 305 - 310.

41 Buchholz, J.; Leisering, H.: Erfahrungen beim Aufbau einer kom plexen Fertigungslinie für Armatu renguß. In: Gießereitechnik 27 (1981) 9, Seite 269 - 270.

42 Beier, H.-M.: Der Einsatz des Plasmaschmelzschneidens in Gießereibetrieben. In: Gießereitechnik 27 (1980) 9, Seite 269 - 270.

43 Simler, H.; Wiese, P.; Beier, H.-M.: Die Nutzung der Plasmaschneidtechnik zur Rationalisierung im Gießereiwesen. In: Gießereitechnik 30 (1984) 5, Seite 134 - 139

44 Karabasch, P.: Gußgrate vermeiden - Gußgrate entfernen. In: Gießerei 71 (1984) 4, Seite 161 - 165.

45 Sylvia, J. G.; James, C. F.: Robot/plasma-arc interface for cleaning gray iron castings. In: Proceedings of the 6th Annual Conference, May 16-19, 1983, British Robot Association, Birmingham, Kempston (UK): IFS Publ., Amsterdam: North-Holland Publ., 1983, Seite 167 - 173.

46 Bedienungsanleitung Plasmajet-Schneidanlage PC 250-1. Unterschleißheim: Messer Griesheim GmbH, Sep. 1982.

47 Weingaertner, W. L.: Plasmaunterstützte Wärmezerspanung. Aachen RWTH,Diss. Dr.-Ing., 1983.

48 Bedienungsanleitung KUKA 160/60. Augsburg: KUKA GmbH, 1985

49 Bethlehem, W. F.: Optimieren der Arbeitsergebnisse beim Plasmaschneiden. In: Bänder Bleche Rohre (1982) 12, Seite 365 - 367.

50 Farwer, A.: Beitrag zum Plasmaschneiden. Der Plasmastrahl in der Schweißtechnik. In: DVS-Berichte Band 14, Düsseldorf: DVS, 1970, Seite 57 - 62.

51 Aichele, G.: Leistungskennwerte für Schweißen, Schneiden und verwandte Verfahren. Fachbuchreihe Schweißtechnik 72. Düsseldorf: DVS, 1980.

52 Vargaftik, N. B.: Tables on the thermophysical properties of liquids and gases. New York u.a.: Wiley, 1975.

53 Touloukian, Y. S.; Liley, P. E.; Saxena, S. C.: Thermophysical properties of matter. New York; Washington: IFI/Plenum Press, 1970.

54 Sturz, W.: Werkstückorientierte Verfahrensauswahl zum Gußputzen mit Industrierobotern. Berlin u.a.: Springer, 1986.

55 Daves, K.: Werkstoff-Handbuch, Stahl und Eisen Düsseldorf: Verlag Stahleisen, 1965.

56 Nechtelberger, E.: Gußeisenwerkstoffe. Berlin: Schiele & Schön, 1977.

57 Angus, H. T.: Cast Iron: Physical and Engineering Properties. 2nd Edition. London: Butterworths, 1976.

58 Piwowarsky, E.: Hochwertiges Gußeisen. Berlin; Göttingen; Heidelberg: Springer, 1958.

59 Wellinger, K.; Gimmel, P.; Bodenstein, M.: Werkstoff-Tabellen der Metalle. Stuttgart: Kröner, 1958.

60 VDG-Merkblatt W 40: Güteeigenschaften von Gußeisen mit Lamellengraphit.

61 VDG-Merkblatt W 20:
Güteeigenschaften von Temperguß.

62 Jahn, J.; Meinhold, J.: Erfahrungen aus der Anschnitt- und Speisertechnik bei der Herstellung von Gußteilen aus Gußeisen mit Kugelgraphit.
In: Gießereitechnik 31 (1985) 5, Seite 138 - 142.

63 Feldt, W.: Gußputzen mit CNC und Sensor.
In: VDI-Nachrichten (1985) 18, Seite 24.

64 NN.: Gußputzen mit dem Roboter.
In: Industrie-Anzeiger 107 (1985) 14, Seite 32 - 33.

65 Wilms, E.; Riege, W.: Einsatz von Robotern in Gießereien - Beispiele aus der Praxis.
In: Giesserei 71 (1984) 11, Seite 429 - 440.

66 Boley, D.; Sturz, W.: Handarbeitsplätze lassen sich humanisieren mit Industrierobotern.
In: Maschinenmarkt 90 (1984) 51/52, Seite 1243 - 1245.

67 Lang, H.: Mit Manipulatoren und Bandschleifern verputzen.
In: Industrie-Anzeiger 106 (1984) 47, Seite 24 - 25.

68 Riege, W.: GIFA 84: Trenn- und Schleifeinrichtungen sowie Handhabungsgeräte für die Putzerei. In: Giesserei 71 (1984) 20, Seite 769 - 774.

69 Hilti, D.; Längle, G.; Moser, H.-K.: Roboterisiertes Entgraten mechanisch bearbeiteter Teile. In: Technica (1984) 18, Seite 37 - 42.

70 Feldt, W.; Bautz, W.: Gußputzen mit numerisch und sensorisch gesteuerten Maschinen. In: Giesserei 71 (1984) 7, Seite 284 - 287.

71 Schüler, M.; Mai, R.; Ruddeck, P.: Beitrag zum Einsatz von Kugelspeisern für Gußstücke aus Kupfergußlegierungen. In: Gießereitechnik 28 (1982) 5, Seite 144 - 147.

72 Löblich, H.; Hoffmann, W.; Orths, K.: Weniger Trenn- und Putzarbeit durch querschnittsverengende Elemente im Anschnittsystem. In: Giesserei 68 (1981) 16/17, Seite 510 - 513.

73 Ambos, E.; Nagel, W.; Beier, H.-M.: Neue Verfahren und Einrichtungen zum Trennen von Anschnitt- und Speisersystemen. In: Giesserei 71 (1984) 7, Seite 274 - 277.

74 Ambos, E.; Nagel, W.; Beier, H.-M.; Koczyk, S.: Das Entfernen von Anschnitt- und Speisersystemen durch spanlose Trennverfahren. In: Giesserei 72 (1985) 14, Seite 416 - 421.

75 Werning, H.: Kostengünstig konstruieren - Putzaufwand mindern. In: VDI-Z 126 (1984) 4, Seite 37 - 41.

76 Asser, G.: Modelltechnische Maßnahmen zur Verringerung der Gußputzarbeit. In: Giesserei 71 (1984) 4, Seite 165 - 169

77 Weck, M.: Untersuchung der Einsatzmöglichkeiten der NC-Technik bei der Putzbearbeitung. VDG-Fachbericht Nr. 029, Düsseldorf: VDG, 1980.

78 Warnecke, H.-J.; Sturz, W.; Höpf, M.; Park, Jong-Oh: Plasma-Arc-Cutting with Industrial Robots. In: Proceedings of the 16th International Symposium on Industrial Robots. 30. Sep.-2.Oct., 1986, Brussels, Belgium. Kempston (UK): IFS Publ.; Berlin u.a.: Springer, 1986, Seite 917 - 925.

79 Born, K.; Rohe,J.: Arbeitsschutz beim Plasmaschmelzschneiden. Sonderdruck Nr.5 Frankfurt/Main: Messer Griesheim GmbH, 1974.

80 Rudolph, W.: Bildung von Schadstoffen beim Schweißen.
In: Bänder Bleche Rohre (1984) 7/8, Seite 195 - 196.

81 Schwarzbach, E.: Gefährdung und Schutzmaßnahmen bei neuen Schweißverfahren.
In: Sicher ist Sicher (1972) 9, Seite 436 - 440.

IPA Forschung und Praxis

Schriftenreihe aus dem Institut für Produktionstechnik und Automatisierung, Stuttgart

Herausgeber: Prof. Dr.-Ing. H. J. Warnecke

Datenerfassung im Produktionsbereich
Von E. Bendeich. ISBN 3-7830-0117-8.
1977, 176 Seiten, kartoniert. 54,— DM

Methodenauswahl für die Materialbewirtschaftung in Maschinenbau-Betrieben
Von H. Graf. ISBN 3-7830-0136-6.
1977, 144 Seiten, kartoniert. 54,— DM

Systematische Auswahl von Förderhilfsmitteln für den innerbetrieblichen Materialfluß
Von W. Rau. ISBN 3-7830-0139-0.
1977, 103 Seiten, kartoniert. 40,— DM

Grundlagen zur Planung von Ersatzteilfertigungen
Von E. Schulz. ISBN 3-7830-0138-2.
1977, 98 Seiten, kartoniert. 40,— DM

Rechnerunterstützte Fabrikplanung
Von B. Minten. ISBN 3-7830-0116-1.
1977, 124 Seiten, kartoniert. 38,— DM

Eine Planungsmethode für automatische Montagesysteme
Von H.-G. Lohr. ISBN 3-7830-0120-X.
1977, 108 Seiten, kartoniert. 32,— DM

Planung und Bewertung von Arbeitssystemen in der Montage
Von H. Metzger. ISBN 3-7830-0131-5.
1977, 108 Seiten, kartoniert. 40,— DM

Klassifizierungssystem für Prüfmittel der industriellen Längenprüftechnik
Von R. Czetto. ISBN 3-7830-0144-7.
1978, 181 Seiten, kartoniert. 64,— DM

Rechnerunterstützte Montageplanung
Von O. Hirschbach. ISBN 3-7830-0149-8.
1978, 146 Seiten, kartoniert. 52,— DM

Rechnerunterstützte Entwicklung von Simulationsmodellen für Unternehmensplanspiele
Von A. Moker. ISBN 3-7830-0147-1.
1978, 181 Seiten, kartoniert. 64,— DM

Arbeitsplatzanalysen zur Ermittlung der Einsatzmöglichkeiten und Anforderungen an Industrieroboter
Von G. Herrmann. ISBN 37830-0151-X.
1978, 113 Seiten, kartoniert. 40,— DM

MFSP — Ein Verfahren zur Simulation komplexer Materialflußsysteme
Von G. Stemmer. ISBN 3-7830-0118-8.
1977, 140 Seiten, kartoniert. 60,— DM

Berührungslose Erkennung durch Positionsbestimmung von Objekten durch inkohärent-optische Korrelation
Von M. König. ISBN 3-7830-0137-4.
1977, 110 Seiten, kartoniert. 40,— DM

Auslegung von Störungspuffern in kapitalintensiven Fertigungslinien
Von R. v. Stetten. ISBN 3-7830-0140-4.
1977, 154 Seiten, kartoniert. 56,— DM

Flexible Transportablaufsteuerung
Von G. Romer. ISBN 3-7830-0114-5.
1977, 188 Seiten, kartoniert. 60,— DM

Rechnergestützte Realplanung von Fabrikanlagen
Von T.-K. Sauter. ISBN 3-7830-0119-6.
1977, 108 Seiten, kartoniert. 32,— DM

Systematisches Auswählen und Konzipieren von programmierbaren Handhabungsgeräten
Von R. D. Schraft. ISBN 3-7830-0115-3.
1977, 108 Seiten, kartoniert. 32,— DM

Auslandsproduktion
Von W. Cypris. ISBN 3-7830-0145-5.
1978, 126 Seiten, kartoniert. 42,— DM

Wirtschaftlicher Einsatz von Mehrkoordinatenmeßgeräten
Von M. Dietzsch. ISBN 3-7830-0148-X.
1978, 142 Seiten, kartoniert. 52,— DM

Fertigungssteuerung bei flexiblen Arbeitsstrukturen
Von K.-G. Lederer. ISBN 3-7830-0146-3.
1978, 128 Seiten, kartoniert. 42,— DM

Untersuchungen zum Polieren und Entgraten durch elektrochemisches Oberflächenabtragen
Von K. Zerweck. ISBN 3-7830-0150-1.
1978, 110 Seiten, kartoniert. 40,— DM

Stufenweise Ableitung eines praktischen Planungssystems für den Entwicklungsbereich
Von R. Hichert. ISBN 3-7830-0149-8.
1978, 151 Seiten, kartoniert. 52,— DM

Produktionsplanung mit Auftragsfamilien
Von U. W. Geitner. ISBN 3-7830-0161.7.
1979, 110 Seiten, kartoniert. 45,— DM

Thermisch-chemisches Entgraten
Von T. Wagner. ISBN 3-7830-0164-1.
1979, 111 Seiten, kartoniert. 45,— DM

Untersuchung der Materialflußkosten bei ausgewählten Systemen der Zentralen Arbeitsverteilung
Von R. Wenzel. ISBN 3-7830-0162-5.
1979, 168 Seiten, kartoniert. 86,— DM

Anpassung und Einführung eines Planungssystems für die Ablaufplanung im Konstruktionsbereich
Von W. Dangelmaier. ISBN 3-7830-0163-3.
1979, 168 Seiten, kartoniert. 80,— DM

Längenmessungen an bewegten Teilen mit berührungslos wirkenden Aufnehmern
Von H. Lang. ISBN 3-7830-0157-9
1979, 89 Seiten, kartoniert. 42,— DM

Untersuchung multistabiler Strömungselemente und ihr Einsatz in sequentiellen Steuerungen
Von A. Ernst. ISBN 3-7830-0157-9.
1979, 122 Seiten, kartoniert. 48,— DM

Taktile Sensoren für programmierbare Handhabungsgeräte
Von M. Schweizer. ISBN 3-7830-0158-7.
1979, 91 Seiten, kartoniert. 42,— DM

Die rechnerunterstützte Prüfplanung
Von P. Blasing. ISBN 3-7830-0152-8.
1979, 100 Seiten, kartoniert. 44,— DM

Verfahren zur Fabrikplanung im Mensch-Rechner-Dialog am Bildschirm
Von W. Ernst. ISBN 3-7830-0156-0.
1979, 218 Seiten, kartoniert. 72,— DM

Rechnerunterstütztes Verfahren zur Leistungsabstimmung von Mehrmodell-Montagesystemen
Von M. Görke. ISBN 3-7830-0155-2.
1979, 139 Seiten, kartoniert. 50,— DM

Standortbezogene Betriebsmittel
Von G. Pflieger. ISBN 3-7830-0167-6.
1979, 127 Seiten, kartoniert. 52,— DM

Die betriebswirtschaftliche Beurteilung neuer Arbeitsformen
Von B.-H. Zippe. ISBN 3-7830-0168-4.
1979, 350 Seiten, kartoniert. 98,— DM

Untersuchung des Arbeitsverhaltens programmierbarer Handhabungsgeräte
Von B. Brodbeck. ISBN 3-7830-0169-2.
1979, 117 Seiten, kartoniert. 48,— DM

Untersuchung eines kohärent-optischen Verfahrens zur Rauheitsmessung
Von N. Rau. ISBN 3-7830-0174-9.
1979, 117 Seiten, kartoniert. 48,— DM

Entwicklung einer programmierbaren, pneumatischen Steuerung
Von D. Klemenz. ISBN 3-7830-0171-4.
1979, 93 Seiten, kartoniert. 42,— DM

IPA Forschung und Praxis

Berichte aus dem Fraunhofer-Institut für Produktionstechnik und Automatisierung, Stuttgart, und dem Institut für Industrielle Fertigung und Fabrikbetrieb der Universität Stuttgart

Herausgeber: Prof. Dr.-Ing. H. J. Warnecke

---

38 **Arbeitsgangterminierung mit variabel strukturierten Arbeitsplänen — Ein Beitrag zur Fertigungssteuerung flexibler Fertigungssysteme**
Von U. Maier. ISBN 3-540-10213-2
1980, 111 Seiten mit 45 Abbildungen 43,— DM

39 **Kapazitätsabgleich bei flexiblen Fertigungssystemen**
Von P. S. Nieß. ISBN 3-540-10372-4
1980, 151 Seiten mit 57 Abbildungen 48,— DM

40 **Schichtdickenverteilung auf galvanisierten Paßteilen am Beispiel kleiner abgesetzter Wellen und Bohrungen**
Von D. Wolfhard. ISBN 3-540-10373-2
1980, 177 Seiten mit 83 Abbildungen 48,— DM

41 **Planung von Mehrstellenarbeit unter Berücksichtigung von Umfeldaufgaben**
Von S. Haußermann. ISBN 3-540-10374-0
1980, 136 Seiten mit 59 Abbildungen 48,— DM

42 **Untersuchungen zur Schmierfilmdicke in Druckluftzylindern — Beurteilung der Abstreifwirkung und des Reibungsverhaltens von Pneumatikdichtungen mit Hilfe eines neu entwickelten Schmierfilmdicken-meßverfahrens**
Von R. Kohnlechner. ISBN 3-540-10375-9
1980, 100 Seiten mit 38 Abbildungen und 4 Tabellen 43,— DM

43 **Typologie zum überbetrieblichen Vergleich von Fertigungssteuerungsverfahren im Maschinenbau**
Von G. Rabus. ISBN 3-540-10376-7
1980, 174 Seiten mit 88 Abbildungen und 21 Tafeln 48,— DM

44 **System zur Planung des Umlaufbestandes in Betrieben mit Serienfertigung**
Von K.-G. Wilhelm. ISBN 3-540-10377-5
1980, 142 Seiten mit 67 Abbildungen und 15 Tafeln 48,— DM

45 **Rechnerunterstützte Arbeitsplanerstellung mit Kleinrechnern, dargestellt am Beispiel der Blechbearbeitung**
Von W. Hoheisel. ISBN 3-540-10505-0
1981, 169 Seiten mit 74 Abbildungen 48,— DM

46 **Beitrag zur Verbesserung der Wirtschaftlichkeit EDV-unterstützter Fertigungssteuerungssysteme durch Schwachstellenanalyse**
Von J. Lienert. ISBN 3-540-10506-9
1981, 148 Seiten mit 37 Abbildungen 48,— DM

47 **Die Abscheidung von Öl an Entlüftungsöffnungen drucklufttechnischer Anlagen**
Von W.-D. Kiessling. ISBN 3-540-10604-9
1981, 117 Seiten mit 48 Abbildungen und 3 Tabellen 43,— DM

48 **Dynamische Optimierung technisch-ökonomischer Systeme**
Von J. Warschat. ISBN 3-540-10717-7
1981, 132 Seiten mit 60 Abbildungen 43,— DM

49 **Bildsensor zur Mustererkennung und Positionsmessung bei programmierbaren Handhabungsgeräten**
Von H. Geißelmann. ISBN 3-540-10735-5
1981, 125 Seiten mit 52 Abbildungen. 43,— DM

50 **Verfügbarkeitsberechnung für komplexe Fertigungseinrichtungen**
Von Ekkehard Gericke. ISBN 3-540-10779-7
1981, 132 Seiten mit 71 Abbildungen. 43,— DM

51 **Materialflußgestaltung in Fertigungssystemen**
Von Willi Rößner. ISBN 3-540-10888-2.
1981, 149 Seiten mit 76 Abbildungen. 48,— DM

52 **Beitrag zur Analyse der Auswirkungen der Mikroelektronik, dargestellt am Beispiel der Büromaschinen-Industrie**
Von Werner Neubauer. ISBN 3-540-10991-9.
1981, 145 Seiten mit 27 Abbildungen und 47 Tabellen. 43,— DM

53 **Modelle von Informationssystemen zur kurzfristigen Fertigungssteuerung und ihre Gestaltung nach betriebsspezifischen Gesichtspunkten**
Von Roland Gentner. ISBN 3-540-10992-7
1981, 181 Seiten mit 69 Abbildungen und 7 Tabellen. 48,— DM

54 **Entwicklung von Verfahren zur Terminplanung und -steuerung bei flexiblen Montagesystemen**
Von Jurgen H. Kolle. ISBN 3-540-11227-8
1981, 132 Seiten mit 64 Abbildungen und 1 Faltplan 43,— DM

55 **Arbeits- und Kapazitätsteilung in der Montage**
Von Stefan Dittmayer. ISBN 3-540-11228-6
1981, 124 Seiten und 56 Abbildungen 43,— DM

56 **Beitrag zur systematischen Planung der Qualitätsprüfung bei Klein- und Mittelserienfertigung**
Von Herbert Babic. ISBN 3-540-11325-8
1982, 108 Seiten mit 38 Abbildungen und 7 Tabellen. 53,— DM

57 **Methode zur rechnerunterstützten Einsatzplanung von programmierbaren Handhabungsgeräten**
Von Uwe Schmidt-Streier. ISBN 3-540-11355-X.
1982, 188 Seiten mit 72 Abbildungen. 53.– DM

58 **Werkstoff- und Energiekennwerte industrieller Lackieranlagen, am Beispiel der Automobilindustrie**
Von Rainer Manfred Thiel. ISBN 3-540-11356-8.
1982, 116 Seiten mit 59 Abbildungen. 53.– DM

59 **Maßnahmen zum Verbessern der pneumatischen Lackzerstäubung – Teilchengrößenbestimmung im Spritzstrahl –**
Von Klaus Werner Thomer. ISBN 3-540-11507-2.
1982, 162 Seiten mit 94 Abbildungen und 1 Tabelle. 53.– DM

60 **Ermittlung und Bewertung von Rationalisierungsmaßnahmen im Produktionsbereich**
Von Jürgen Schilde. ISBN 3-540-11730-X.
1982, 158 Seiten mit 57 Abbildungen. 53.– DM

61 **Untersuchung von Verfahren der Reihenfolgeplanung und ihre Anwendung bei Fertigungszellen**
Von Mohamed Osman. ISBN 3-540-11747-4.
1982, 124 Seiten mit 32 Abbildungen und 3 Tabellen. 53.– DM

62 **Ein Simulationsmodell zur Planung gruppentechnologischer Fertigungszellen**
Von Volker Saak. ISBN 3-540-11747-4.
1982, 134 Seiten mit 53 Abbildungen. 53.– DM

63 **Verfahren zur technischen Investitionsplanung automatisierter Fertigungsanlagen**
Von Günter Vettin. ISBN 3-540-11747-4.
1982, 134 Seiten mit 63 Abbildungen. 53.– DM

64 **Pneumatische Sensoren zur prozeßsimultanen Messung des Werkzeugverschleißes und zur Kollisionsvermeidung beim Messerkopffräsen**
Von Wolfgang Jentner. ISBN 3-540-11747-4.
1982, 126 Seiten mit 47 Abbildungen und 6 Tabellen. 53.– DM

65 **Rechnerunterstützte Gestaltung ortsgebundener Montagearbeitsplätze, dargestellt am Beispiel kleinvolumiger Produkte**
Von Eberhard Haller. ISBN 3-540-12015-7.
1982, 130 Seiten mit 43 Abbildungen. 53.– DM

66 **Fernsehüberwachung von Schutzgasschweißvorgängen mit abschmelzender Elektrode MIG – MAG**
Von Ruprecht Niepold. ISBN 3-540-12181-7.
1983, 178 Seiten mit 73 Abbildungen und 5 Tabellen. 58.– DM

67 **Entwicklung flexibler Ordnungssysteme für die Automatisierung der Werkstückhandhabung in der Klein- und Mittelserienfertigung**
Von Karl Weiss. ISBN 3-540-12455-1.
1983, 116 Seiten mit 68 Abbildungen. 58.– DM

68 **Automatisierte Überwachungsverfahren für Fertigungseinrichtungen mit speicherprogrammierten Steuerungen**
Von Werner Eißler. ISBN 3-540-12456-X.
1983, 128 Seiten mit 66 Abbildungen. 58.– DM

69 **Prozeßüberwachung beim Galvanoformen**
Von Jürgen Wilhelm Böcker. ISBN 3-540-12457-8.
1983, 118 Seiten mit 32 Abbildungen. 58.– DM

70 **LAPEX – Ein rechnerunterstütztes Verfahren zur Betriebsmittelzuordnung**
Von Stephan Mayer. ISBN 3-540-12490-X.
1983, 162 Seiten mit 34 Abbildungen und 2 Tabellen. 58.– DM

71 **Gestaltung eines integrierten Produktionssystems für die Sortenfertigung unter Einsatz der Clusteranalyse**
Von Gerald Weber. ISBN 3-540-12650-3.
1983, 194 Seiten mit 54 Abbildungen. 58.– DM

72 **Gußputzen mit sensorgeführten, programmierbaren Handhabungsgeräten**
Von Eberhard Abele. ISBN 3-540-12651-1.
1983, 133 Seiten mit 66 Abbildungen. 58,– DM

73 **Untersuchungen zur Herstellung und zum Einsatz galvanogeformter Erodierelektroden**
Von Harald Müller. ISBN 3-540-12822-0.
1983, 148 Seiten mit 78 Abbildungen. 58,– DM

74 **Ein Beitrag zur Optimierung der Prozeßführungsstrategien automatisierter Förder- und Materialflußsysteme**
Von Hans Steffens. ISBN 3-540-12968-5.
1983. 161 Seiten mit 60 Abbildungen. 58,– DM

75 **Entwicklung eines Verfahrens zur wertmäßigen Bestimmung der Produktivität und Wirtschaftlichkeit von Personalentwicklungsmaßnahmen in Arbeitsstrukturen**
Von Christian Müller. ISBN 3-540-13041-1.
1983. 129 Seiten mit 34 Abbildungen. 58,– DM

76 **Berechnung der Gestaltänderung von Profilen infolge Strahlverschleiß**
Von Wolfgang Marx. ISBN 3-540-13054-3.
1983. 121 Seiten mit 58 Abbildungen. 58,– DM

77 **Algorithmen zur flexiblen Gestaltung der kurzfristigen Fertigungssteuerung**
Von Rudolf E. Scheiber. ISBN 3-540-13500-6.
1984, 150 Seiten mit 73 Abbildungen und 1 Tabelle. 63.– DM

78 **Galvanisieren mit moduliertem Strom**
Von Jürgen Wolfgang Mann. ISBN 3-540-13733-5.
1984, 145 Seiten und 58 Abbildungen. 63,– DM

79 **Fluoreszenzmeßverfahren zur Schmierfilmdickenmessung in Wälzlagern**
Von Wolfgang Schmutz. ISBN 3-540-13777-7.
1984, 141 Seiten und 66 Abbildungen. 63,– DM

IPA-IAO Forschung und Praxis

Berichte aus dem Fraunhofer-Institut für Produktionstechnik und Automatisierung (IPA), Stuttgart, Fraunhofer-Institut für Arbeitswirtschaft und Organisation (IAO), Stuttgart, und Institut für Industrielle Fertigung und Fabrikbetrieb der Universität Stuttgart

Herausgeber: Prof. Dr.-Ing. H. J. Warnecke und Prof. Dr.-Ing. H.-J. Bullinger

---

80 **Flexibilität und Kapazität von Werkstückspeichersystemen**
Von Bernhard Graf. ISBN 3-540-13970-2.
1984, 115 Seiten mit 71 Abbildungen. 63,– DM

T1 **Flexible Fertigungssysteme**
17. IPA-Arbeitstagung zusammen mit der 3. Internationalen Konferenz „Flexible Manufacturing Systems (FMS-3)", ISBN 3-540-13807-2.
1984, 249 Seiten mit zahlreichen Abbildungen. 118,– DM

T2 **Integrierte Bürosysteme**
3. IAO-Arbeitstagung. ISBN 3-540-13978-8.
1984, 633 Seiten mit zahlreichen Abbildungen. 168,– DM

81 **Rechnerunterstützte Planung von Montageablaufstrukturen für Erzeugnisse der Serienfertigung**
Von Ernst-Dieter Ammer. ISBN 3-540-15056-0.
1985, 120 Seiten mit 1 Faltblatt und 33 Abbildungen. 63,– DM

82 **Flexibilität von personalintensiven Montagesystemen bei Serienfertigung**
Von Heinrich Vähning. ISBN 3-540-15093-5.
1985, 152 Seiten mit 49 Abbildungen. 63,– DM

83 **Ordnen von Werkstücken mit programmierbaren Handhabungsgeräten und Werkstückerkennungssensoren**
Von Ingo Schmidt. ISBN 3-540-15375-6.
1985, 111 Seiten mit 66 Abbildungen. 63,– DM

84 **Systematische Investitionsplanung**
Von Jorge Moser. ISBN 3-540-15370-5.
1985, 190 Seiten mit 69 Abbildungen. 63.– DM

T3 **Montage · Handhabung · Industrieroboter**
Internationaler MHI-Kongreß im Rahmen der Hannover-Messe '85. ISBN 3-540-15500-7.
1985, 267 Seiten mit zahlreichen Abbildungen. 128,– DM

85 **Flexible Montagesysteme – Konzeption und Feinplanung durch Kombination von Elementen**
Von Peter Konold / Bernd Weller. ISBN 3-540-15606-2.
1985, 162 Seiten mit 71 Abbildungen und 9 Tabellen. 63,– DM

T4 **Menschen · Arbeit · Neue Technologien**
4. IAO-Arbeitstagung zusammen mit der 2. Internationalen Konferenz „Human Factors in Manufacturing". ISBN 3-540-15763-8.
1985, 442 Seiten mit zahlreichen Abbildungen. 168,– DM

86 **Leitstandunterstützte kurzfristige Fertigungssteuerung bei Einzel- und Kleinserienfertigung**
Von Lothar Aldinger. ISBN 3-540-15903-7.
1985, 151 Seiten mit 49 Abbildungen und 2 Tabellen. 63,– DM

87 **Bestimmen des Bürstenverhaltens anhand einer Einzelborste**
Von Klaus Przyklenk. ISBN 3-540-15956-8.
1985, 117 Seiten mit 74 Abbildungen. 63,– DM

88 **Montage großvolumiger Produkte mit Industrierobotern**
Von Jörg Walther. ISBN 3-540-16027-2.
1985, 125 Seiten mit 58 Abbildungen. 63,– DM

89 **Algorithmen und Verfahren zur Erstellung innerbetrieblicher Anordnungspläne**
Von Wilhelm Dangelmaier. ISBN 3-540-16144-9.
1986, 268 Seiten mit 79 Abbildungen. 68,– DM

90 **Bewertung der Instandhaltung von Fertigungssystemen in der technischen Investitionsplanung**
Von Hagen U. Uetz. ISBN 3-540-16166-X.
1986, 129 Seiten mit 38 Abbildungen. 68,– DM

91 **Entgraten durch Hochdruckwasserstrahlen**
Von Manfred Schlatter. ISBN 3-540-16172-4.
1986, 167 Seiten mit 89 Abbildungen und 18 Tabellen. 68,– DM

92 **Werkstückorientierte Verfahrensauswahl zum Gußputzen mit Industrierobotern**
Von Wolfgang Sturz. ISBN 3-540-16224-0.
1986, 156 Seiten mit 59 Abbildungen. 68,– DM

93 **Verfahren zur Verringerung von Modell-Mix-Verlusten in Fließmontagen**
Von Reinhard Koether. ISBN 3-540-16499-5.
1986, 175 Seiten mit 46 Abbildungen und 1 Tabelle. 68,– DM

Die Bände sind im Erscheinungsjahr und in den folgenden drei Kalenderjahren zu beziehen durch den örtlichen Buchhandel oder durch Lange & Springer, Heidelberger Platz 3, D-1000 Berlin 33.

94 **Entwicklung und Einsatz eines interaktiven Verfahrens zur Leistungsabstimmung von Montagesystemen**
Von Günter Schad. ISBN 3-540-16978-4.
1986, 120 Seiten mit 31 Abbildungen und 1 Tabelle. 68,– DM

95 **Qualifizierung an Industrierobotern**
Von Wolfgang Bachl. ISBN 3-540-17018-9.
1986, 218 Seiten mit 30 Abbildungen. 68,– DM

96 **Rechnersimulation des Beschichtungsprozesses beim Elektrotauchlackieren – Anwendung zum Berechnen des Umgriffs**
Von Otto Baumgärtner. ISBN 3-540-17102-9.
1986, 113 Seiten mit 42 Abbildungen. 68,– DM

97 **Ergonomische Gestaltung von Rotationsstellteilen für grob- und sensomotorische Tätigkeiten**
Von Werner F. Muntzinger. ISBN 3-540-17247-5.
1986, 135 Seiten mit 51 Abbildungen und 33 Tabellen. 68,– DM

98 **Die optische Rauheitsmessung in der Qualitätstechnik**
Von R.-J. Ahlers. ISBN 3-540-17242-4.
1986, 133 Seiten mit 56 Abbildungen und 2 Tabellen. 68,– DM

99 **Maschinelle Spracherkennung zur Verbesserung der Mensch-Maschine-Schnittstelle**
Von Gerhard Rigoll. ISBN 3-540-17350-1.
1986, 134 Seiten mit 55 Abbildungen. 68,– DM

100 **Konzeption und Auswahl modularer Magazinpaletten**
Von Thomas Zipse. ISBN 3-540-17584-9.
1987, 126 Seiten mit 54 Abbildungen. 68,– DM

101 **Anschlüsse an Kupferrohre – Herstellung und Automatisierungsmöglichkeit**
Von Eberhard Rauschnabel. ISBN 3-540-17807-4.
1987, 120 Seiten mit 88 Abbildungen. 68,– DM

102 **Mengen- und ablauforientierte Kapazitätsplanung von Montagesystemen**
Von Hans Sauer. ISBN 3-540-17815-5.
1987, 156 Seiten mit 64 Abbildungen. 68,– DM

103 **Verfahrensinstrumentarium zur Werkstückauswahl und Auslegung von Industrieroboterschweißsystemen**
Von Herbert Gzik. ISBN 3-540-17928-3.
1987, 138 Seiten mit 56 Abbildungen. 68,– DM

104 **Integration von Förder- und Handhabungseinrichtungen**
Von Joachim Schuler. ISBN 3-540-17955-0.
1987, 153 Seiten mit 61 Abbildungen. 68,– DM

105 **Produktionsmengen- und -terminplanung bei mehrstufiger Linienfertigung**
Von H. Kühnle. ISBN 3-540-18038-9.
1987, 124 Seiten mit 25 Abbildungen. 68,– DM

106 **Untersuchung des Plasmaschneidens zum Gußputzen mit Industrierobotern**
Von Jong-Oh Park. ISBN 3-540-18037-0.
1987, 142 Seiten mit 70 Abbildungen. 68,– DM

Berichte aus dem
Institut für Umformtechnik
der Universität Stuttgart
Herausgeber: Prof. Dr.-Ing. K. Lange

64

Dieter Steuss

Rechnerunterstützte Konstruktion von Umformwerkzeugen und die Fertigungsplanung von Werkzeugelementen

Mit 87 Abbildungen und 6 Tabellen

Springer-Verlag
Berlin Heidelberg New York 1982

Dipl.-Ing. Dieter Steuss
Institut für Umformtechnik
Universitat Stuttgart

Dr.-Ing. Kurt Lange
o. Professor an der Universitat Stuttgart
Institut fur Umformtechnik

D 93

ISBN-13: 978-3-540-11856-5 **e-ISBN-13: 978-3-642-81905-6**
DOI: 10.1007/978-3-642-81905-6

Gesamtherstellung: Drucken + Werben GmbH · Zettachring 12 · 7000 Stuttgart 80 (Fasanenhof-Industriegebiet) · Telefon (07 11) 715 60 06.

2362/3020—543210

GELEITWORT DES HERAUSGEBERS

Die Umformtechnik zeichnet sich durch sehr gute Werkstoffauswertung und hohe Mengenleistung in der Serienfertigung gegenüber anderen Fertigungsverfahren aus, wobei Beibehaltung der Masse, Änderung der Festigkeitseigenschaften während eines Vorgangs und elastische Rückfederung der Werkstücke nach einem Vorgang wesentliche Merkmale sind. Weiter sind die benötigten Kräfte, Arbeiten und Leistungen sehr viel größer als z.B. bei spanenden Verfahren. Die sichere Beherrschung eines Verfahrens in der industriellen Fertigung und die zunehmende Forderung nach Vermeidung bzw. Minimierung spanender Nacharbeit erzwingen die geschlossene Betrachtung des Systems "Umformende Fertigung" unter zentraler Berücksichtigung plastizitätstheoretischer, werkstoffkundlicher und tribologischer Grundlagen.

Das Institut für Umformtechnik der Universität Stuttgart stellt entsprechend Forschung und Entwicklung zum einen auf die Erarbeitung von Grundlagenwissen in diesen Bereichen ab, zum anderen untersucht und entwickelt es Verfahren unter Anwendung spezieller Meßtechniken mit dem Ziel einer genauen quantitativen Ermittlung des Einflusses der Parameter von Vorgang, Werkstoff, Werkzeug und Maschine. Die Behandlung von Problemen des Maschinenverhaltens, der Maschinenkonstruktion sowie der Werkzeugauslegung und -beanspruchung, der Auswahl hochbeanspruchbarer, verschleißfester Werkzeugbaustoffe und schließlich der Tribologie gehört entsprechend ebenfalls zum Arbeitsgebiet, das durch die Erfassung organisatorischer und betriebswirtschaftlicher Fragen abgerundet wird.

Im Rahmen der "Berichte aus dem Institut für Umformtechnik" erscheinen in zwangloser Folge jährlich mehrere Bände, in denen über einzelne Themen ausführlich berichtet wird. Dabei handelt es sich vornehmlich um Abschlußberichte von Forschungsvorhaben, Dissertationen, aber gelegentlich auch um andere Texte. Diese Berichte sollen den in der Praxis stehenden Ingenieuren und Wissenschaftlern zur Weiterbildung dienen und eine Hilfe bei der Lösung umformtechnischer Aufgaben sein. Für die Studierenden bieten sie die Möglichkeit zur Vertiefung der Kenntnisse. Die seit

zwei Jahrzehnten bewährte freundschaftliche Zusammenarbeit mit dem Springer-Verlag sehe ich als beste Voraussetzung für das Gelingen dieses Vorhabens an.

Kurt Lange

Vorwort

Die vorliegende Arbeit entstand während meiner Tätigkeit als externer Mitarbeiter am Institut für Umformtechnik an der Universität Stuttgart.

Herrn Professor Dr.-Ing. K. Lange danke ich sehr herzlich für sein Vertrauen, seine stete Unterstützung und wertvollen Anregungen bei der Anfertigung dieser Arbeit.

Herrn Professor Dr.-Ing. A. Jung und Herrn Professor Dr.-Ing. K. Langenbeck bin ich für die eingehende Durchsicht der Arbeit und den damit verbundenen Hinweisen zu Dank verpflichtet.

Der Geschäftsleitung des Filterwerkes Mann und Hummel danke ich für das Entgegenkommen bei der Anfertigung dieser Arbeit.

Ferner gilt mein Dank allen Mitarbeiterinnen und Mitarbeitern des Instituts für Umformtechnik, die zum Gelingen der Arbeit beigetragen haben.

Stuttgart, Juni 1982

Dieter Steuss

Inhaltsverzeichnis

Verzeichnis der wichtigsten Abkürzungen

Verwendete Größen und Formelzeichen

A	Mittelabstand
a	Abstand, allgemein
B	Biegeteil
C	jährliche Abschreibungsrate
c	Faktor für Berechnung des Vorlochdurchmessers
D	Außendurchmesser
d	Innendurchmesser
f	Faktor für Berechnung der Radienabwicklung
G	Gewinn
GE	Grundelement
GR	Gravur
H	Höhe
HRC	Rockwellhärte
K	Kosten
KA	Kosten pro Aufgabe bei automatischer Bearbeitung
KE	Kosteneinsparung
KM	Kosten pro Aufgabe bei manueller Bearbeitung
L	Lochkreisdurchmesser
LZ	Anzahl der Bohrungen
M	Gewindedurchmesser
NC	numerisch gesteuert
n	Stückzahl
nv	alle Variantenklassen
P	Pflegekosten
r	Radius
SÄ	Stoffeigenschaftsänderung
s	Blechdicke
T	Toleranz
TFB	Funktionsbereichdurchlaufzeit
TG	Gesamtdurchlaufzeit
U	Werkstoffaufmaß
VK	Variantenklassen
Z	Zinskosten

Indizes

A	Ansatz
	Winkel
B	Bohrung
b	Breite
FH	Faltenhalter
G	Grenzkosten
L	Länge
M	Matrize
r	Radius
R	Rohmaß
s	Blechdicke
sl	Schenkellänge
S	System
St	Stempel
VK	Variantenklasse

0 Einleitung

Rationalisierungsbestrebungen sind in jedem Unternehmen ein an sich grundsätzlicher und lebensnotwendiger Prozess. Vor der Einführung elektronischer Datenverarbeitungsanlagen wurden Bestrebungen in dieser Richtung vorwiegend durch Verbesserung der konventionellen Arbeitsmittel sowie mittels organisatorischer Maßnahmen durchgeführt. Durch den Einsatz von Rechenanlagen hat sich nun die Möglichkeit ergeben, große Datenmengen schnell und mit einer umfassenden Variationsbreite zu verarbeiten. Dies führt im Prinzip zu einer Entlastung der Mitarbeiter von Routinearbeiten, der Möglichkeit zur Einsatzbegrenzung von Arbeitskräften auf schöpferische Arbeiten und einer breiteren und wesentlich schnelleren Informationsbereitstellung.

In der metallverarbeitenden Industrie konzentrierte sich der Einsatz von Rechenanlagen vorwiegend auf verwaltungstechnische sowie auf organisatorische Bereiche. Als Beispiel hierfür können die umfangreichen Kostenerfassungs- und Kostenrechnungsprogramme, die Fertigungsplanungs- und Fertigungssteuerprogramme, die Lagerverwaltungsprogramme, sowie die Möglichkeiten der Lohn- und Gehaltsberechnungen genannt werden. Auf diesen Gebieten konnte bei der Programmerstellung auf bereits vorhandene Ablaufprozesse zurückgegriffen werden. Von den Datenverarbeitungsgeräteherstellern werden zur Realisierung dieser Projekte umfangreiche Grundprogramme angeboten, die dann in den einzelnen Unternehmen in meist modifizierter Form zur Anwendung kommen. Im Vergleich dazu wird auf dem Gebiet der Erstellung von Fertigungsunterlagen in der Praxis häufig noch mit sehr einfachen Arbeits- und Hilfsmitteln gearbeitet. Fertigungsunterlagen in diesem Sinn sind die notwendigen technischen Zeichnungen, Stücklisten und Arbeitspläne. Daraus ergibt sich, daß hier gezielte Rationalisierungsbemühungen konventioneller sowie moderner Art unter Zuhilfenahme von Rechenprogrammen zur Erstellung von Fertigungsunterlagen erforderlich sind. Während bei konventionellen Maßnahmen weitgehend die Eigeninitiative der Unternehmen sowie der augenblickliche Stand der Konstruktionswissenschaften ausschlaggebend ist, erfordert der Einsatz von Rechenprogrammen wesentlich komplexere Voraussetzungen.

Zur Lösung dieses Problems werden auf der Geräteseite bereits hochleistungsfähige Rechenanlagen mit den entsprechenden Speicher- und Zugriffsmöglichkeiten, automatische Zeichenanlagen, Schnelldrucker und interaktive Bildschirme angeboten. Die wirkungsvolle Anwendung dieser Geräte erfordert jedoch umfangreiche Rechenprogramme, deren Entwicklung, Erprobung und Einführung sehr zeit- und kostenintensiv ist.

Seit etwa 1970 wird auf dem Gebiet der Programmentwicklung zur Zeichnungs- und Fertigungsplanerstellung wesentliche Entwicklungsarbeit geleistet. Bereits heute steht eine breite Palette von anwendungsspezifischen sowie anwendungsneutralen Rechenprogrammen zur Verfügung. Es ist zu erwarten, daß in den folgenden Jahren diese Programme in der Industrie auf breiter Basis ihre Anwendung finden werden und es ermöglichen, den Kapazitätsengpaß Konstruktion und Fertigungsplanung kostengünstiger zu gestalten.

Aufbauend auf diesen Überlegungen lassen sich für die Weiterführung der CAD/CAM-Forschungsvorhaben weitere mögliche Zieldefinitionen erstellen. Neben rein theoretischen Untersuchungen ist an Hand praxisnaher Beispiele aufzuzeigen, wie Konstruktions- und Planungsprozesse in streng logischer Form für eine rechnerunterstützte Arbeitsweise vorzubereiten und die Anlaufphasen vorzunehmen sind. Zu diesem will die vorliegende Arbeit einen Beitrag leisten am Beispiel der rechnerunterstützten Konstruktion von Werkzeugen zur Blechumformung sowie zur Vorbereitung einer rechnerunterstützten Fertigungsplanung von Werkzeugelementen. In ähnlicher Weise lassen sich auch für andere Bereiche der Umformtechnik die entsprechenden Konstruktionsunterlagen rechnerunterstützt erstellen.

Im weiteren Verlauf der Rechenprogrammanwendung werden die Anwender dann selbst in der Lage sein, einen stufenweise Ausbau der Arbeitsbereiche vorzunehmen. Diese Vorgehensweise stellt sicher, daß die organisatorischen und personellen Anforderungen einer rechnerunterstützten Arbeitsmethodik für die Benutzer dieser Programme sichtbar gemacht und somit Rückschläge weitgehend vermieden werden.

1 Analyse der Rationalisierungsmotive bei der Herstellung von Umformwerkzeugen

Der Einsatz von Umformwerkzeugen zur Fertigung von Gütern erfolgt in Unternehmen, die sich zur Darstellung der unterschiedlichen Rationalisierungsmotive für die Werkzeugherstellung als Fertigungsmittel in zwei grundsätzliche Gruppen einteilen lassen.

1.1 Direkt marktabhängige Unternehmen

Unternehmen dieser Art ermitteln am Markt,für welche Güter ein bestimmter Bedarf besteht, nehmen diese in ihr Produktionsprogramm auf und stellen sie dann zu einem marktgünstigen Zeitpunkt zur Verfügung. Weiterhin werden neue Produkte entwikkelt und auf dem Markt angeboten. Hier ist es in Einzelfällen notwendig, den Bedarf nach diesen neuen Produkten durch geeignete Werbemaßnahmen zu wecken. Der Informationsfluß zwischen Markt und Unternehmen ist in Bild 1 dargestellt. Bei Unternehmen dieser Art ist auf dem Gebiet der Rationalisierung der Fertigungsmittelbereitstellung der Kostengesichtspunkt das hervorragende Motiv, während terminlich in den meisten Fällen ein gewisser Spielraum besteht.

1.2 Zulieferunternehmen

Diese Unternehmen sind durch ihr Produktionsprogramm an bestimmte Abnehmer gebunden und liefern die produzierten Güter nur in einem begrenzten Maß an den Markt. Als Beispiel hierfür kann die Automobilzulieferindustrie genannt werden. Bild 2 zeigt, daß der Informationsfluß vom Hersteller zum Abnehmer der produzierten Güter drei wesentliche Faktoren, nämlich die Produktinformation, die Stück- und Fertigungsmittelkosten und eine Terminvorgabe beinhaltet.

1.2.1 Produktinformation

Das zu fertigende Produkt wird entweder beim Besteller fertig entwickelt, so daß die Aufgabe für das Lieferunternehmen vorwiegend fertigungstechnischer Art ist, oder der Wunsch nach

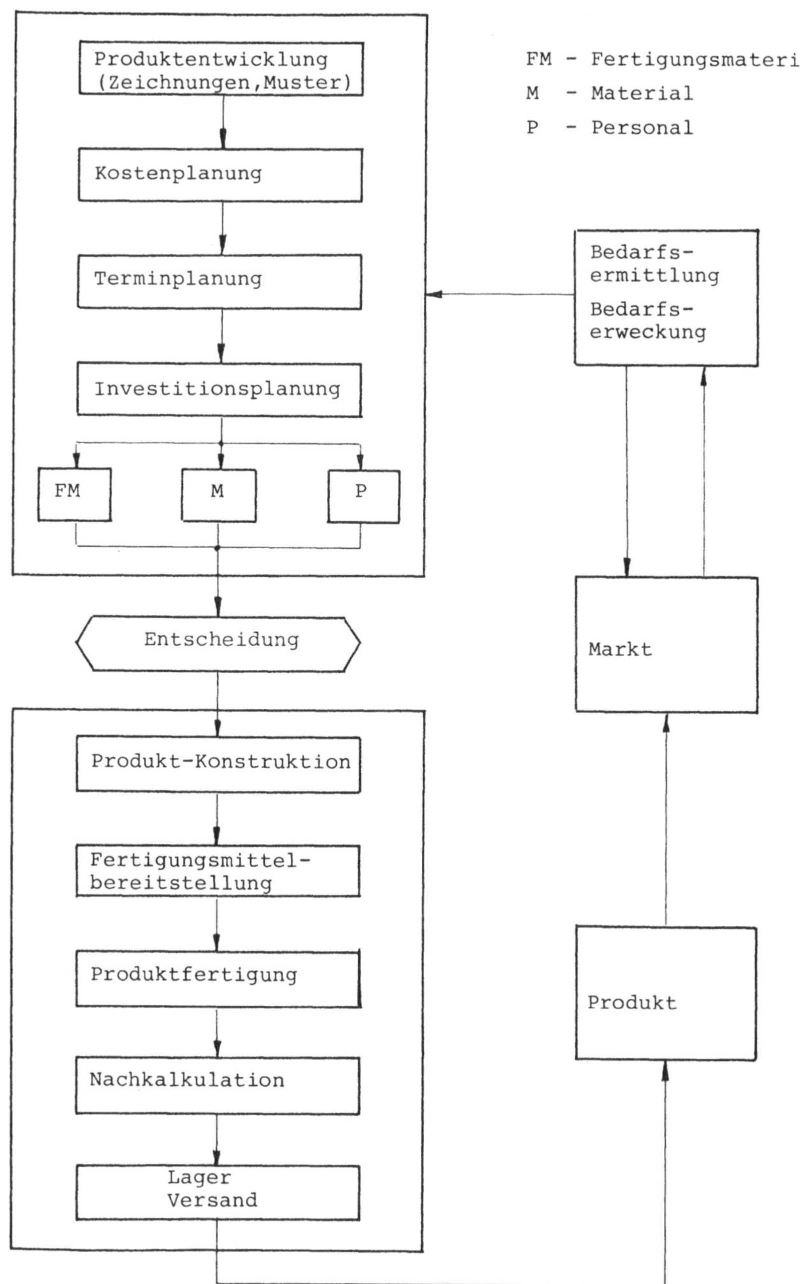

Bild 1: Informationsfluß zwischen Markt und einem marktabhängigen Unternehmen.

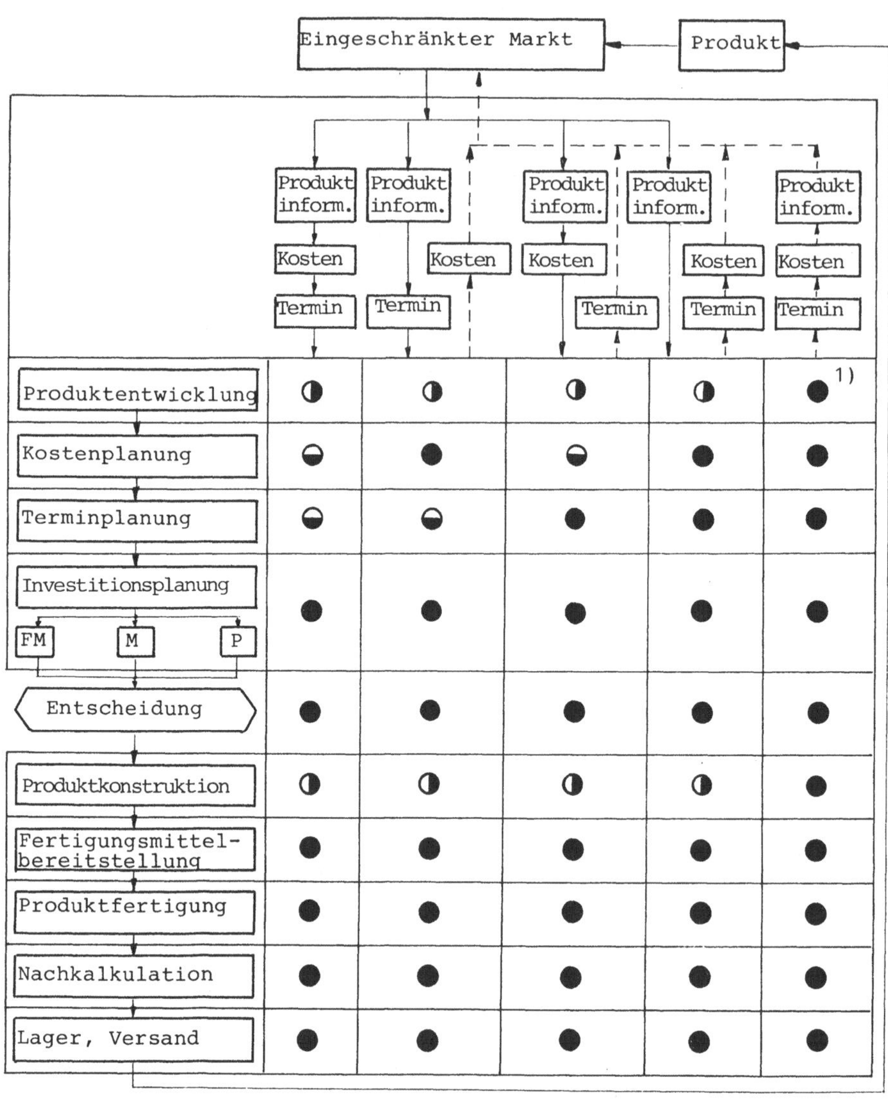

FM - Fertigungsmaterial
M - Material
P - Personal

◑ Beeinflussung bei gemeinsamer Entwicklung möglich
◒ teilweise Beeinflussung
● Beeinflussung voll möglich

——► Informationsfluß vom Auftraggeber zum Zulieferer
– – –► Informationsfluß vom Zulieferer zum Auftraggeber

1) Produktentwicklung des Zulieferers für den Auftraggeber

Bild 2: Informationsfluß zwischen Abnehmer- und Zuliefererunternehmen.

einem bestimmten Produkt wird verbal oder schriftlich formuliert, so daß in diesem Fall noch Entwicklungskosten auftreten.

1.2.2 Stück- und Fertigungsmittelkosten

Die Stückkosten müssen sich in das Kostengefüge des Bestellers einfügen und bieten dem Lieferunternehmen hier meist sehr wenig Spielraum. Dieser Umstand übt einen Zwang zur Rationalisierung des gesamten Produktdurchlaufweges aus. Die Fertigungsmittelkosten werden entweder gesondert oder über die Stückzahl der zu fertigenden Teile abgerechnet. Hier wird die Problematik der Fertigung von geringen Stückzahlen besonders deutlich, insbesondere wenn Wettbewerber unterschiedlicher Unternehmensgrößen, d. h. mit unterschiedlichen Kostenstrukturen, am Wettbewerk beteiligt sind.

1.2.3 Terminvorgabe

Liefertermine sind ein weiterer gewichtiger Gesichtspunkt, der zwingend zur Rationalisierung aller Unternehmensbereiche beiträgt. Sie sind bei Auftragsvergabe oft entscheidend, so daß gegebenenfalls auf wirtschaftliche Vorteile, die durch eine intensivere, jedoch zeitaufwendigere, Vorplanung erzielt werden könnten, verzichtet werden muß.

Es ist zu erkennen, daß bei diesem Unternehmenstyp die Rationalisierungsmotive weitgehend Kosten- und Durchlaufzeit orientiert sind. Möglichkeiten zur Kostenreduzierung bestehen grundsätzlich bei den Arbeits-, Material-, Kapital- und Fremdleistungskosten. Zur Reduktion von Durchlaufzeiten sind organisatorische sowie arbeitstechnische Maßnahmen in Betracht zu ziehen. Die ausführliche Diskussion dieser an sich bekannten Tatsachen wird damit begründet, daß bei jeder Maßnahme zur Änderung bestimmter vorhandener Zustände klare Zielvorstellungen vorhanden sein müssen, damit gegebenenfalls Zielkonflikte erkannt und berücksichtigt werden können.

2 Organisatorische Eingliederung der Fertigungsmittelbereitstellung im Unternehmen

Unter Fertigungsmittel sollen hier Umformwerkzeuge, Vorrichtungen und Sondereinrichtungen verstanden werden. Bild 3 zeigt die Organisationsstruktur und den Informationsfluß im technischen Bereich in Unternehmen, die zur Realisierung ihrer Produktion Fertigungsmittel bereitstellen müssen. Die Daten wurden an Hand einer Analyse in einem größeren Unternehmen erfaßt. Sie wurden von unternehmensspezifischen Besonderheiten bereinigt und können somit als allgemeingültig angesehen werden.

2.1 Informationsfluß

Über den technischen Verkauf werden die notwendigen Informationen über Lieferumfang, Kosten und Termine dem Unternehmen zugeleitet. In einer Terminleitstelle erfolgt zunächst eine grobe Terminplanung, welche die Ecktermine für den Durchlauf eines Auftrages festlegen. Im Prinzip erfolgt diese Terminplanung unter Anwendung netzplantechnischer Gesichtspunkte. Inwieweit die einzelnen Bereiche an der Bearbeitung eines Durchlaufes beteiligt sind, hängt von der Strukturbeschaffenheit des Auftrages ab. Nahezu in allen Fällen ist jedoch die Herstellung neuer Fertigungsmittel notwendig. Eine Ausnahme bilden hier Wiederholungsaufträge, bei welchen auf vorhandene Einrichtungen zurückgegriffen werden kann. Die Bereitstellung von neuen Fertigungsmitteln erfolgt in vier Aufgabenbereichen:

- Fertigungsablaufplanung des Produktes,
- Fertigungsmittelkonstruktion,
- Fertigungsmittelkalkulation,
- Fertigungsmittelherstellung.

Bild 4 zeigt den Auftragsablauf innerhalb dieses Bereiches sowie die Informationsabhängigkeit untereinander. Es wird deutlich, daß Rationalisierungsmaßnahmen in einem Bereich auch die benachbarten Bereiche beeinflussen. Bei der Bearbeitung von Rationalisierungsvorhaben ist im allgemeinen in abgegrenzten,

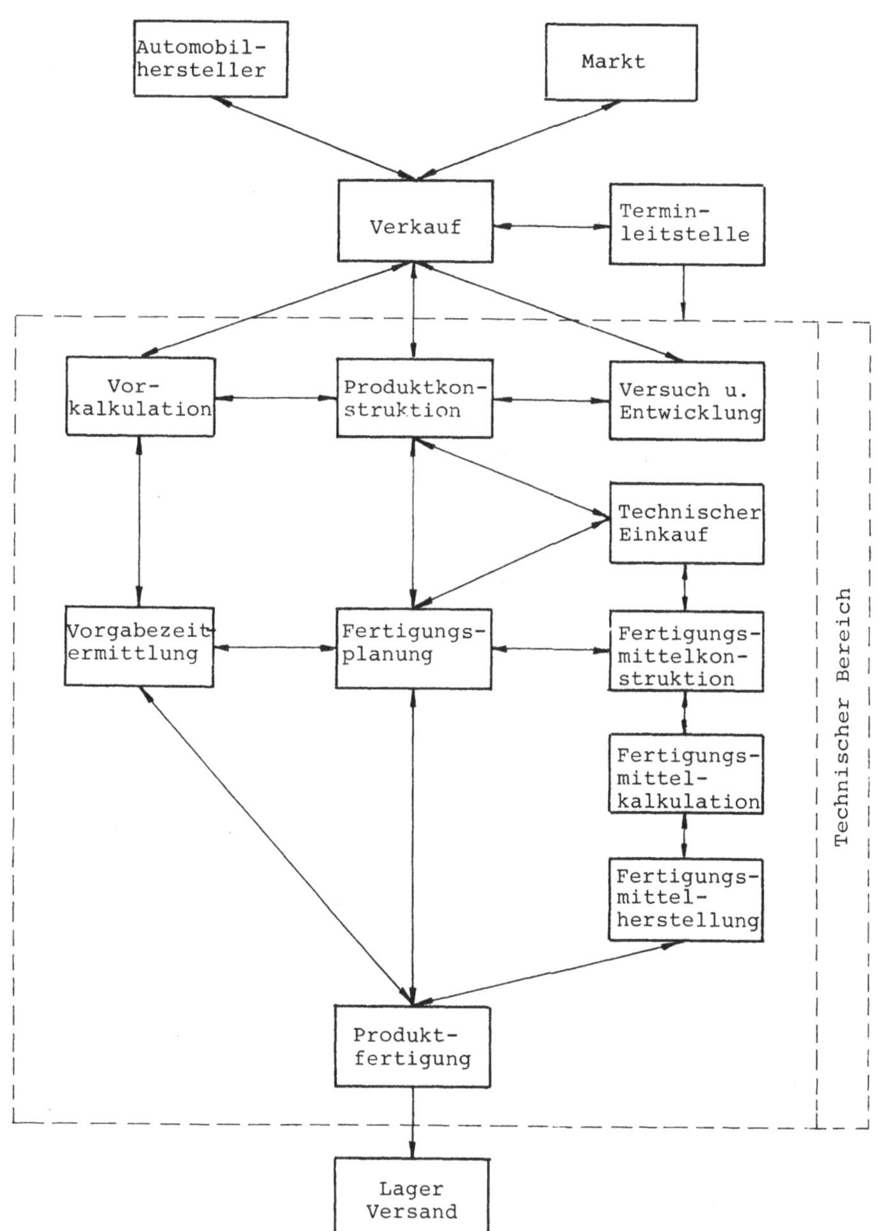

Bild 3 : Struktur und Informationsfluß bei einem Zulieferunternehmen.

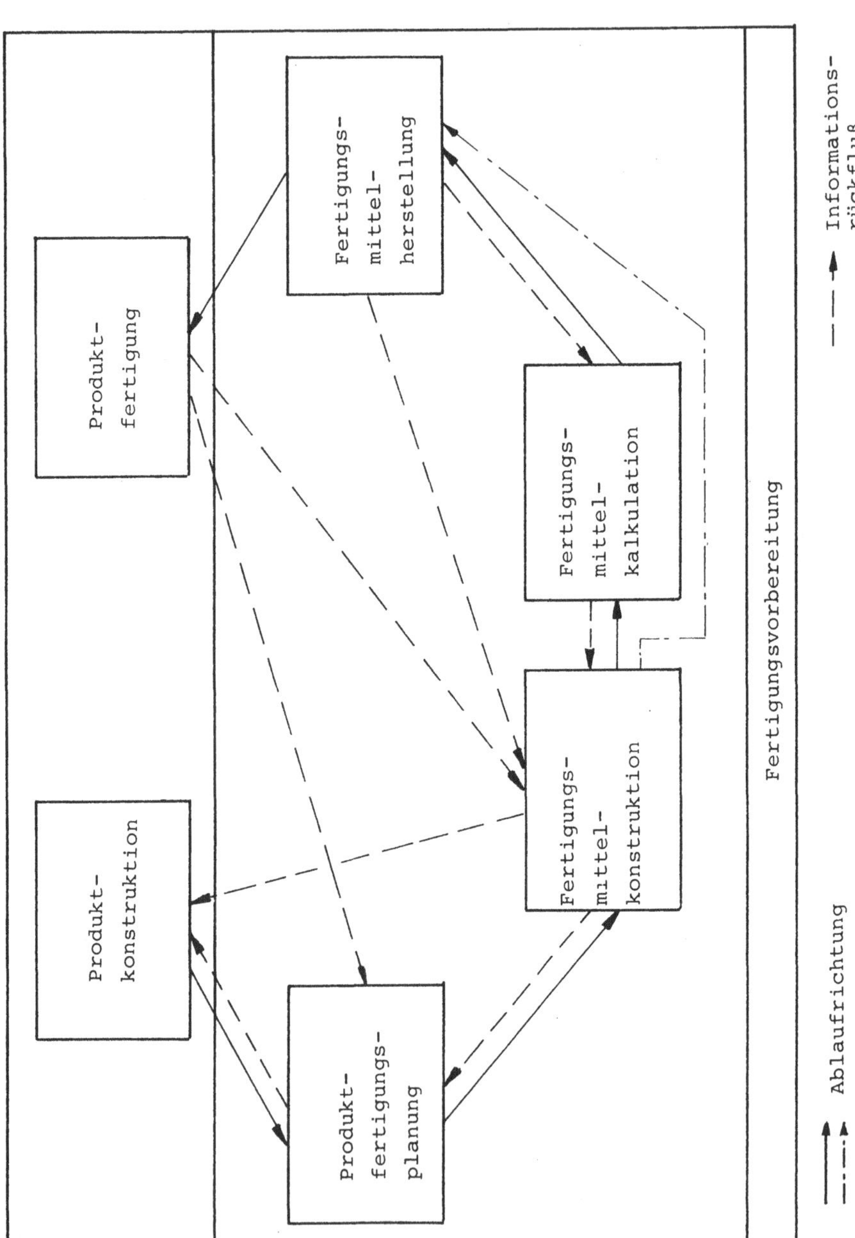

Bild 4 : Auftragsdurchlauf und Informationsfluß in der
Fertigungsmittelvorbereitung

überschaubaren Schritten vorzugehen. Dies bedeutet, daß bei jedem der einzelnen Rationalisierungsschritte klare Schnittstellendefinitionen gegenüber den angrenzenden Bereichen zu erstellen sind, um einen weiteren reibungslosen Ablauf zu gewährleisten.

3 Rationalisierungsschwerpunkte bei der Fertigungsmittelbereitstellung

Zur Erfassung der Funktionsbereiche der Fertigungsmittelbereitstellung, in welchen vorzugsweise Rationalisierungsmaßnahmen anzusetzen sind und in welcher Reihenfolge diese zu erfolgen haben, wurde in dem bereits erwähnten Unternehmen eine Untersuchung der Durchlaufzeiten verschiedener, nach Kosten gegliederter Auftragsvolumina von Fertigungsmitteln durchgeführt. Liegezeiten zwischen den Funktionsbereichen wurden dabei nicht berücksichtigt. Die ermittelten Daten ergaben ein Ansteigen der Durchlaufzeiten für die Bereiche Produktkonstruktion, Produktfertigungsplanung und Fertigungsmittelkonstruktion mit zunehmenden Werkzeugkosten; auffallend war jedoch das Abnehmen der Durchlaufzeiten bei der Fertigungsmittelherstellung. Die Ursache für dieses Verhalten ist darin zu suchen, daß es sich bei steigendem Werkzeugkostenaufwand entweder um eine Vielzahl von Einzelwerkzeugen handelte und diese bei ihrer Herstellung im Werkzeugbau entsprechend breit gestreut werden konnten oder, wenn es sich um fertigungstechnisch schwierige Werkzeugelemente handelte, diese auf kostenintensiven, jedoch mit einem vergleichsweise geringem Zeitaufwand arbeitenden Einrichtungen gefertigt wurden.

Bei dem vorliegenden Ergebnis, Bild 5, das für die im Rahmen dieser Arbeit betrachteten Funktionsbereiche die prozentuale Durchlaufzeitanteile in Abhängigkeit von den aufzuwendenden Werkzeugkosten zeigt, handelt es sich um Momentaufnahmen des betrieblichen Geschehens, dies bedeutet, daß parallel zu den erfaßten Aufträgen weitere durch die entsprechenden Bereiche liefen und die ermittelten Werte deshalb lediglich eine qualitative Aussage erlauben. Eine Schlußfolgenderung aus den gewonnenen Erkenntnissen ist trotzdem zulässig, da sich hier eine gewisse Gleichmäßigkeit der Ergebnisse abzeichnet und diese der Realität eines gegebenen betrieblichen Ablaufes entsprechen. Entscheidenden Anteil an der Durchlaufzeit haben die Bereiche Konstruktion und Fertigungsmittelherstellung, während die Produktfertigungsplanung und die Fertigungsmittelkalkulation

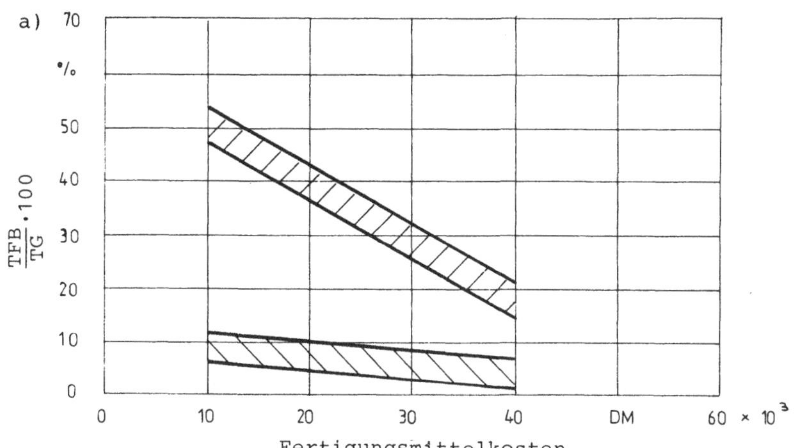

/// Fertigungsmittelherstellung \\\ Fertigungsmittelkalkulation
TFB = Funktionsbereichdurchlaufzeit TG = Gesamtdurchlaufzeit

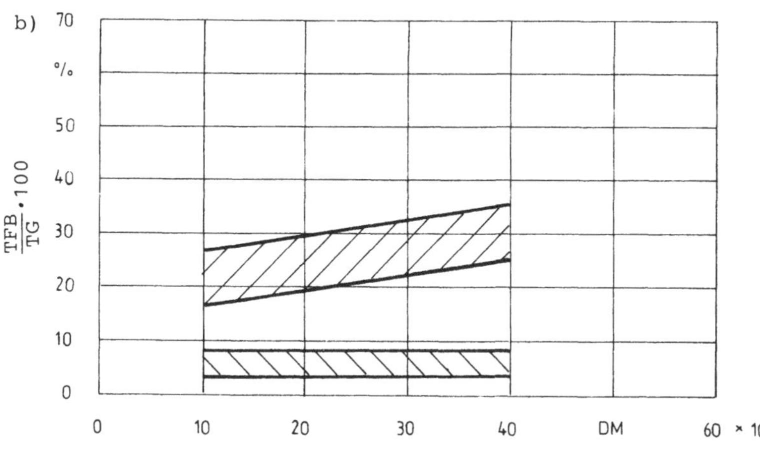

Fertigungsmittelkosten

/// Fertigungsmittelkonstruktion \\\ Produktfertigungsplanung
TFB = Funktionsbereichdurchlaufzeit TG = Gesamtdurchlaufzeit

Bild 5: Durchlaufzeiten von Fertigungsmittelaufträgen in Abhängigkeit von den Fertigungsmittelkosten in

a) der Fertigungsmittelherstellung und Fertigungsmittelkalkulation
b) der Fertigungsmittelkonstruktion und Produktfertigungsplanung.

den geringeren Zeitanteil benötigen.

3.1 Zielsetzung

In Kapitel 2 wurde gezeigt, daß in dem Bereich der Fertigungsmittelerstellung Rationalisierungsmaßnahmen direkten Einfluß auf die Durchlaufzeit und die Kosten eines Produktes ausüben. Eine Möglichkeit zur Rationalisierung des Arbeitsaufwandes ist die rechnerunterstützte Zeichnungserstellung. In der vorliegenden Arbeit soll an Hand eines geeigneten Zeichnungserstellungsprogrammes dessen Einsatzmöglichkeit zur Konstruktion von Umformwerkzeugen grundsätzlich untersucht und die Anwendung an einigen ausgewählten Beispielen bei Werkzeugen zur Blechumformung aufgezeigt werden. Weiterhin ist zu überprüfen, inwieweit sich die Zeichenprogrammaufrufe zur Unterstützung der Werkzeugteilefertigungsplanung einsetzen lassen.

Auf dem Gebiet der Fertigungsplanung für Umformwerkzeuge ist bis heute noch kein umfassendes Rechenpeogramm für die Ablaufplanung zur Fertigung der einzelnen Werkzeugelemente bekannt. Hier ist auf Grund einer Analyse der einzelnen Planungsschritte vorbereitend für ein derartiges Rechenprogramm ein Planungsablaufmodell zu erstellen, das die gesamte Breite dieses Gebietes abdeckt.

Auf Grund der gefundenen Ergebnisse soll ein Arbeitsmittel zur Verfügung stehen, das den Einsatz eines rechnerunterstützten Zeichenprogrammes bei der Konstruktion von Umformwerkzeugen für die betriebliche Praxis einführbar und überschaubar macht. Das Ablaufmodell zur Fertigungsplanung von Werkzeugelementen ist so aufzubauen, daß eine schrittweise Realisierung in Form eines Rechenprogrammes möglich ist, in seiner Gesamtheit jedoch bei der manuellen Planungsarbeit eine systematische Arbeitsweise beschreibt und anwendbar macht.

In ihrer Gesamtheit ist die Arbeit in einen fachlich gegliederten Rahmen für CAD/CAM-Forschungsvorhaben einzufügen. Dadurch werden klare Abgrenzungen der Sachgebiete untereinander erreicht und Ansätze für anschließend mögliche Untersuchungen aufgezeigt.

4 Konventionelle Konstruktion von Umformwerkzeugen

4.1 Konstruktionsphasen

Zur Analyse des Konstruktionsprozesses allgemein sind bereits zahlreiche Veröffentlichungen erschienen [1, 2, 3]. Die Abgrenzung der einzelnen Konstruktionsphasen erfolgt im wesentlichen, wenn auch im Schrifttum noch unterschiedliche Definitionen angewandt werden [1], entsprechend der VDI-Richtlinie 2222 [4]. In dieser Richtlinie ist der Konstruktionsprozess in vier Hauptphasen aufgegliedert:

- Planen
- Konzipieren,
- Entwerfen,
- Ausarbeiten.

Die Darstellung der einzelnen Arbeitsschritte innerhalb der Konstruktionsphasen erfolgt vorwiegend in Flußdiagrammen. Hier wird eine weitgehende Vereinzelung und Verknüpfung der Konstruktionsschritte vorgenommen. In Weiterführung der Arbeit von Nicolai [1] wurde ein Flußdiagramm zum Konstruktionsablauf bei Umformwerkzeugen erstellt, Bild 6. Dieses Diagramm ist so aufgebaut, daß es zum jetzigen Zeitpunkt für sämtliche Umformwerkzeugarten Gültigkeit hat. Bei der Analyse der einzelnen Konstruktionsschritte wird erkennbar, daß auch hier, wie bereits in anderen Untersuchungen festgestellt wurde, in der Konzeptphase vorwiegend heuristische Tätigkeiten vorliegen, während in der Entwurfs- und Ausarbeitungsphase die algorithmischen Tätigkeiten zunehmend an Gewicht gewinnen, Bild 7.

4.2 Konstruktionsarten

Die Konstruktionspraxis zeigt, daß auf Grund von bereits vorhandenen Konstruktionskonzepten, Entwürfen und Ausarbeitungen bei neu zu erstellenden Werkzeugkonstruktionen nicht sämtliche Konstruktionsphasen neu durchlaufen werden müssen, Bild 8
Zur Unterscheidung der verschiedenen Konstruktionsarten wurden die Begriffe Neu-, Anpassungs- und Variantenkonstruktion ge-

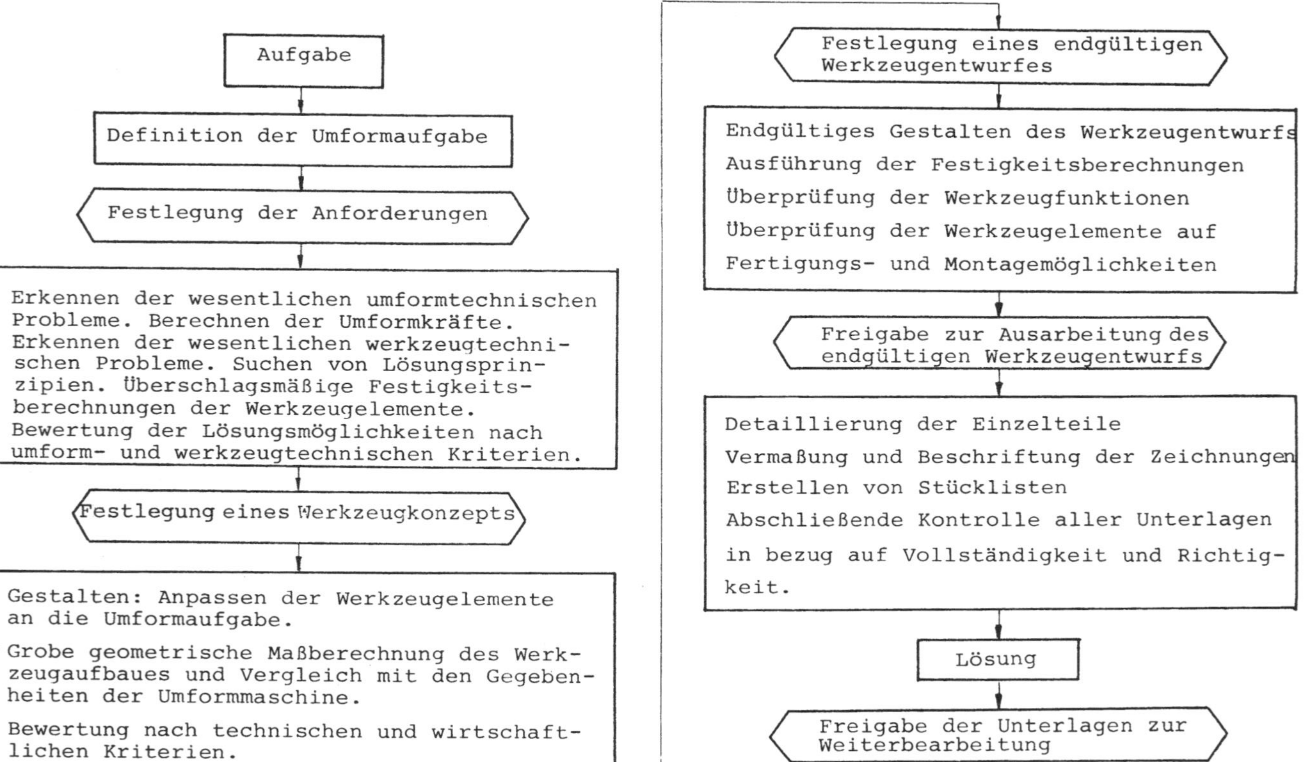

Bild 6 : Ablauf einer Umformwerkzeugkonstruktion.

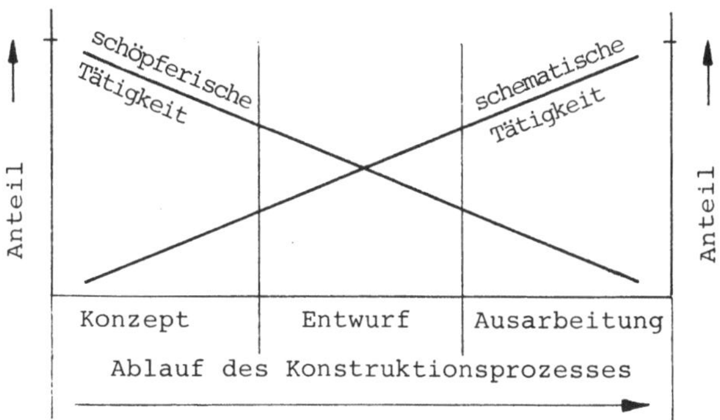

Bild 7 : Anteile schöpferischer und schematischer Tätigkeiten am Konstruktionsprozess (nach [28]).

Konstruktionsphasen			
Konzipieren	Entwerfen	Ausarbeiten	Konstruktionsarten
●	●	●	Neukonstruktion
	◑	●	Anpassungskonstruktion
	(◑)	●	Variantenkonstruktion

● Konstruktionsphase wird vollständig durchlaufen

◑ Konstruktionsphase wird teilweise durchlaufen

(◑) Konstruktionsphase entfällt vorwiegend

Bild 8: Zuordnung von Konstruktionsarten zu Konstruktionsphasen (nach [1]).

prägt [5]. Eine Werkzeugneukonstruktion entsteht dann, wenn durch eine neue Anordnung bekannter oder neuer Funktionselemente die geforderte Gesamtfunktion erfüllt wird. Im Prinzip bildet diese Konstruktionsart bei Umformwerkzeugen die Ausnahme. Sie tritt streng genommen nur dann auf, wenn neue Erkenntnisse auf dem Gebiet der Umformtechnik neue Umformmöglichkeiten erschliessen. Häufiger treten jedoch Anpassungs- und Variantenkonstruktionen auf. Bei Anpassungskonstruktionen wird die Gesamtfunktion des Werkzeuges durch Austausch oder Hinzufügen einzelner Bauelemente abgeändert bzw. der Umformaufgabe angepaßt. Varianten einer Konstruktion werden durch Veränderungen der Gestalt und Dimensionen der Elemente gebildet, deren Art und Anordnung jedoch erhalten bleiben.

4.3 Komplexitätsgrad

Bei der Konstruktionsarbeit geht der Konstrukteur grundsätzlich von der Ausgangsteil-, Zwischenteil (bei mehrstufiger Fertigungsweise) und Fertigteilform der zu bearbeitenden Umformaufgabe aus. Auf dieser Grundlage aufbauend werden Funktionsflächen, Funktionselemente und Funktionsgruppen einander zugeordnet bis sich letztlich das zu gestaltende Umformwerkzeug ergibt. Der Komplexitätsgrad bewertet die Anzahl der notwendigen einzelnen Funktionselemente im Vergleich zur Gesamtheit aller Elemente. Er kann bei Umformwerkzeugen als aufgabenspezifisch angesehen werden und erlaubt somit eine grobe zeitliche Abschätzung des Konstruktionsaufwandes.

4.4 Zeichnungsarten

Im allgemeinen werden Umformwerkzeuge in Form von technischen Zeichnungen nach DIN 199 [6] dargestellt. Eine Aufgliederung erfolgt nach ihrem Zweck, ihrem Inhalt, der Art ihrer Anfertigung und nach der Art ihrer Darstellung, Bild 9. Bei Neukonstruktionen entstehen zunächst verschiedene Entwürfe, die den Gesamtaufbau beinhalten. Bei Bedarf zur tieferen konstruktiven Untersuchung werden dann noch Gruppen- und Verbundgruppenentwürfe angefertigt. Üblich ist, daß diese Arbeiten als Blei-

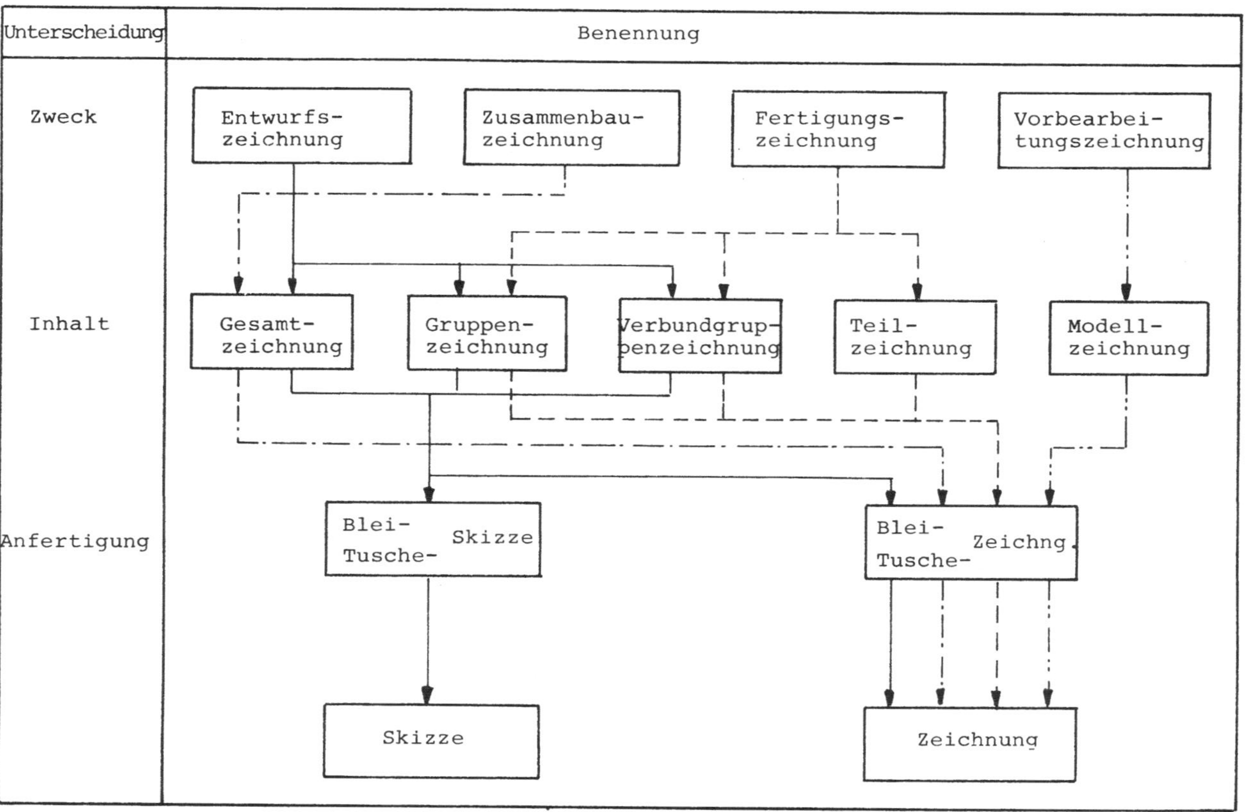

Bild 9: Technische Zeichnungen nach DIN 199 für Umformwerkzeuge.

stiftentwürfe ausgeführt werden. Bei Anpassungskonstruktionen genügt in den meisten Fällen die entwurfsmäßige Untersuchung von Gruppenzeichnungen. Variantenkonstruktionen werden vorwiegend anhand von vorliegenden Grundkonstruktionen vorgenommen, hier wird auf eine Entwurfsphase weitgehend verzichtet.

In der Praxis zeigt sich, daß Variantenkonstruktionen im Vergleich zu Neukonstruktionen eine relativ hohe Maßfehlerquote aufweisen. Die Erklärung hierfür ist darin zu suchen, daß in einem vorhandenen Gesamtmaßsystem lediglich einige Maßzahlen verändert werden und deren Beeinflussung des Gesamtsystems oft sehr komplexer Natur ist. Aus diesem Grund wird bei dieser Konstruktionsart nach Beendigung der Aufgabe ein Kontrollaufriss erstellt.

Eine weitere Untersuchung hat ergeben, daß bei Umformwerkzeugen weitgehend Gesamtzeichnungen als Fertigungsunterlagen erstellt werden. Das bedeutet, daß sämtliche zur Anfertigung der Werkzeuge notwendigen Informationen auf diesen Zeichnungen dargestellt werden müssen. Lediglich bei einem hohen Komplexitätsgrad erfolgt eine Detaillierung in Form von Gruppenzeichnungen, auf Einzelteilzeichnungen wird weitgehend verzichtet. Begründet wird dieser Umstand dadurch, daß die Detaillierungsphase sehr zeitaufwendig ist, ein großer Bestand an betrieblichen und überbetrieblichen Normen vorhanden ist und im Werkzeugbau meist qualifizierte Facharbeiter mit der Anfertigung der Werkzeuge betraut werden, die ein hohes Maß an räumlichem Vorstellungsvermögen und technischem Fachwissen besitzen.

4.5 Rationalisierungsmöglichkeiten in der konventionellen Umformwerkzeugkonstruktion

Um die Arbeitsweise in einem Konstruktionsbüro wirkungsvoll und zielorientiert verbessern zu können, ist zunächst eine genaue Kenntnis der unternehmensspezifischen Konstruktionsaufgaben, der Arbeitsmethodik, des vorhandenen Informationsbestandes und der Ablauforganisation notwendig. Basierend auf diesen Infor-

mationen sind dann die anzustrebenden Rationalisierungsziele zu definieren und stufenweise zu verwirklichen. Die Vorgehensweise zur Verwirklichung dieses Prozesses ist in Bild 10 dargestellt.

Die im Rahmen dieser Arbeit als Beispiele aufgezeigten Rationalisierungsmöglichkeiten beziehen sich auf direkte Arbeitsvereinfachungen der konventionellen Werkzeugkonstruktion zur Blechumformung. Für indirekte Rationalisierungskonzepte, die eine weitgehende Verbesserung der Ablauforganisation zum Ziel haben, wurden bereits eingehende Untersuchungen vorgenommen und veröffentlicht [7]. Grundsätzlich ist festzustellen, daß eine systematische Rationalisierung der konventionellen Werkzeugkonstruktion neben ihren positiven Auswirkungen auf die Qualität der Werkzeuge und ihre Durchlaufzeit, die vereinfachte Fertigungsplanung und die Rückwirkungen auf die Erzeugniskonstruktion eine unbedingt notwendige Vorstufe zum Einsatz des rechnerunterstützten Konstruierens darstellt.

4.5.1 Zeichnungsvereinfachungen

Als erste, naheliegende Rationalisierungsmaßnahme bietet sich eine gewisse, sinnvolle Vereinfachung der Darstellungsmethode der Werkzeugteile an, die als betriebliche und überbetriebliche Normteile bezeichnet werden. Hier genügt vielfach eine symbolhafte Darstellung auf der Zeichnung. Für eine Reihe von Befestigungselementen wurden vereinfachte Darstellungen entwickelt und haben sich bereits in der industriellen Praxis bewährt, Bild 11. Weiterhin kann bei Elementen, die in Form von Baureihen vorhanden sind und durch entsprechende Klassifizierungsnummern eindeutig gekennzeichnet sind, weitgehend auf eine detaillierte Darstellung verzichtet werden. Gewisse Erleichterungen beim Erfassen des Informationsinhaltes der Zeichnungen im Konstruktionsbüro, in der Fertigungsplanung und bei der Werkzeugfertigung werden dadurch erzielt, daß gleiche Funktionselemente, z. B. Ziehringe, auf der Konstruktionszeichnung immer die gleiche Positionsnummer erhalten. Die Grenzen dieser Möglichkeiten sind dann erreicht, wenn die Zeichnungen nicht mehr eindeutig

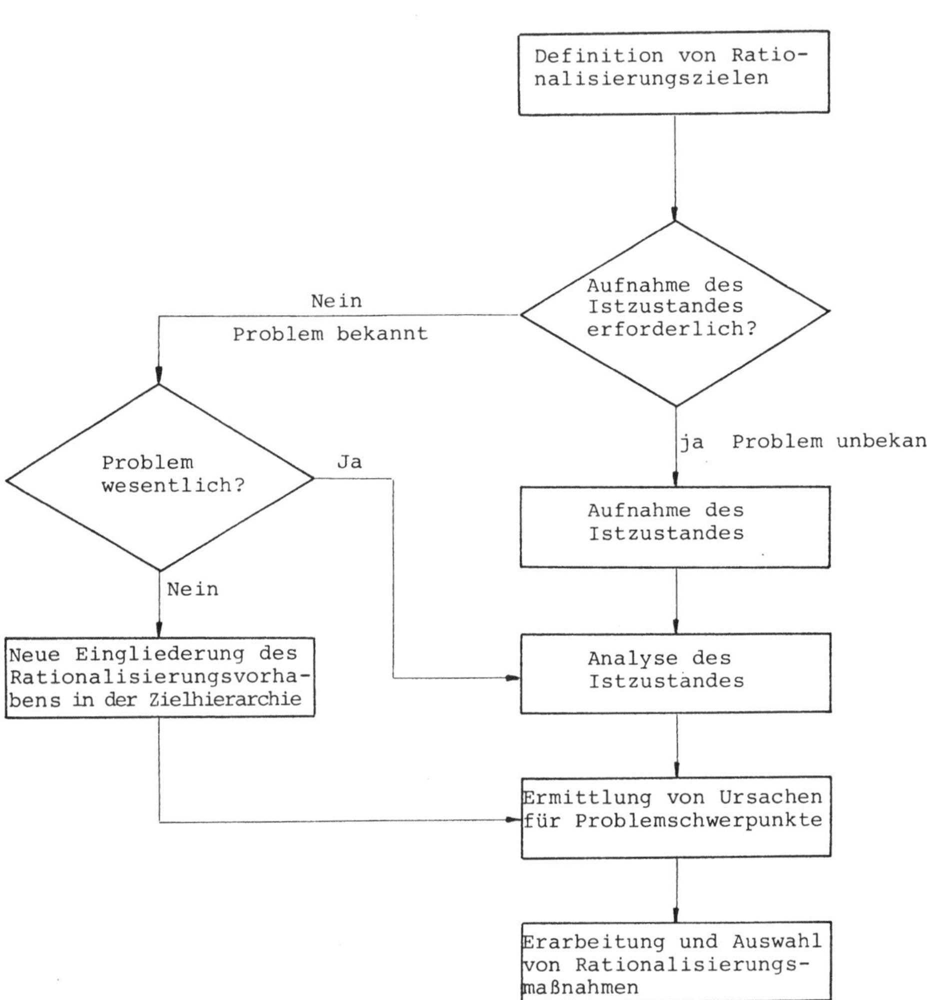

Bild 10: Vorgehensweise bei der Rationalisierung im Konstruktionsbereich (nach [29]).

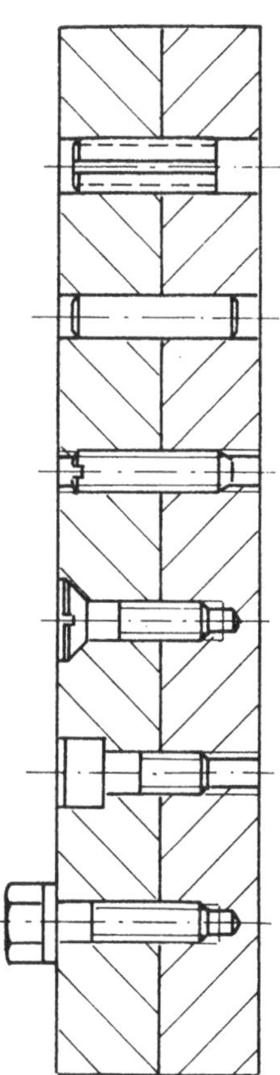

Ausführliche Darstellung

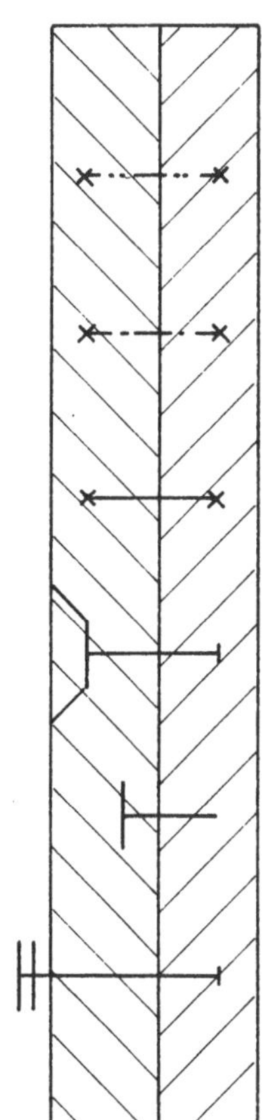

Vereinfachte Darstellung

Bild 11: Vereinfachte Darstellungsmöglichkeiten von Befestigungselementen.

sind oder konstruktive Maßnahmen es erfordern, daß sämtliche Bauelemente maßstäblich dargestellt werden. In der Regel ist dies bei Neukonstruktionen der Fall.

4.5.2 Tabellarische Lösungssammlung

Neben Normteilkatalogen finden tabellarische Lösungssammlungen in der Konstruktionstechnik bereits eine breite Anwendung. Bei der Konstruktion von Umformwerkzeugen bieten sich zwei prinzipielle Sortierungsgesichtspunkte zur Erstellung dieser Unterlagen an:

- Sortierung nach Umformaufgaben, wobei die Umformteile entsprechend ihrer Geometrie, deren Komplexität und ihrer Werkstoffarten eingeordnet werden und Aufschluß über die relevanten Umformverfahren und Werkzeugarten geben.

- Sortierung nach Umformwerkzeugtypen, wobei die Einordnung entsprechend den geometrischen Hauptabmessungen, den gefertigten Stückzahlen und den eingesetzten Umformmaschinen vorgenommen wird. Aufschluß wird hier über den grundsätzlichen Werkzeugaufbau und die umgeformten Teile gegeben.

4.5.3 Vereinheitlichung von Umformwerkzeugkonstruktionen

Die Vereinheitlichung der Konstruktionen mit dem Ziel, die gestaltende Konstruktionsphase zeitlich zu optimieren, bedingt eine systematische Vorgehensweise. Die Auswahl, die Gestaltung und der Zusammenbau der Einzelteile bis hin zu vollständigen Werkzeugen ist nach funktionellen und fertigungstechnischen Gesichtspunkten vorzunehmen. Diese Vorgehensweise soll im folgenden an zwei einfachen Beispielen verdeutlicht werden.

- Beispiel Napfziehwerkzeug

Im Prinzip besteht ein Napfziehwerkzeug aus Ziehstempel, Ziehring, Niederhalter und weiteren zum Teil umformmaschinenabhängigen Hilfselementen. Ausgehend von den Funktionsflächen werden

die Funktionselemente gestaltet, Bild 12. Daran anschließend erfolgt eine sinnvolle Abstufung der geometrischen Abmessungen unter fertigungs- und funktionstechnischen Gesichtspunkten. Bild 13 zeigt das Ergebnis für Ziehringe, Ziehstempel und Niederhalter. Mit derselben Methodik werden die übrigen Werkzeugelemente bearbeitet und maßlich an die direkten Funktionselemente einerseits und an die zur Verfügung stehenden Umformmaschinen andererseits angepaßt. Somit steht zur Konstruktion von Napfziehwerkzeugen für einen weiten Durchmesserbereich Informationsmaterial zur Verfügung, das bei einem minimalen Zeitaufwand die Erstellung von einheitlich ausgeführten Konstruktionen ermöglicht.

- Beispiel geführtes Schneidwerkzeug [8]

Die wesentlichen Funktionselemente sind hier die Schneidstempel und die Matrizen. Die Vorgehensweise zur Erstellung der Konstruktionsunterlagen ist die gleiche wie im ersten Beispiel. Bild 14 und Bild 15 zeigen die erarbeiteten Ergebnisse.

4.5.4 Maßberechnungsrichtlinien

Für Umformvorgänge, die entsprechend häufig vorkommen, bieten sich Werkzeugmaßberechnungsrichtlinien an. Sie bieten den Vorteil, daß eine einheitliche Bemaßung vorgenommen wird, ein umformtechnisches Funktionieren der Werkzeuge sichergestellt ist und Ausprobeergebnisse gezielt berücksichtigt werden können. Weiterhin können so neuere technologische Erkenntnisse der Umformtechnik gezielt und personenunabhängig eingeführt werden. Als Beispiel für diese Methodik wurden die relevanten Daten für das Vorlochen und anschließende Durchziehen von Kragen erarbeitet und sind in Bild 16 dargestellt. Diese Werte beruhen teils auf allgemein bekannten, teils auf betriebsspezifischen Erkenntnissen.

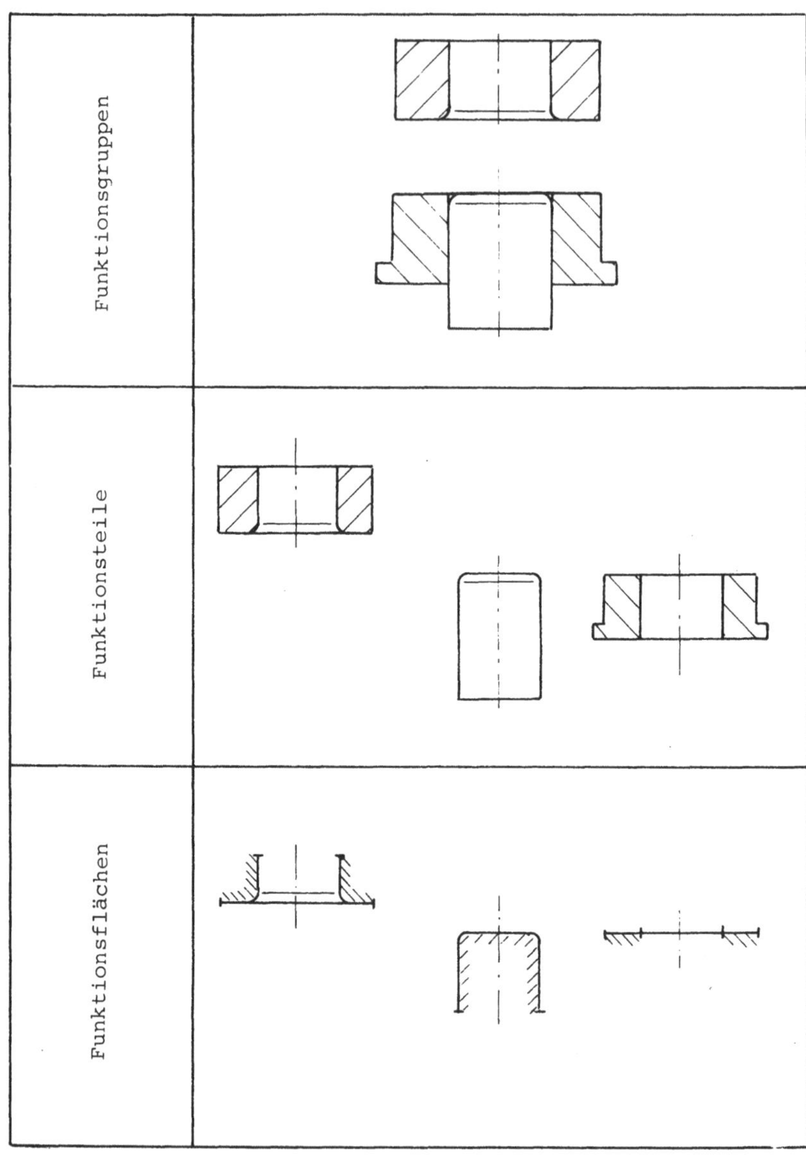

Bild 12: Entwicklung und Aufteilung eines Napfziehwerkzeuges nach funktionellen Gesichtspunkten.

a)

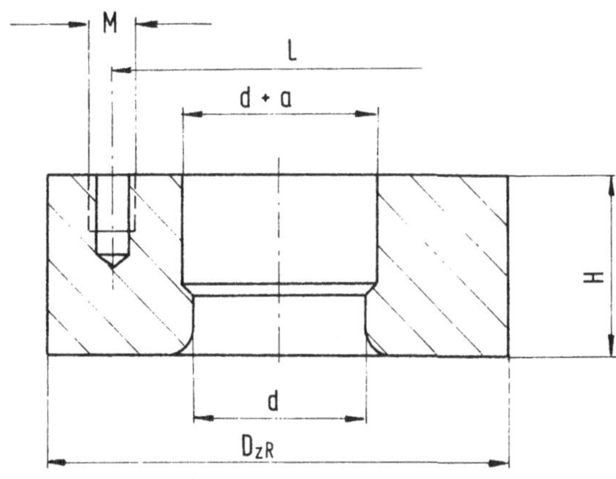

	a	D_{ZR}	H	L	M	LZ
d ⩽ 43	1,2	78	25	63	8	3
43 < d ⩽ 54	1,2	98	25	78	8	3
54 < d ⩽ 68	1,2	127	30	100	10	3
68 < d ⩽ 87	1,2	157	30	131	10	3
87 < d ⩽110	1,2	197	35	172	10	4
110 < d ⩽135	1,2	245	40	215	12	4
135 < d ⩽165	1,2	296	45	260	12	4
165 < d ⩽187	1,8	340	45	290	12	4
187 < d ⩽218	1,8	395	55	350	12	4
218 < d ⩽275	1,8	495	60	420	14	4
275 < d ⩽345	1,8	630	60	530	16	4

Bild 13 a) und 13 b): Mögliche Beispiele zur Vereinheitlichung von Napfziehwerkzeugen.

b)

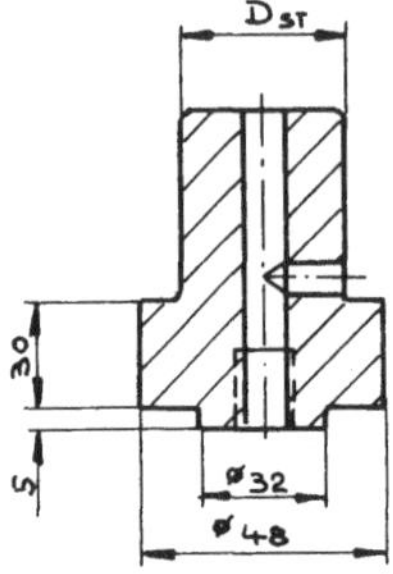

Ziehstempelausführung $D_{St} \leqslant 48$

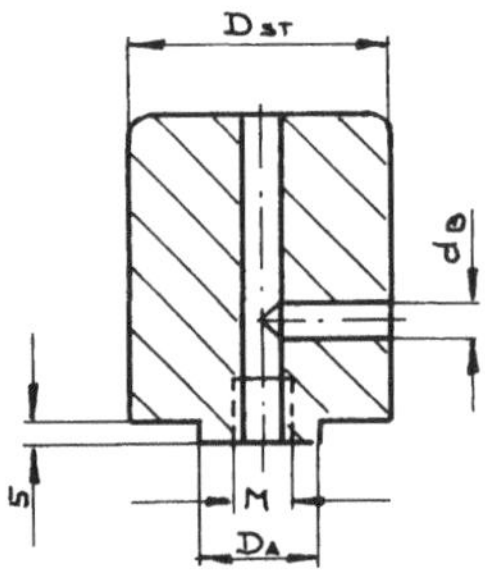

	D_A	d_B	M
$48 < D_{St} \leqslant 75$	32	14	16
$75 < D_{St} \leqslant 300$	50	26	30
$D < 300$	79	40	2

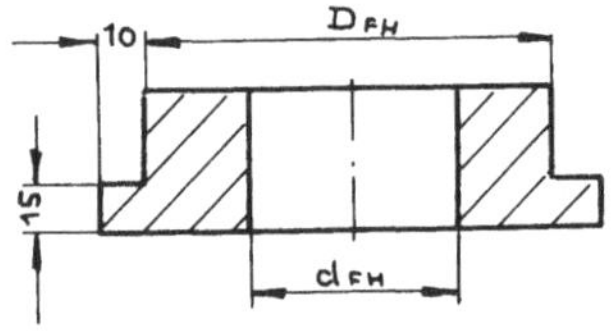

$$d_{FH} = D_{St} + U$$

	$D_{St} \leqslant 150$	$150 < D_{St} \leqslant 250$	$D_{St} > 250$
U	0,2	0,4	0,6

Bild 13 b)

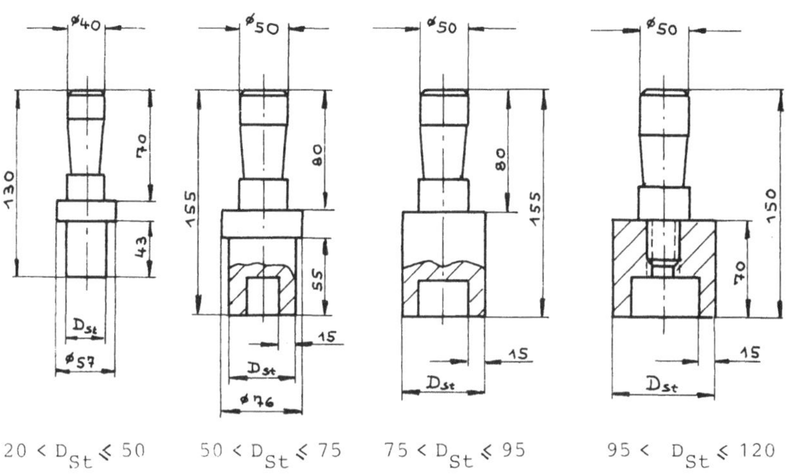

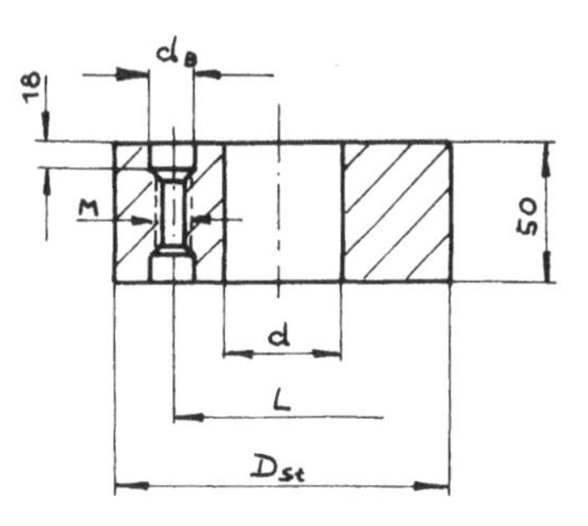

	d	d_B	L	M
$120 < D_{St} \leqslant 136$	45	10,5	75	10
$136 < D_{St} \leqslant 151$	55	10,5	85	10
$151 < D_{St} \leqslant 176$	65	10,5	95	10
$176 < D_{St} \leqslant 201$	90	10,5	118	10
$201 < D_{St} \leqslant 226$	130	10,5	161	10
$226 < D_{St} \leqslant 251$	150	10,5	181	10
$251 < D_{St} \leqslant 276$	180	10,5	211	10
$276 < D_{St} \leqslant 301$	190	12,5	219	12
$301 < D_{St} \leqslant 326$	200	12,5	232	12
$326 < D_{St} \leqslant 351$	225	12,5	255	12
$351 < D_{St} \leqslant 400$	260	12,5	290	12
$400 < D_{St} \leqslant 460$	300	12,5	339	12
$460 < D_{St} \leqslant 500$	350	12,5	390	12
$500 < D_{St} \leqslant 550$	350	14,5	390	14

Bild 14: Mögliches Beispiel zur Vereinheitlichung von Schneidstempeln.

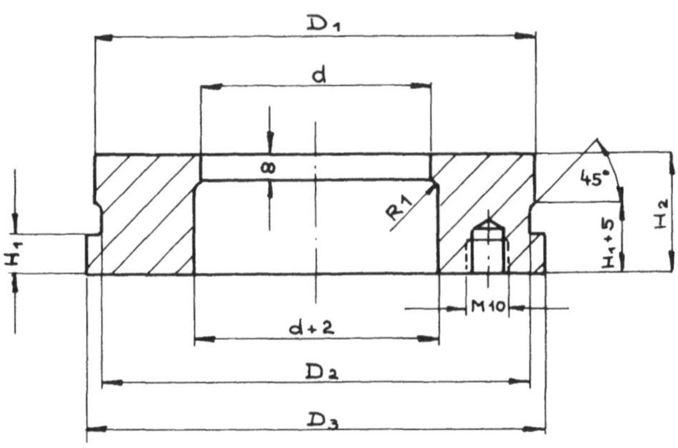

	D_1	D_2	D_3	H_1	H_2
d ≤ 40	67	65	74	12	35
40 < d ≤ 75	107	105	114	12	35
75 < d ≤ 110	147	145	154	12	35
110 < d ≤ 145	188	186	195	12	35
145 < d ≤ 170	220	218	227	12	35
170 < d ≤ 190	251	249	260	12	42
190 < d ≤ 210	276	274	285	12	42
210 < d ≤ 230	301	299	312	15	50
230 < d ≤ 250	326	324	337	15	50
250 < d ≤ 270	351	349	362	15	50
270 < d ≤ 290	376	374	387	15	50
290 < d ≤ 315	412	410	424	15	50
315 < d ≤ 350	462	460	474	15	50
350 < d ≤ 400	530	528	540	15	50
400 < d ≤ 450	590	588	600	15	50
450 < d ≤ 500	650	648	660	15	50
400 < d ≤ 550	720	718	730	15	50

Bild 15: Mögliches Beispiel zur Vereinheitlichung von Schneidmatrizen.

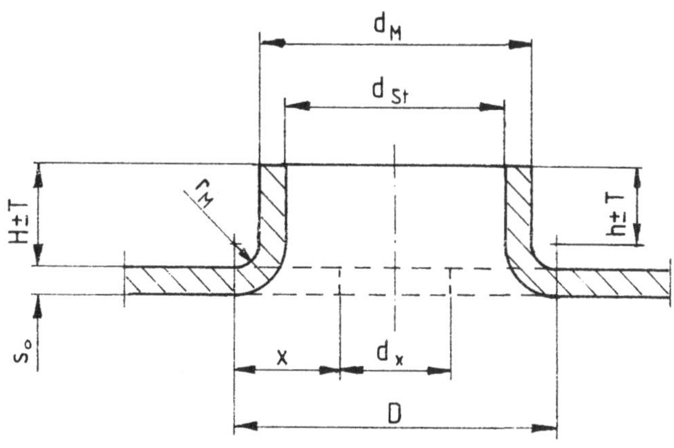

Vorlochdurchmesser $d_x = D - 2x$

$x = h + c - T$

wobei

$c = 1{,}57\ (r_M + f \cdot s_o)$

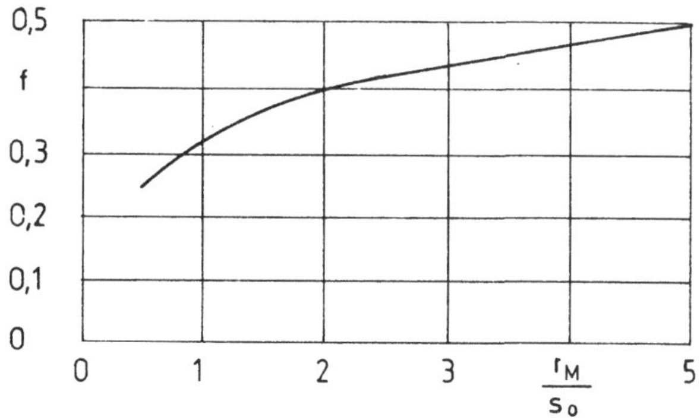

Bild 16: Berechnung des Stempeldurchmessers beim Vorlochen zum anschließenden Kragendurchziehen.

4.6 Zu erwartende weitere Entwicklungen in der Umformwerkzeugkonstruktion

Eine wissenschaftlich fundierte Voraussage über die weitere Entwicklung der Umformwerkzeuge ist zur Zeit nicht möglich. Um jedoch die Entwicklungsmöglichkeiten zu erkennen, wurden die wesentlichen Einflußfaktoren auf diesem Bereich zusammengestellt und sind in Bild 17 dargestellt. Es wird deutlich, daß unter dem Einfluß der einzelnen Bereiche eine stetige Weiterentwicklung zu erwarten ist.

Der bedeutendste Einfluß ist von dem jeweiligen Wissensstand der Umformtechnik selbst zu erwarten. Hier werden sich neue Technologien im Zusammenwirken mit Neu- und Weiterentwicklungen von Umformmaschinen sowie neuere Erkenntnisse über Werkstoffverhalten bei der Umformung direkt auf die Entwicklung der Umformwerkzeuge auswirken. Auf dem Gebiet der Konstruktionsmethodik laufen weitere wissenschaftliche Untersuchungen. Deren Ergebnisse werden zu einer weiteren Systematisierung und Rationalisierung der Konstruktionsarbeit führen. Durch den Einsatz von Rechnern werden wesentliche Arbeitsentlastungen und treffendere, kostengünstigere Konstruktionen zu erwarten sein. Es sei hier nur als Beispiel auf bereits in der Praxis erprobte Detaillierungsprogramme sowie auf die entwickelten FEM-Rechenprogramme hingewiesen. Nicht zu unterschätzen sind auch die wesentlichen Entwicklungsarbeiten auf dem Gebiet der Konstruktionsarbeitsplatzgestaltung.

Bei den Fertigungsverfahren zur Herstellung der Werkzeugelemente ist eine Zunahme der numerisch gesteuerten, spanabhebenden Einrichtungen zu erwarten. Auch finden die Funkenerosionsverfahren immer mehr Anwendung zur Bearbeitung der formgebenden Elemente. Diese Entwicklung wird zwangsläufig zu neuen zeichnerischen Darstellungs- und Bemaßungsstrategien führen. Weiterhin ist zu erkennen, daß Werkzeugelemente, basierend auf den neueren Erkenntnissen der Umformtechnik, immer mehr durch Um- bzw. Urformen gefertigt werden und anschließend keine weitere wesentliche spanende Bearbeitung erfordern.

Die Weiterentwicklung der Werkzeugstähle mit verbesserten Eigen-

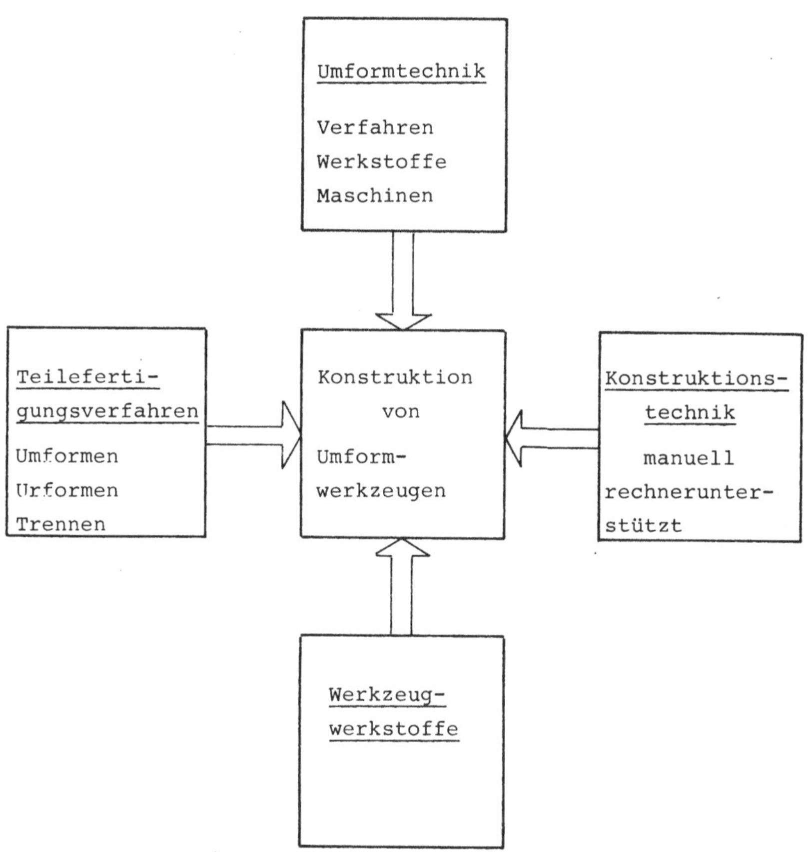

Bild 17 : Einflußfaktoren auf den Stand und die weitere Entwicklung von Umformwerkzeugkonstruktionen.

schaften werden die Umformwerkzeuge dahingehend beeinflussen, daß neue Umformverfahren erst durch ihren Einsatz ermöglicht und bei vorhandenen Werkzeugen höhere Standzeiten erzielt werden. Zur Konstruktion von Umformwerkzeugen für geringere Losgrößen, vorwiegend zur Feinblechumformung, stehen heute bereits stoß- und verschleißfeste Kunststoffverbindungen und Zinklegierungen usw. zur Verfügung, die ebenfalls eine weitere Entwicklung erfahren werden.

5 Rechnerunterstützte Konstruktion von Umformwerkzeugen

5.1 Allgemeine Anforderungen an ein Zeichenprogramm

Bei der Auswahl eines Zeichnungserstellungsprogrammes zum Einsatz bei der Konstruktion von Umformwerkzeugen sind zwei grundsätzliche Gesichtspunkte zu berücksichtigen. Neben den sachbezogenen Anforderungen dürfen die personenbezogenen Aspekte nicht vernachlässigt werden. Analysiert man den technischen und theoretischen Ausbildungsstand der Personen, die in der Industrie in der Umformwerkzeugkonstruktion beschäftigt sind, so sind bei einem Großteil keine oder nur mangelhafte Programmierkenntnisse vorhanden. Es ist deshalb Wert darauf zu legen, daß das zum Einsatz vorgesehene System in einer allgemein bekannten und relativ leicht erlernbaren Sprache erstellt ist. Auch muß die Art und Weise des Zusammenfügens von geometrischen Formelementen zu technischen Körpern der Denk- und Arbeitsmethode der Konstrukteure weitgehend entgegenkommen.

Die sachbezogenen Anforderungen sind vielfältiger Art. Im Hinblick auf die komplexeren Strategien für die Darstellung der Werkzeugelemente muß das Programm in der Lage sein, deren Ansichten und Schnitte vollständig zu zeichnen. Dies schließt die Bemaßung, die Beschriftung, das Einzeichnen von Oberflächenzeichen nach DIN 140 [9] sowie die Schraffuren ein. Weiterhin muß die Möglichkeit vorhanden sein, zum Teil umfangreiche Maß- und Festigkeitsberechnungsprogramme integrieren zu können. Bei der Erstellung von Zusammenstellungs- und Baugruppenzeichnungen müssen die einzelnen Bauelemente zeichnungstechnisch zusammenfügbar und entsprechend den bekannten Regeln die unsichtbaren Kanten ausblendbar oder gestrichelt darstellbar sein. Es muß die Möglichkeit bestehen, in diese Zeichnungen die Positionsnummern automatisch einzuschreiben und das Schriftfeld mit den notwendigen Angaben zu versehen. Die Zeichnungserstellung hat weiterhin in den genormten DIN-Formaten zu geschehen. Zur Stücklistenerstellung aus den Einzelteilprogrammen muß das Programm kompatibel mit Werkstoffauswahlprogrammen sein. Das Zeichnungserstellungsprogramm sollte modular aufgebaut sein. Dies bietet die Möglichkeit, die Werkzeuge stufenweise zu generieren und zu überprüfen. Dadurch können auch erheb-

liche Änderungen und Erweiterungen einfach vorgenommen werden. Weiterhin ist dann die Möglichkeit gegeben, verschiedene bereits erprobte Werkzeugelemente in weiteren Konstruktionen einzusetzen und somit den Arbeitsaufwand laufend zu verringern. Im Hinblick auf eine Programmerweiterung zur rechnerunterstützten Fertigungsplanung von Umformwerkzeugen müssen die einzelnen Zeichnungsaufrufe derart gestaltet sein, daß eine Informationsweiterleitung zu Planungsprogrammen grundsätzlich denkbar ist.

5.2 Systembeschreibung einiger Zeichnungserstellungsprogramme

Zum Zeitpunkt der Bearbeitung der vorliegenden Aufgabenstellung standen im wesentlichen die im folgenden kurz diskutierten und in der industriellen Praxis bereits erprobten Programmsysteme zur Verfügung, Bild 18 [10]. Diese Aufzählung erhebt keinen Anspruch auf Vollzähligkeit, da auf diesem Gebiet zur Zeit intensive Forschungs- und Entwicklungsarbeiten an verschiedenen Stelle betrieben werden, die unter anderem auch spezielle Systeme zur Konstruktion von Kunststoff- und Schneidwerkzeugen sowie Vorrichtungen zum Ziel haben.

PROREN 1
Dieses Zeichnungserstellungsprogramm wurde bei vorliegender Arbeit zur Konstruktion von Umformwerkzeugen eingesetzt und ist unter 5.3 eingehend beschrieben.

COMVAR
Die rechnerunterstützte Einzelteilzeichnungserstellung erfolgt bei diesem System in zwei Phasen, einer Beschreibungs- und einer Aktualisierungsphase. Im ersten Arbeitsabschnitt wird der Informationsinhalt einer technischen Zeichnung in tabellarischer Form erfaßt, wobei bestimmte, vom Benutzer zu bestimmende, Maß- und Textparameter variabel gehalten werden. Nach Eingabe dieser Daten in den Rechner werden diese durch ein Beschreibungssystem interpretiert und ein rechnerinternes 2 D-Werkstückmodell erstellt. Zur Zeichnungserstellung werden mit Hilfe eines Zeichnungsprozesses im Dialog die variablen

Parameter durch aktuelle Daten ersetzt und somit die gewünschten Konstruktionsvarianten festgelegt. Anschließend kann die Zeichnung des Bauteiles auf einem Bildschirm oder einem Plotter realisiert werden [11].

DIGITIZER

Dieses System dient ebenfalls zur Erstellung von Einzelteilzeichnungen. Als Ausgangsbasis dient hier eine maßstäbliche Skizze der gewünschten Zeichnung. Mittels einer Meßlupe erfolgt die Erfassung der relevanten geometrischen Daten. Zur Verringerung des Erfassungsaufwandes können immer wiederkehrende Zeichnungselemente in einer Menükarte erfaßt werden, deren Einbau in die Zeichnung an beliebiger Stelle möglich ist. Anschließend erfolgt die Ausgabe der geometrischen Daten über einen Plotter in Form einer technischen Zeichnung [12].

DETAIL 1

Mit diesem System ist ausschließlich die Zeichnungserstellung von Rotationsteilen möglich. Es erfordert keinen Vorbereitungsaufwand, arbeitet nach dem Generierungsprinzip und ist somit in seiner Anwendung nicht nur auf Variantenkonstruktionen beschränkt. Die Beschreibung der Rotationsteile erfolgt durch definierte Haupt- und Nebenelemente, die in einer vorgeschriebenen Richtung zusammengebaut werden. Nach Abschluß des Beschreibungsvorganges werden Zeichnungsmaßstab und Bemaßung automatisch berechnet und die Teilzeichnung über Plotter erstellt [13].

Zeichnungserstellungssysteme				
	PROPEN 1	Programmiersystem, bestehend aus Programmen für Flächenelemente zweidimensional, Variantenprinzip	Erstellung von Einzelteil- und Gesamtzeichnungen	Stapelverarbeitung (Dialog möglich)
	COMVAR	Mischsystem zwischen Programmiersystem und Kommandofolgeverarb. zweidimensional, Variantenprinzip	Erstellung von Einzelteilzeichnungen	Stapelverarbeitung (Dialog möglich)
	Digitizer	Digitalisieren von Entwurfsskizzen (2D) Verwendung von 2D-Makros (Programmsystem)	Erstellung von Einzelteilzeichnungen	Fortlaufende Eingabe von Koordinaten mit Digitizer
	DETAIL 1	Generierungsprogramm (Kommandofolge), Werkstückbeschreibung durch Sprache, zweidimens.	Erstellung von Einzelteilzeichnungen (Wellen)	Stapelverarbeitung

Bild 18: Zusammenfassung der wesentlichen Eigenschaften einiger Zeichnungserstellungssysteme.

5.3 Programmbeschreibung von PROREN 1 [14]

Das Programmsystem PROREN 1 wurde im Rahmen des 2. und 3. Datenverarbeitungsförderungsprogrammes der Bundesregierung beim Institut für Konstruktionstechnik am Lehrstuhl für Maschinenelemente und Konstruktionslehre an der Ruhr-Universität Bochum unter der Leitung von Professor Dr.-Ing. H. Seifert entwickelt. Das System ist in FORTRAN IV geschrieben und beinhaltet ca. 50 Unterprogramme mit insgesamt 5000 Statements. Im Prinzip sind Dialog und Stapel-Verarbeitung möglich. Die erforderlichen Peripheriegeräte sind Lochkartenleser, Drucker, Plotter und im Dialogbetrieb Bildschirmterminal.

5.3.1 Leistungsumfang

PROREN 1 liefert in der Gestaltungsphase eine maßstäbliche Gesamtzeichnung sowie in der Detaillierungsphase Teilezeichnungen mit allen zur Fertigung notwendigen Informationen. Weiterhin kann auf Anforderung eine Stückliste nach DIN 6771 ausgedruckt werden. Auf Grund dieses Leistungsprofils wurde das Programmsystem in seiner bestehenden Form im Rahmen dieser Arbeit zur Zeichnungs- und Stücklistenerstellung eingesetzt, es waren lediglich rechenanlagenspezifische Anpassungsänderungen vorzunehmen.

5.3.2 Programmaufbau

Grundsätzlich basiert PROREN 1 auf dem zeichnungsorientierten Prinzip, d. h. die darzustellenden Werkstücke werden über zweidimensionale Abbilder rechnerintern erfaßt. Dies gilt für alle Ansichten und Schnitte. Die Darstellung von Gestaltvarianten wird einfach und mit geringem Aufwand dadurch ermöglicht, daß hier die Bauteilbeschreibung mittels geometrischen Flächenelementen wie Viereck, Dreieck, Kreis etc., die mit Hilfe eines Verknüpfungsoperators additiv oder subtraktiv zusammengesetzt werden, vorgenommen wird. Die Verknüpfung der einzelnen Flächenelemente erfolgt wahlweise an ihren Kontaktlinien oder durch Überlappung. Die einzelnen Flächenelemente werden durch einen Befehlsnamen, durch die Positionsgrößen, durch die Auslegungsgrößen und durch die Zeichnungsgrößen definiert. Der Befehlsname bezeichnet die geometrische oder

technische Form des Flächenelementes, die Positionsgrößen die Koordinaten des dem Flächenelement fest zugeordneten Koordinatensystems und die Auslegungsgrößen die Abmessungen der Flächenelemente. Die Zeichnungsgrößen dienen zur Festlegung von Innen- und Außenkonturen mit und ohne Schraffur sowie zur Subtraktion und Addition der verschiedenen Flächenelemente. Eine Abbildegenerierung wird durch einen definierten Aufruf abgeschlossen, mit dessen Hilfe die jeweilige Darstellung in codierter Form auf einer Bandmatrix mit Hilfe von verschiedenen Zeigern abgelegt wird. Dabei wird berücksichtigt, daß den einzelnen Teilen eine Prioritätsebene zugeordnet wird, die jedoch nur zur Darstellung einer Baugruppe notwendig ist. Weiterhin wird durch diesen Aufruf festgelegt, ob in der Gesamtzeichnung verdeckte Kanten gestrichelt dargestellt werden sollen.

Bei der Generierung einer Baugruppe werden alle nach dem vorstehend beschriebenen Verfahren erstellten Teilzeichnungen entsprechend der Aufbaulogik der Baugruppe und unter Beachtung der Visibilitätsbedingungen zu einer Gesamtzeichnung zusammengesetzt. Das Visibilitätsverfahren stapelt dabei die zweidimensionalen Abbilder der Einzelteile, die zur Ansicht der Baugruppe gehören, entsprechend der vorgegebenen Ordnung entlang einer Entwicklungslinie. Die Konturlinien einer Einzelteilfläche, die von den jeweils darüberliegenden Flächen abgedeckt werden, werden ermittelt und von der Darstellung ausgeschlossen. Die Ordnung im Stapelverfahren wird durch den Anwender festgelegt. Sie ist im Prinzip einer fiktiven z-Koordinate gleichzusetzen, ohne daß man hier jedoch von einer dreidimensionalen Erfassung sprechen kann.

5.3.3 Gültigkeit und Grenzen

Der Einsatz von PROREN 1 in der vorliegenden Fassung vom 31.12.1975 unterliegt gewissem programmspezifischen, sowie anlagen- und versionsspezifischen Bedingungen:

- Auslegungsgrößen dürfen niemals den Wert Null erhalten und sind, wenn nicht ausdrücklich erwähnt, vom Typ REAL.

- Zeichnungsgrößen sind vom Typ INTEGER und können nur bestimmte, programmspezifische Werte annehmen.
- Flächenelemente, die keinen Kontakt oder nur Linienkontakt aufweisen und mit einer Subtraktion verknüpft werden sollen, werden ignoriert.
- Die Randbedingungen der Varianten eines Einzelteiles und alle Variationsmöglichkeiten zu einer Baugruppe sind von vornherein bekannt.
- Für die Geometriebeschreibung der Einzelteile sind als Linienelemente nur Gerade und Kreisbögen zugelassen.
- Die maximale Anzahl der zu beschreibenden Konturkanten eines Einzelteiles ist auf 200 begrenzt, wenn die Kontur nur aus Geraden besteht. Bei Kreisbögen verringert sich diese Anzahl entsprechend, da der Speicherbedarf eines Kreisbogens dem zweier Geraden entspricht.
- Wie schon erwähnt, sind Ansichten, Schnitte und Details getrennt zu beschreiben, maximal können 40 Darstellungen beschrieben werden.
- Die Anzahl der Konturkanten aller rechnerinternen Darstellungen ist auf 1000 begrenzt.

Bei Überschreitungen dieser Randbedingungen erfolgt teilweise ein Programmabbruch oder es werden die Fehler ausgedruckt und die entsprechenden Flächenelemente bei der Teilegeneration nicht berücksichtigt.

5.4 Zeichnungserstellung mit PROREN 1

Die Möglichkeiten zur Zeichnungserstellung von Werkzeugvariationen sind im wesentlichen auf die Variation der Funktionsträger, deren Anordnung und Geometrie sowie deren physikalische Eigenschaften beschränkt. Daraus ergibt sich nach entsprechender Analyse und Auswahl der Umformwerkzeuge, folgender Ablaufprozess:

5.4.1 Manuelle Vorbereitung der Variantenkonstruktionen

Von den Werkzeugen wird zunächst eine Grundkonstruktion angefertigt, die sämtliche Einzelteile beinhaltet. Ebenfalls sind hierbei die Beschriftung und die Positionszahlen festzulegen. Normteile, betriebliche und allgemein gültige, können dabei symbolhaft dargestellt werden, d. h. sie brauchen nicht in allen Einzelheiten gezeichnet werden. Diese Zeichnung dient später als Grundlage zur Erstellung des Zusammenbauprogrammes und nimmt somit bereits entscheidenden Anteil an dem Aufbau der Einzelteilzeichnungen. Steht die Konstruktion im Prinzip fest, sind sämtliche Einzelteile in drei Gruppen aufzuteilen.

- Teile, die in ihrer Geometrie direkt oder indirekt vom umzuformenden Teil maßgeblich beeinflußt werden.
- Allgemeingültige und betriebliche Normteile, die in ihren wesentlichen Abmessungen zwar festliegen, jedoch mindestens in einer Abmessung direkt oder indirekt vom umzuformenden Teil abhängig sind.
- Allgemeingültige und betriebliche Normteile, die in ihrer gesamten Geometrie unabhängig vom umzuformenden Werkstück sind.

Von sämtlichen Werkzeugelementen sind nun Einzelteilzeichnungen zu erstellen, die alle zur Herstellung dieser Elemente notwendigen Informationen beinhalten. Die Bemaßung erfolgt in einer allgemeinen Form, d. h. es werden sämtliche Abmessungen als Variable eingetragen. In diesen Darstellungen müssen Schnitte und Ansichten ausgearbeitet sein, ebenfalls deren Verlauf und Bezeichnung.

5.4.2 Programmerstellung

Entsprechend den programmtechnischen Möglichkeiten und Arbeitsvorschriften von PROREN 1 ist pro Teil jeweils ein Programmodul aufzubauen. Dabei ist wesentlich, daß die Ansicht, die in der Zusammenbauzeichnung erscheinen soll, am Anfang des Moduls programmiert wird. Danach können die einzelnen Schnitte und Ansichten in beliebiger Reihenfolge program-

miert werden. Bei der Einzelteilzeichnungserstellung wird die Positionsnummer vom System selbst aus dem Modul entnommen. Die jeweilige Bezeichnung des Bauteiles erfolgt nicht im Zeichenmodul, sondern wird gesondert im Datensatz eingegeben. Das Programm zum Erstellen der Zusammenbauzeichnung enthält im wesentlichen zwei Blöcke. Zunächst werden sämtliche Einzelteile entsprechend ihrer geometrischen Lage durch Bestimmungsgleichungen in x- und y-Richtung sortiert. Danach erfolgt ein Aufrufen sämtlicher Einzelteile, ihre geometrische Plazierung und die Festlegung der Visibilitätsbedingen. Abschließend wird programmtechnisch noch der gewünschte Zeichenmaßstab festgelegt, der jedoch, wenn vom Rechenprogramm als nicht realisierbar erkannt wird, automatisch entsprechend abgeändert wird. Entsprechend den unter 5.4.1 festgelegten Bauteilgruppen sind auch die einzelnen, zu den jeweiligen Zeichenmoduln gehörenden Abmessungen (Maßzahlen) unterschiedlich zu programmieren. Bei Normteilen, die in allen Abmessungen vorher bestimmt sind, könen die entsprechenden Informationen bereits zu Anfang endgültig auf Lochkarten übertragen werden.

Für Bauteile, die teilweise oder ganz von dem umzuformenden Teil in ihrer Maßstruktur abhängig sind, ist zur Ermittlung der jeweiligen fehlenden Maße ein zusätzliches Maßberechnungsprogramm zu erstellen. Die berechneten Daten können dann, sofern das entsprechende Berechnungsprogramm nicht im Zeichenprogramm integriert ist, anschließend auf Lochkarten übertragen und dem Zeichenprogramm zugeordnet werden. Abschließend sind dem Datensatz noch Informationen über die Benennung des Umformwerkzeuges, Konstrukteur, Datum und Werkzeugnummer hinzuzufügen, Bild 19.

5.4.3 Anwendungsbeispiele

Die beschriebene Vorgehensweise soll an einigen Beispielen aus der betrieblichen Praxis vorgestellt werden. Bei einer Analyse in einem Unternehmen, das vorwiegend Umformteile aus Feinblech

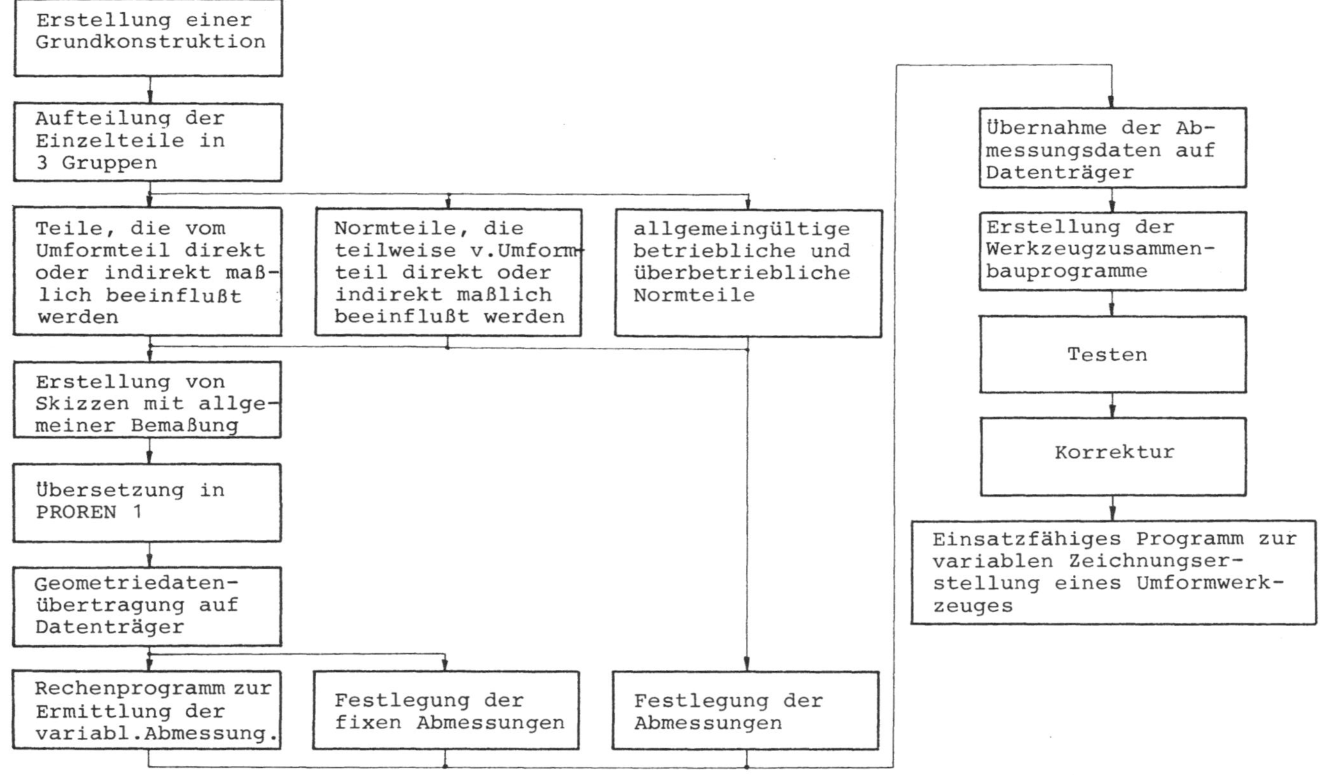

Bild 19: Ablauf der Zeichnungsprogrammerstellung für Umformwerkzeuge mit PROREN 1.

fertigt, ergab sich, daß zwei Teile häufig vorkommen, die in ihrer Grundgeometrie zwar gleich bleiben, deren Abmessungen sich jedoch entsprechend den jeweiligen Anwendungsfällen ändern.

- Anwendungsfall 1, Bild 20.
Hier handelt es sich um ein relativ flaches Ziehteil aus Feinblech mit der Blechdicke 0,75 mm. Als Fertigungsreihenfolge wurden folgende Arbeitsfolgen festgelegt:

- Schneiden Platine
- 1. Zug, Vorziehen Form
- 2. Zug, Fertigziehen und Formprägen
- Beschneiden Rand
- Lochen Mittelloch (wahlweise)

Auf Grund der hohen Stückzahlen wird eine Fertigung aus Bandmaterial vorgesehen, um eine zeitaufwendige Einlegearbeit zu vermeiden. Konstruktiv können einzelne Arbeitsgänge in einem Werkzeug zusammengelegt werden, so daß sich folgende Werkzeugreihenfolge ergibt:

1. Werkzeug: Platine Schneiden und Ziehen 1. Zug
2. Werkzeug: Ziehen 2. Zug und Formprägen
3. Werkzeug: Beschneiden Rand und Lochen, Mittelloch (wahlweise)

Als Umformmaschine ist auf Grund der Geometrie der Teile, des Kraftbedarfes und der betrieblichen Gegebenheiten eine 1600 kN Presse vorzusehen. Daraus ergeben sich gewisse Vorbedingungen in bezug auf die Aufspannmöglichkeiten der Werkzeuge, die Anordnung der Druckstifte sowie des maximalen Arbeitshubes. Letzteres spielt in vorliegendem Beispiel keine wesentliche Rolle, da es sich um ein flaches Ziehteil handelt. Der Höhenausgleich des Werkzeuges in der Presse wird durch geeignete Unterlagen in der Presserei selbst vorgenommen. Bei der Konstruktion wurden sämtliche allgemeingültigen und betrieblichen Normteile verwendet.

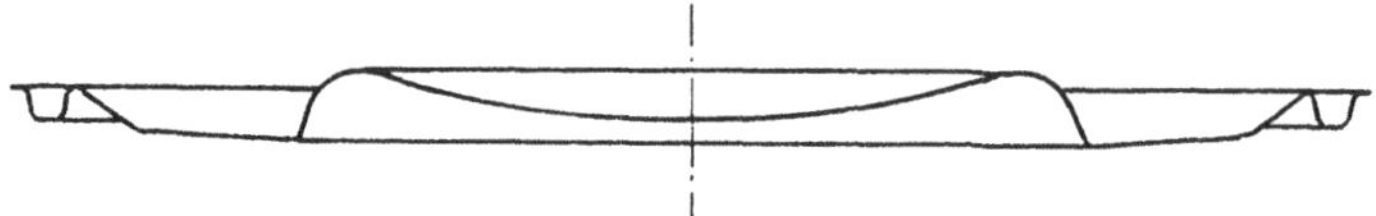

Bild 20: Rundes, symmetrisches Ziehteil.

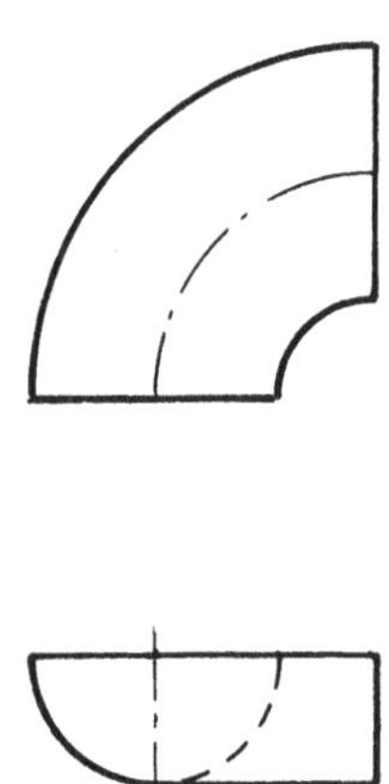

Bild 21: Krümmer.

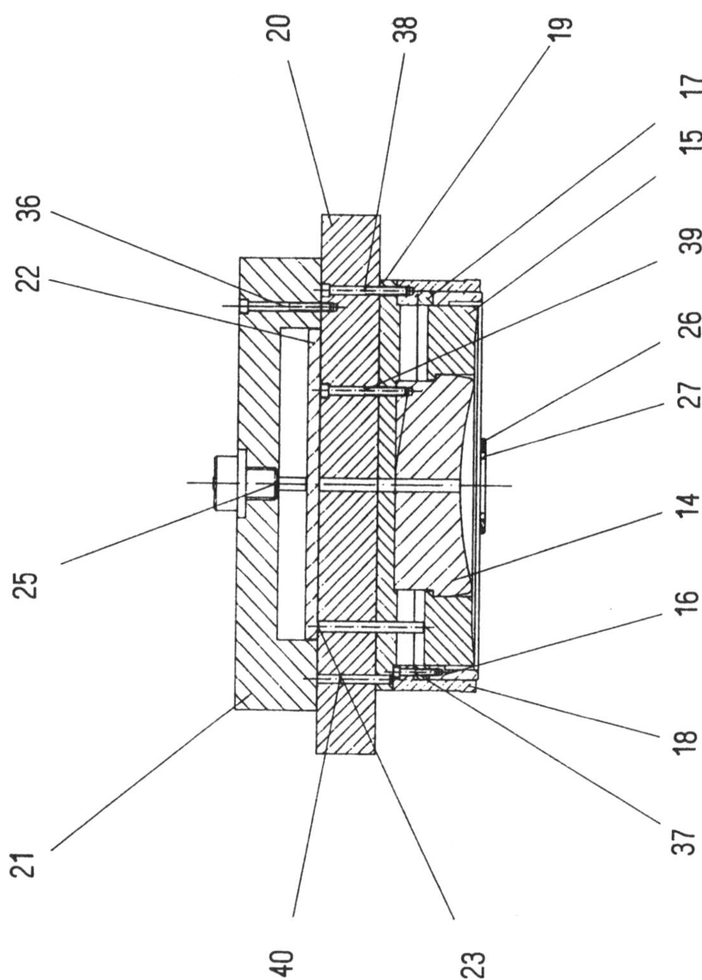

Bild 23: Rechnerunterstützte Konstruktion.
Schneidziehwerkzeug - Oberteil.

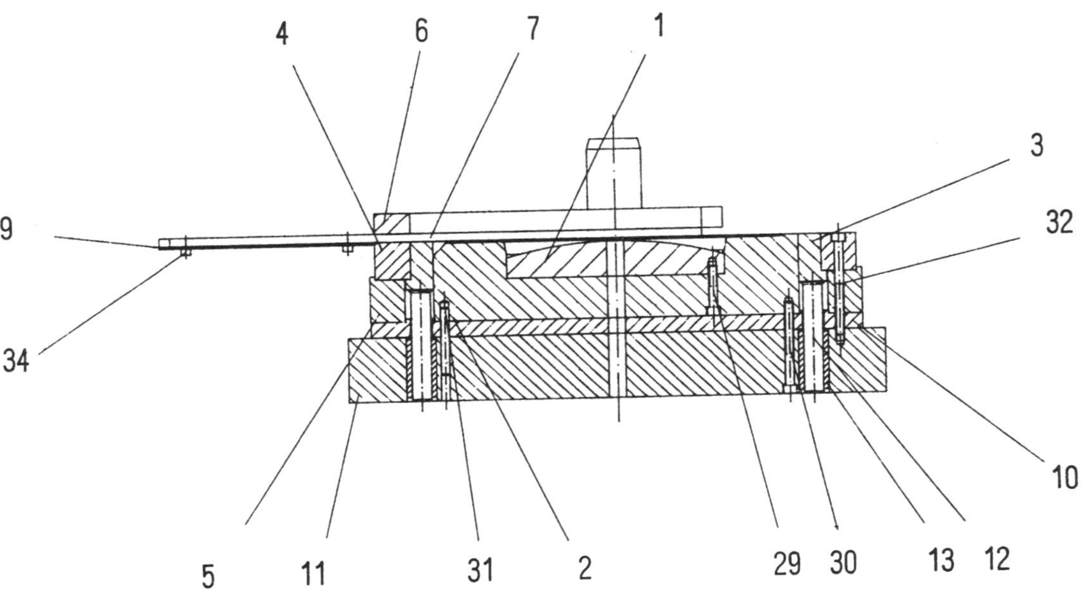

Bild 22: Rechnerunterstützte Konstruktion.
Schneidziehwerkzeug - Unterteil.

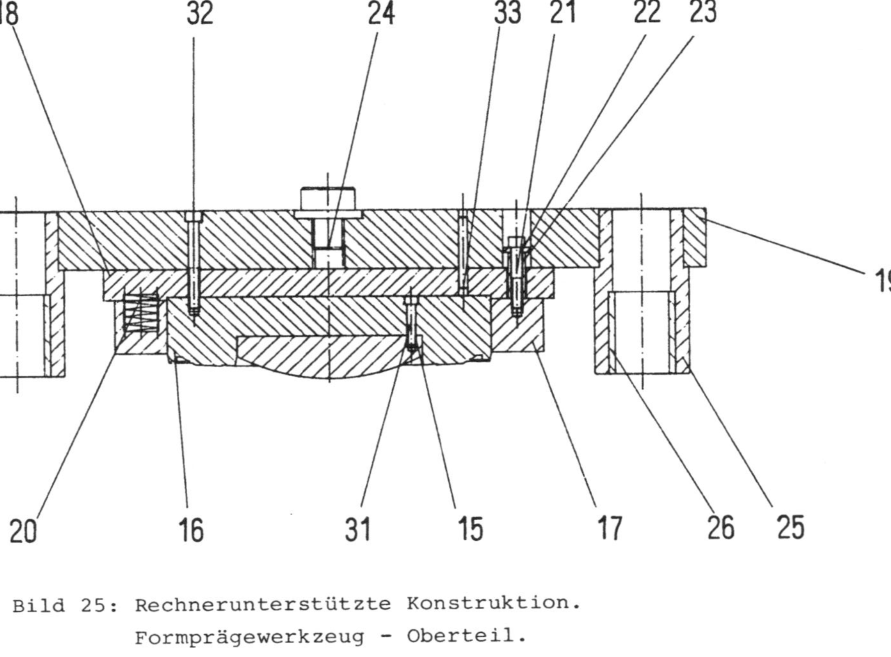

Bild 25: Rechnerunterstützte Konstruktion.
Formprägewerkzeug - Oberteil.

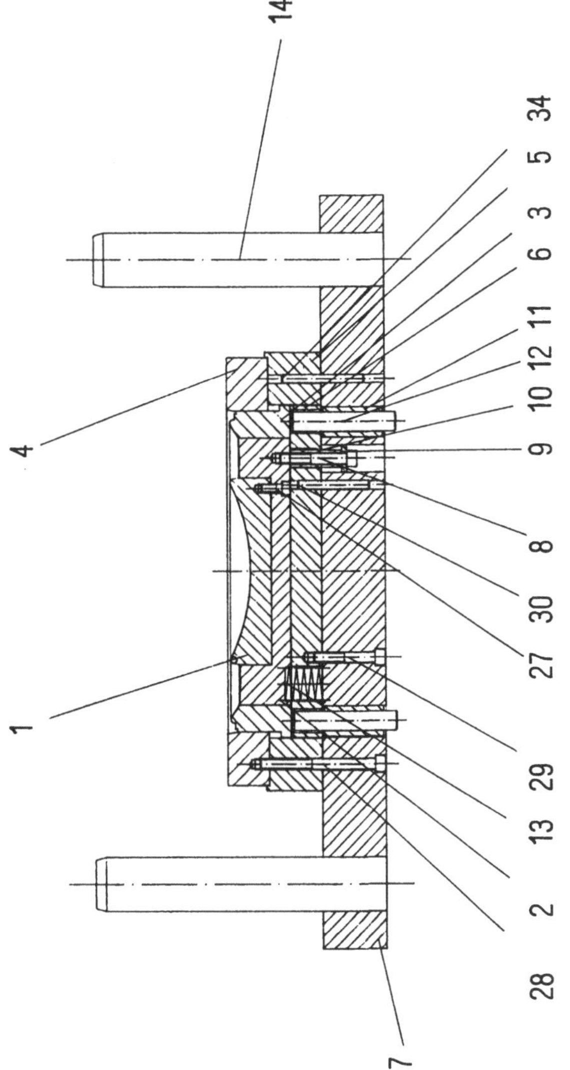

Bild 24: Rechnerunterstützte Konstruktion.
Formprägewerkzeug - Unterteil.

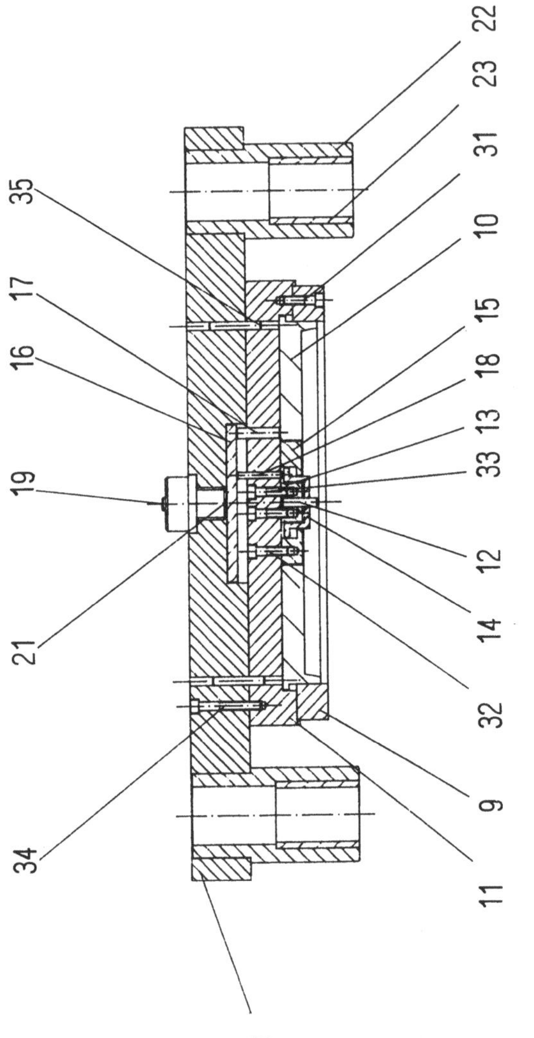

Bild 27: Rechnerunterstützte Konstruktion.
Beschneidewerkzeug - Oberteil.

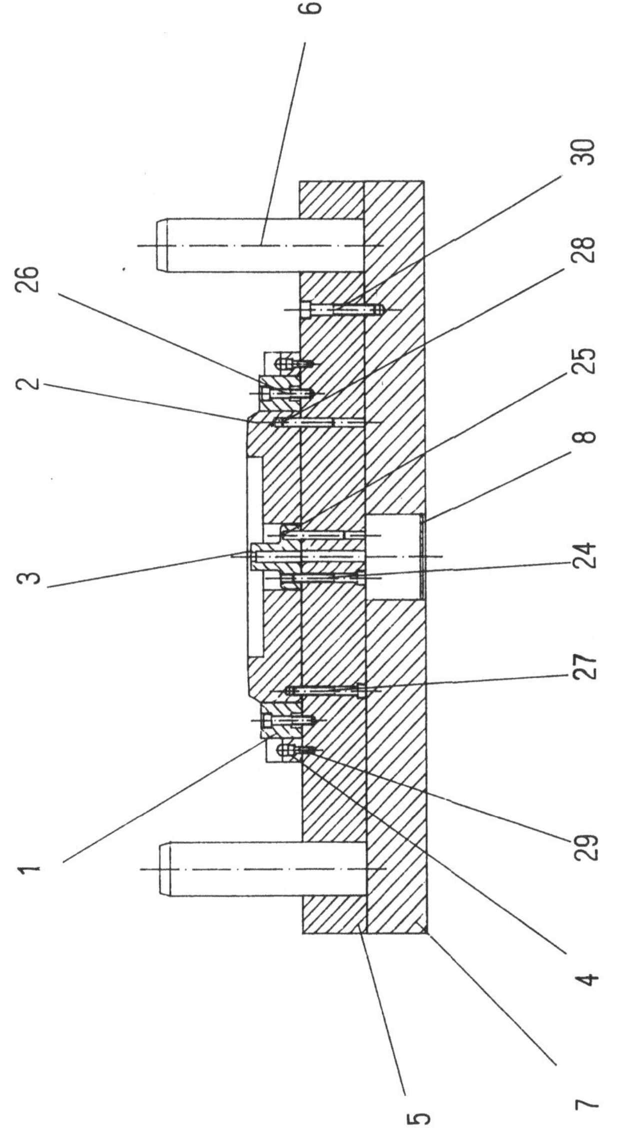

Bild 26: Rechnerunterstützte Konstruktion.
Beschneidewerkzeug - Unterteil.

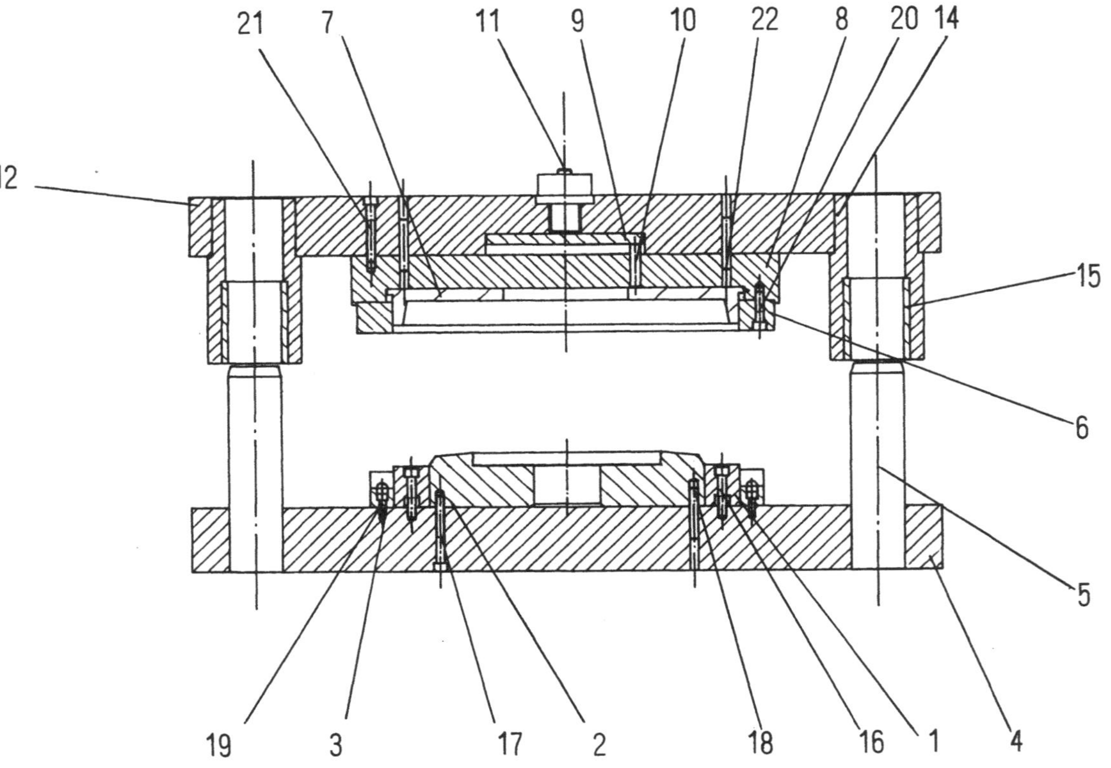

Bild 28: Rechnerunterstützte Konstruktion.
Beschneidewerkzeug.

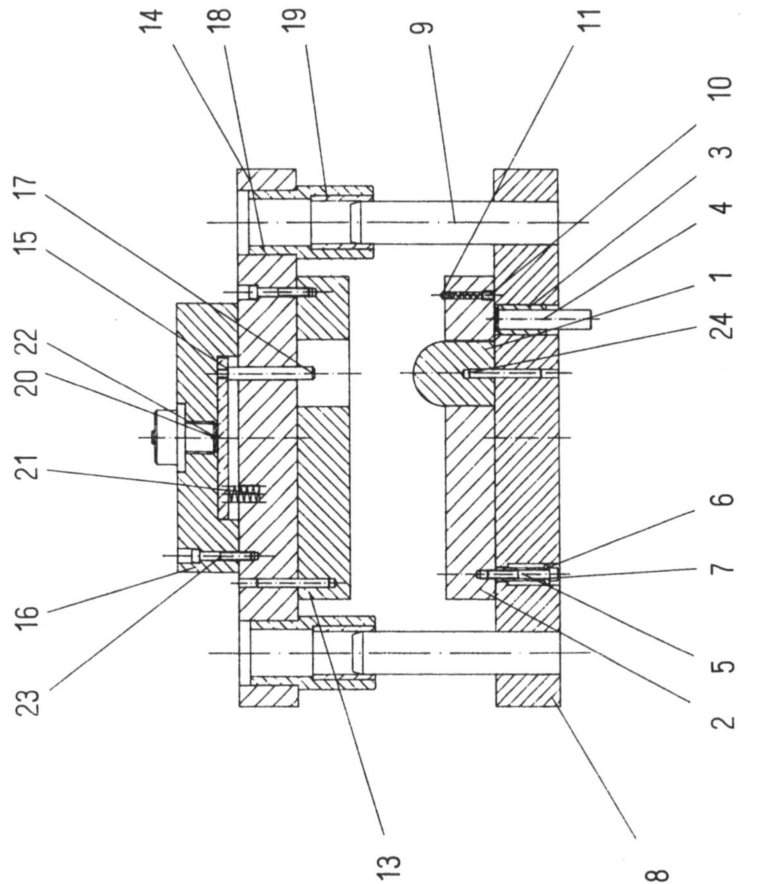

Bild 29: Rechnerunterstützte Konstruktion. Ziehwerkzeug.

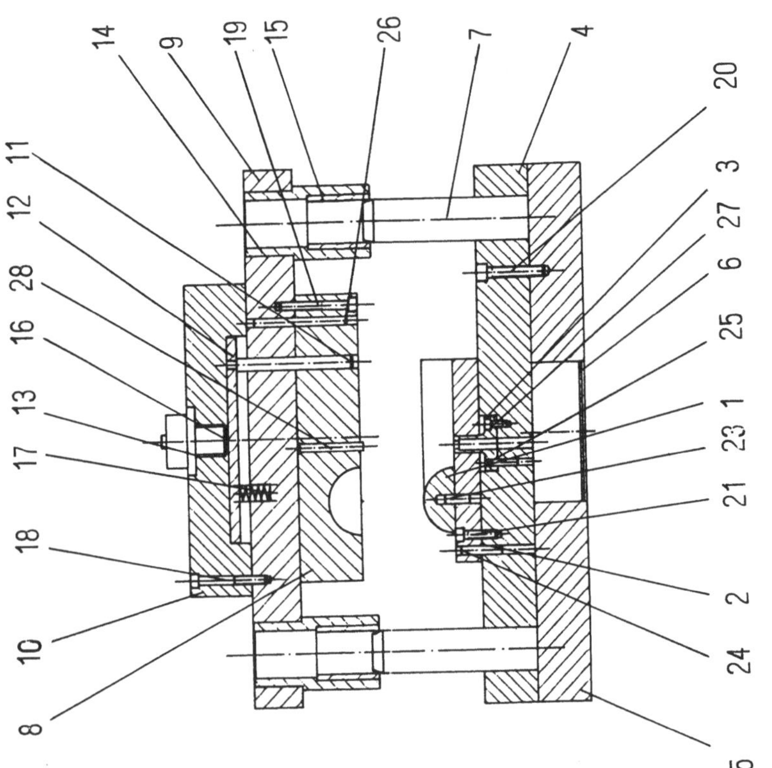

Bild 30: Rechnerunterstützte Konstruktion.
Formprägewerkzeug.

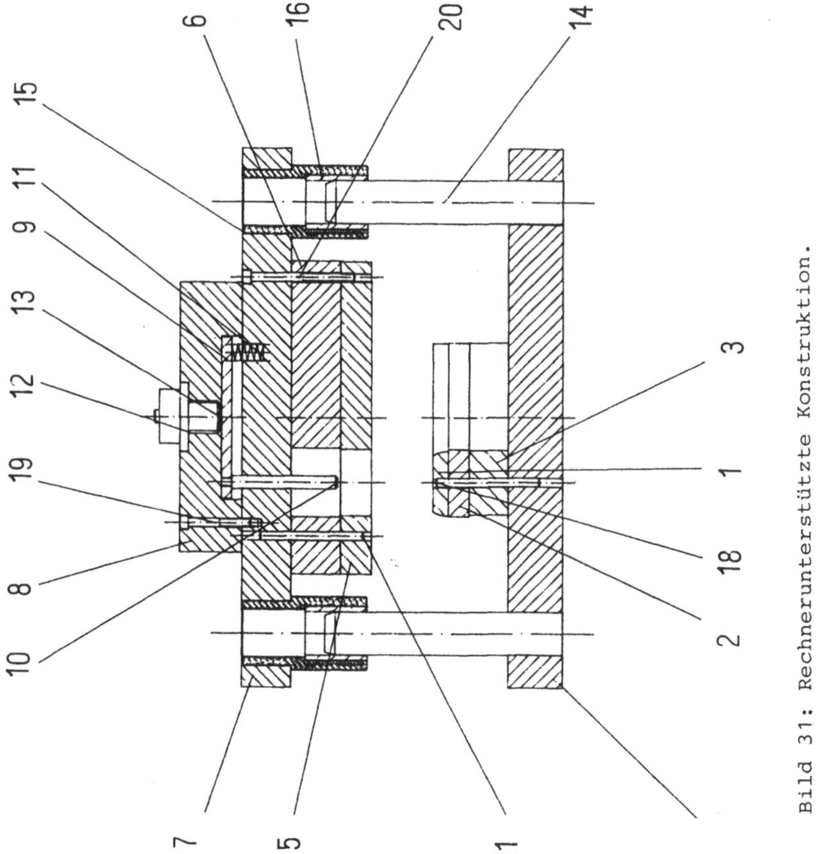

Bild 31: Rechnerunterstützte Konstruktion.
Längsbeschneidewerkzeug.

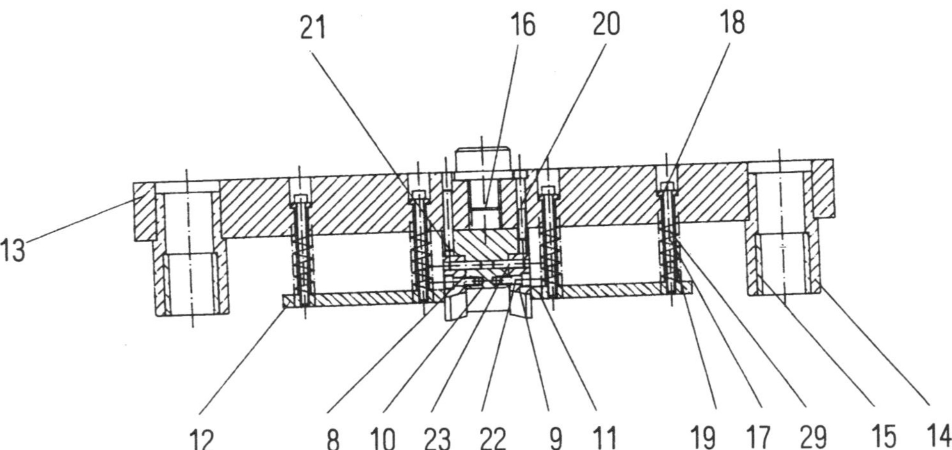

Bild 33: Rechnerunterstützte Konstruktion.
Stirnseitenbeschneidewerkzeug - Oberteil.

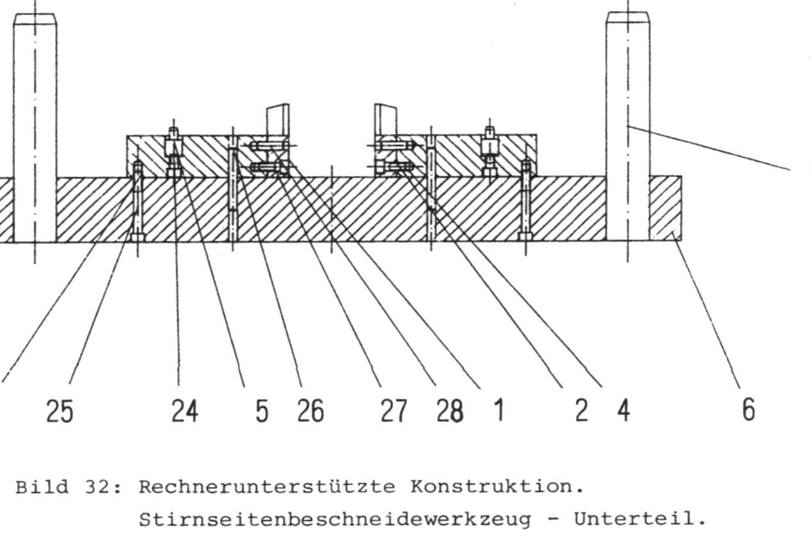

Bild 32: Rechnerunterstützte Konstruktion.
Stirnseitenbeschneidewerkzeug - Unterteil.

- Anwendungsfall 2, Bild 21.

Es sind Werkzeuge für Krümmer zu konstruieren, die von der Blechdicke, dem Durchmesser und dem Krümmungswinkel her variieren. Die Platinen werden auf einer Schlagschere geschnitten und von Hand eingelegt. Als Arbeitsfolge ist vorgesehen:

- Einlegen Platine und Ziehen 1. Zug
- Ziehen 2. Zug und Lochen Zentrierung
- Beschneiden Längsseiten
- Beschneiden Stirnseiten (zwei Teile mit einem Arbeitshub)

Daraus ergeben sich folgende Umformwerkzeuge:

1. Werkzeug: Ziehen, 1. Zug
2. Werkzeug: Ziehen, 2. Zug, Formprägen und Lochen
3. Werkzeug: Beschneiden Längsseiten
4. Werkzeug: Zwei Teile Stirnseiten Beschneiden

Als Umformmaschine ist ebenfalls eine 1600 kN Presse vorzusehen. Die Werkzeuge wurden für vier verschiedene Krümmer rechnerunterstützt konstruiert.

Für beide Anwendungsfälle wurden jeweils werkzeugabhängige Maßberechnungsprogramme erstellt; die rechnerunterstützt angefertigten Werkzeugkonstruktionen sind in Bild 22 bis Bild 33 sowie im Anhang in Bild A 1 bis Bild A 17 dargestellt.

- Weitere Anwendungsfälle

Das System PROREN 1 eignet sich weiterhin zur Konstruktion von Hilfsmitteln bei der Werkzeugfertigung. Als Beispiel hierfür wurde eine Kopierschablone rechnerunterstützt konstruiert. Die Dateneingabe erstreckt sich lediglich auf die Angaben aus der Produktzeichnung; die entsprechenden Maße für die Schablone werden durch ein Maßberechnungsprogramm, das dem Zeichenprogramm vorgeschaltet ist, berechnet. Weiterhin wurde in diesem Fall das Eintragen von Positionsnummern programmtechnisch unterdrückt, Bild A 19. Das Zeichnen von Schaubildern und bestimmter geometrischer Darstellungen ist ebenfalls möglich. Grundbedingung ist jedoch, daß sämtliche Maße auf Grund einer

exakten mathematischen Beschreibung vorgegeben werden. Bei Diagrammen und Schaubildern ist kein automatisches Beschriften möglich, es hat nachträglich manuell zu erfolgen, Bild A 20 und Bild A 21.

5.5 Programm zur Berechnung der Bauteilabmessungen

5.5.1 Grundlagen

Die Erstellung eines Rechenprogrammes zur Bestimmung der einzelnen Abmessungen bei Variationen von Umformwerkzeugen erfordert zunächst die Möglichkeit einer formalen Beschreibung der Konstruktionsobjekte. Ziel dieser Vorgehensweise ist die modellhafte Abbildung der strukturellen Eigenschaften der Originale.

Als ein geeignetes Mittel hierfür hat sich die Graphentechnik bewährt. Unter der Vielzahl der Graphenstrukturen wird für die vorliegende Arbeit die Netzwerkstruktur in gerichteter und ungerichteter Form benutzt, da hiermit eine anschauliche Darstellung der Körperkontakte sowie der Maßbeziehungen untereinander möglich ist.

Ein Graph besteht grundsätzlich aus Knoten und Kanten, Bild 37, wird er in gerichteter Form dargestellt, ist den Kanten durch Pfeile eine Richtung zugewiesen, Bild 38. Definiert man die Knoten als Werkzeugelemente oder als Einzelmaße, so ermöglicht eine Netzwerkstruktur die Darstellung des Werkzeugaufbaues und kann als Grundlage zur Erstellung von Maßberechnungsprogrammen benutzt werden.

Einen weitgehenden Überblick über bereits vorhandene Anwendungsfälle auf diesem Gebiet, einschließlich der notwendigen theoretischen Grundlagen, wird in der Arbeit von Czeranowsky [2] gegeben.

5.5.2 Anwendungsbeispiel der Graphentechnik bei der Maßanalyse an einem Biegewerkzeug

Um die Vorgehensweise an einem im Prinzip einfachen Beispiel zu zeigen, wird eine Analyse eines Biegewerkzeuges vorgenommen. Untersucht wird im Rahmen dieser Problemstellung die

Maßstruktur. Bild 34 zeigt ein aus 14 Teilen bestehendes Biegewerkzeug. Verzichtet man zunächst auf einige Einzelheiten wie Kantenabschrägungen, Radien und dergleichen, so ist das Werkzeug mit 85 Maßen vollständig beschrieben, d. h. auf Grund dieser Maßangaben kann das Werkzeug gefertigt werden, Bild 36. Ausgangspunkt bei der Maßbestimmung von Umformwerkzeugen ist in den meisten Fällen das Roh- bzw. Zwischenformteil und die Geometrie des Fertigteiles. Weitere Randbedingungen sind die Einbauhöhe der Umformmaschine sowie die Auflage- und Spannmöglichkeiten. Ist eine zumindest abschätzende Berechnung der Umformkräfte möglich, so sind diese Werte ebenfalls Parameter, die als gegebene Größen in die Folgemaßberechnung eingehen. Weitere Festmaße können durch allgemeingültige und betriebliche Normen festgelegt sein.

In vorliegendem Beispiel wird davon ausgegangen, daß folgende Maßinformationen gegeben sind:

- Die Abmessungen der Platine und die Fertigmaße des Umformteiles, Bild 35.
- Die Werkzeugeinbauhöhe.
- Die möglichen Abmessungen der unteren und oberen Aufspannplatten in der Umformmaschine.
- Allgemeingültige und betriebliche Normteile wie Platinenzentrierplatten, Zylinderstifte nach DIN 7 sowie Zylinderschrauben mit Innensechskant nach DIN 912 und DIN 6912 [15].

5.5.2.1 Graphentechnische Analyse des Biegewerkzeuges

Will man für diesen Werkzeugtyp ein Zeichenprogramm zur rechnerunterstützten Konstruktion von Varianten erstellen, so müssen eine Zusammenbauzeichnung sowie Detailzeichnungen aller Einzelteile mit einer allgemeinen Bemaßung vorhanden sein. Aufbauend auf diesen Grundlagen sind zunächst die festen Maßeingangsparameter zu definieren. Abhängig von diesen Parametern werden alle Folgemaße durch mathematische Definitionsgleichungen festgelegt. Mit diesen Daten ist es theoretisch möglich, ein Rechenprogramm zur Berechnung sämtlicher Einzelteilmaße zu erstellen. Da aber

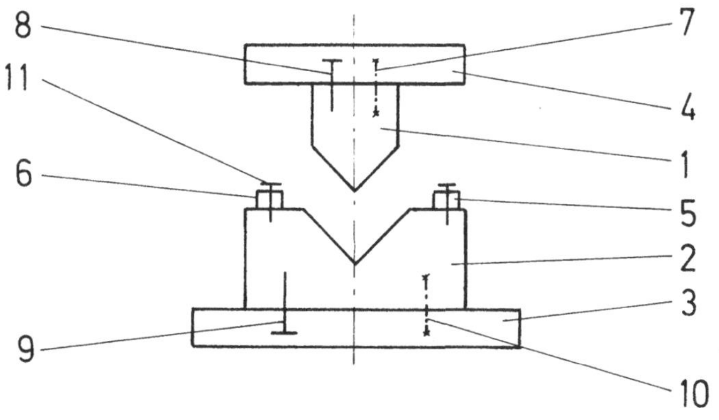

Bild 34: Biegewerkzeug.

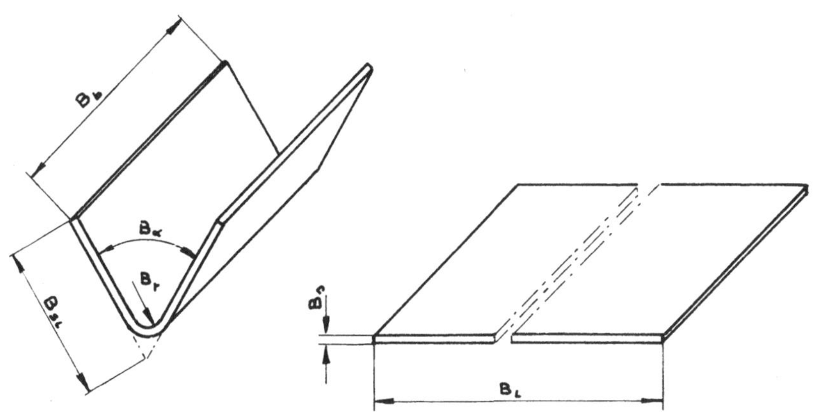

Bild 35: Biegeteil.

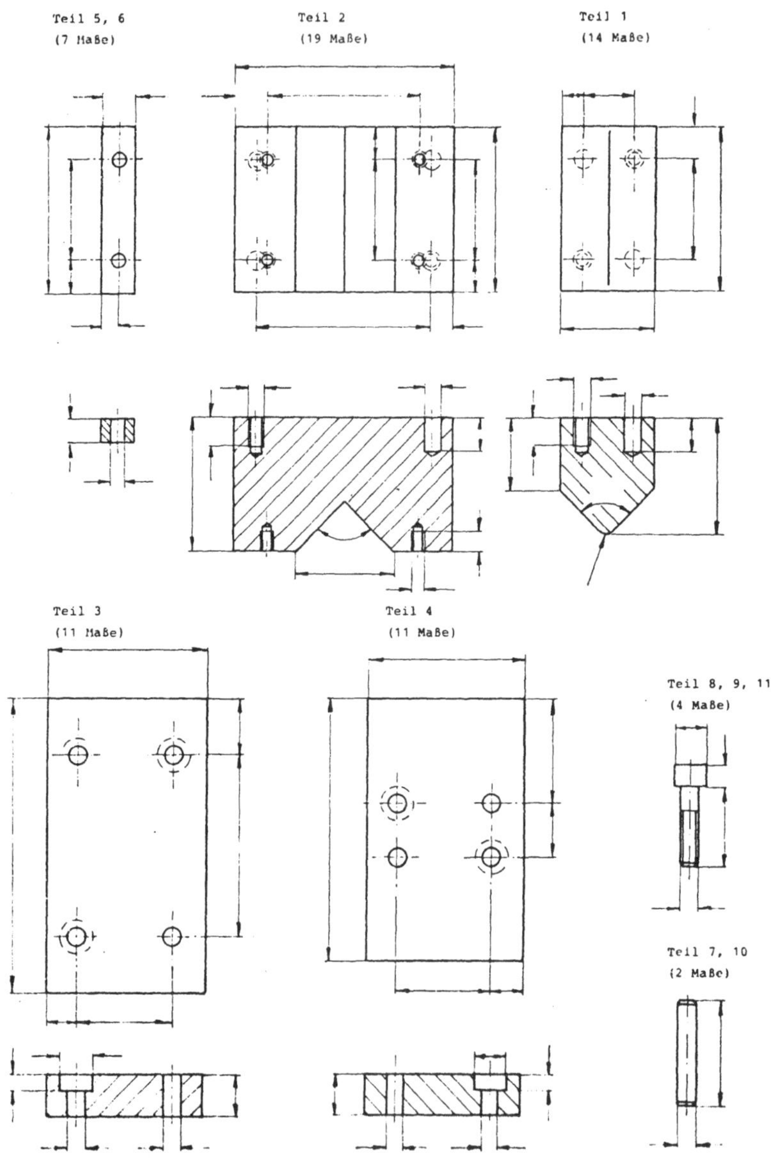

Bild 36: Ermittlung der Maßverknüpfung für ein Biegewerkzeug (Bild 34).

gerade bei Variantenkonstruktionen schnell und ohne großen Aufwand, der besonders bei komplexen Werkzeugen sehr schnell ansteigt, die Folgen von gewissen Parameteränderungen erkannt werden müssen,ist eine Transparenz des Rechenprogrammes notwendig. Hierzu läßt sich die Graphentechnik vorteilhaft anwenden. Ausgehend von einem Teileverbindungsgraphen, Bild 37, ist zunächst ein gerichteter Maßinformationsflußgraph zu erstellen, Bild 38. Hier werden einzelteilorientiert die logischen Zusammenhänge sämtlicher Abmessungen untereinander dargestellt. In vorliegendem Beispiel ist bei der gewählten Bemaßungsstrategie Teil 1 von den Teilen 7 und 8 sowie dem Biegeteil maßlich abhängig, während es selbst einen Einfluß auf Teil 2 ausübt. Zur Erstellung eines Maßberechnungsprogrammes ist eine weitere Auflösung der einzelteilorientierten Darstellung in eine einzelmaßorientierte Darstellung notwendig, die dann die Feinstruktur der Maßzusammenhänge aufzeigt.

5.5.3 Weitere Möglichkeiten der Anwendung der Graphentechnik

Ein komplexeres Beispiel ist in Bild 39 dargestellt, das den Teileverbindungsgraphen des Schneidwerkzeuges, Bild 26 und Bild 27, zeigt. Für dieses Werkzeug sind in Bild 40 die ausgeführten Verknüpfungen bei der Maßberechnung in Form eines gerichteten Graphen sowie in Bild 41 der Kraftfluß beim Schneidvorgang, eingezeichnet in den Teileverbindungsgraphen nach Bild 39, dargestellt. Anhand dieser Bilder können Festigkeitsberechnungen übersichtlich programmiert und überwacht werden. Eine weitere Darstellungsform der maßlichen Beziehungen der Werkzeugteile untereinander ist die Matrixdarstellung in Bild 42.

5.5.4 Erstellung der Maßberechnungsprogramme bei der rechnerunterstützten Konstruktion von Umformwerkzeugen

Die vorangegangenen Ausführungen lassen erkennen, daß die Vorbereitungsarbeiten zur Erstellung von Maßberechnungsprogrammen sehr aufwendig sind. Die Programme selbst sind nur werkzeugbe-

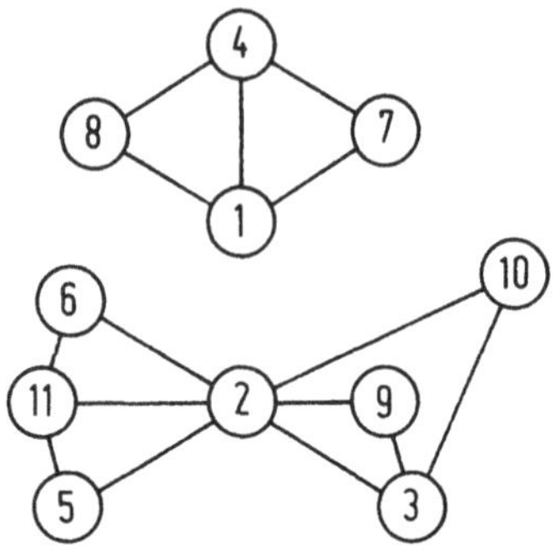

(m,n) Einzelteil m, n (m)—(n) Körperkontakt zwischen m und n

Bild 37: Teileverbindungsgraph des Biegewerkzeuges nach Bild 34.

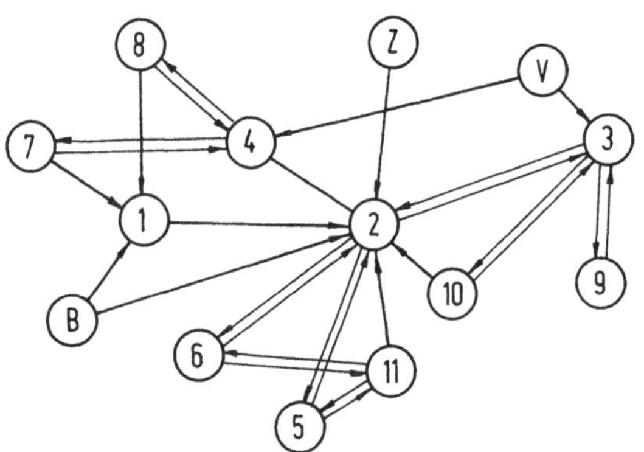

(B) Biegeteil (V) Werkzeugeinspannmaß

(Z) Werkzeugeinbauhöhenmaße (m,n) Einzelteil m, n

Bild 38: Gerichteter Maßinformationsflußgraph des Biegewerkzeuges nach Bild 34.

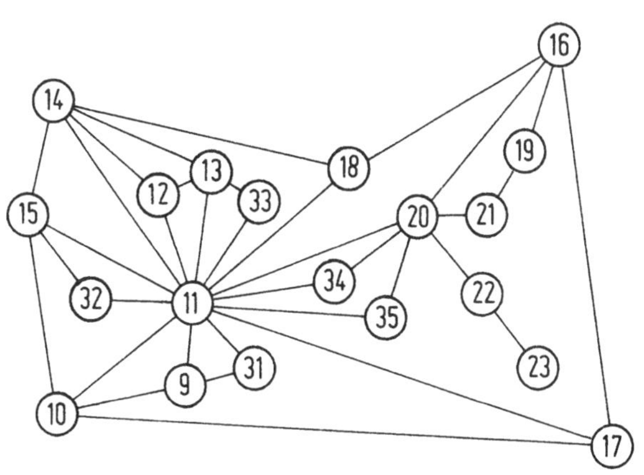

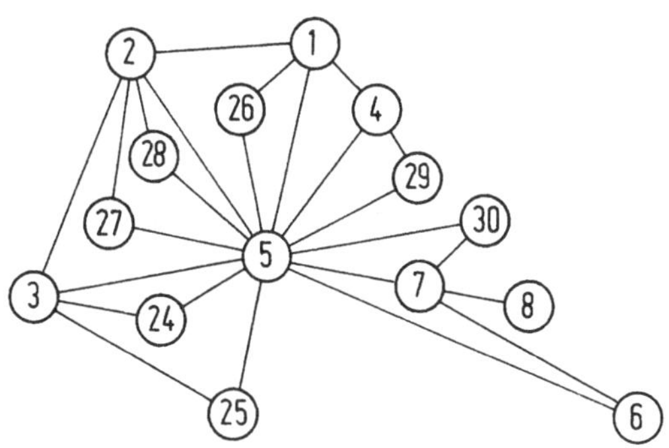

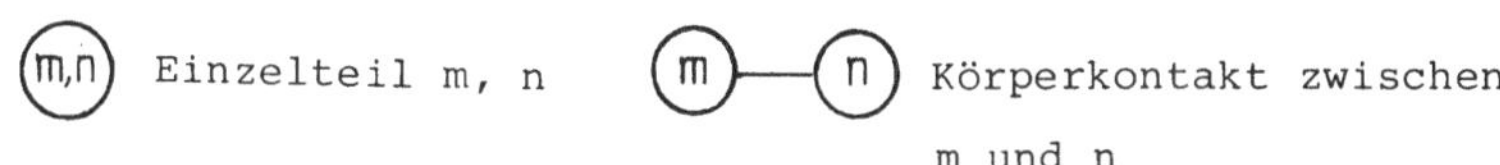

Bild 39: Teileverbindungsgraph des Beschneidewerkzeuges nach Bild 26 und Bild 27.

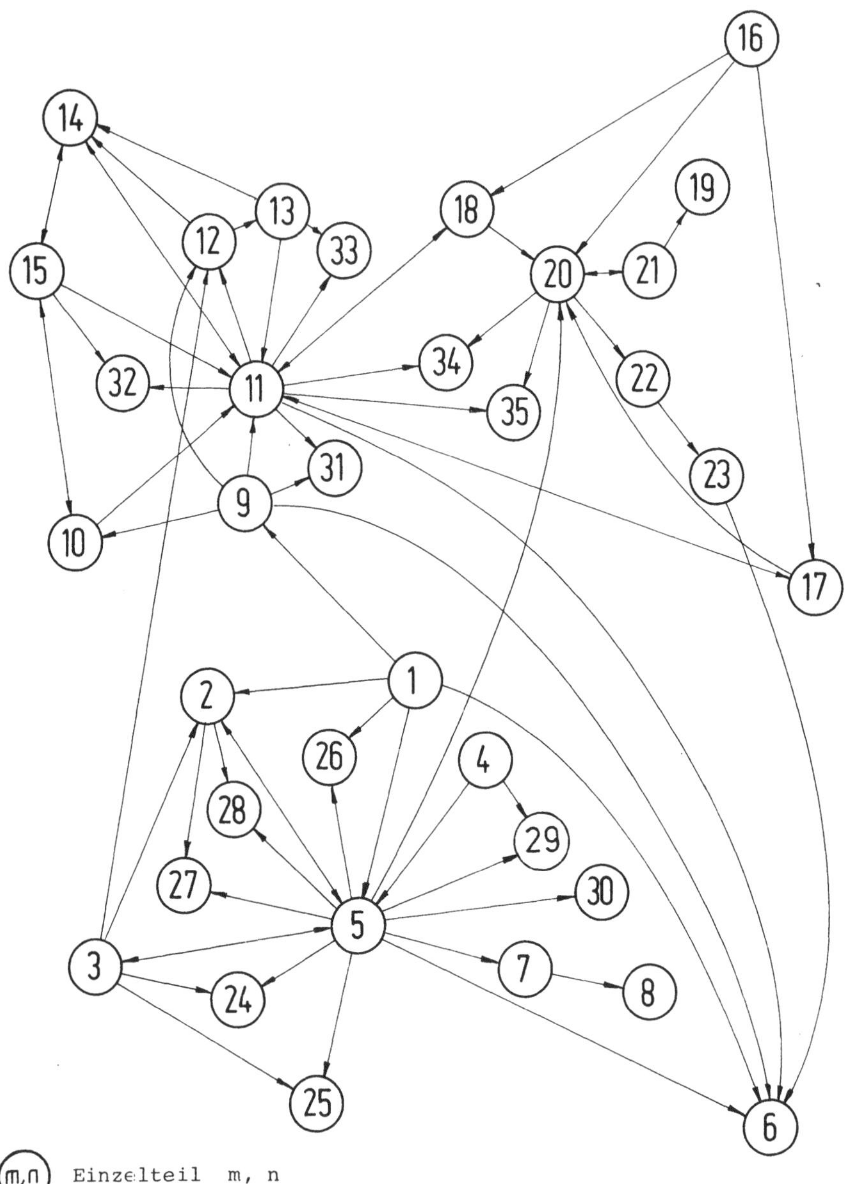

m,n Einzelteil m, n

Bild 40: Gerichteter Maßinformationsflußgraph des Beschneidewerkzeugs nach Bild 26 und Bild 27.

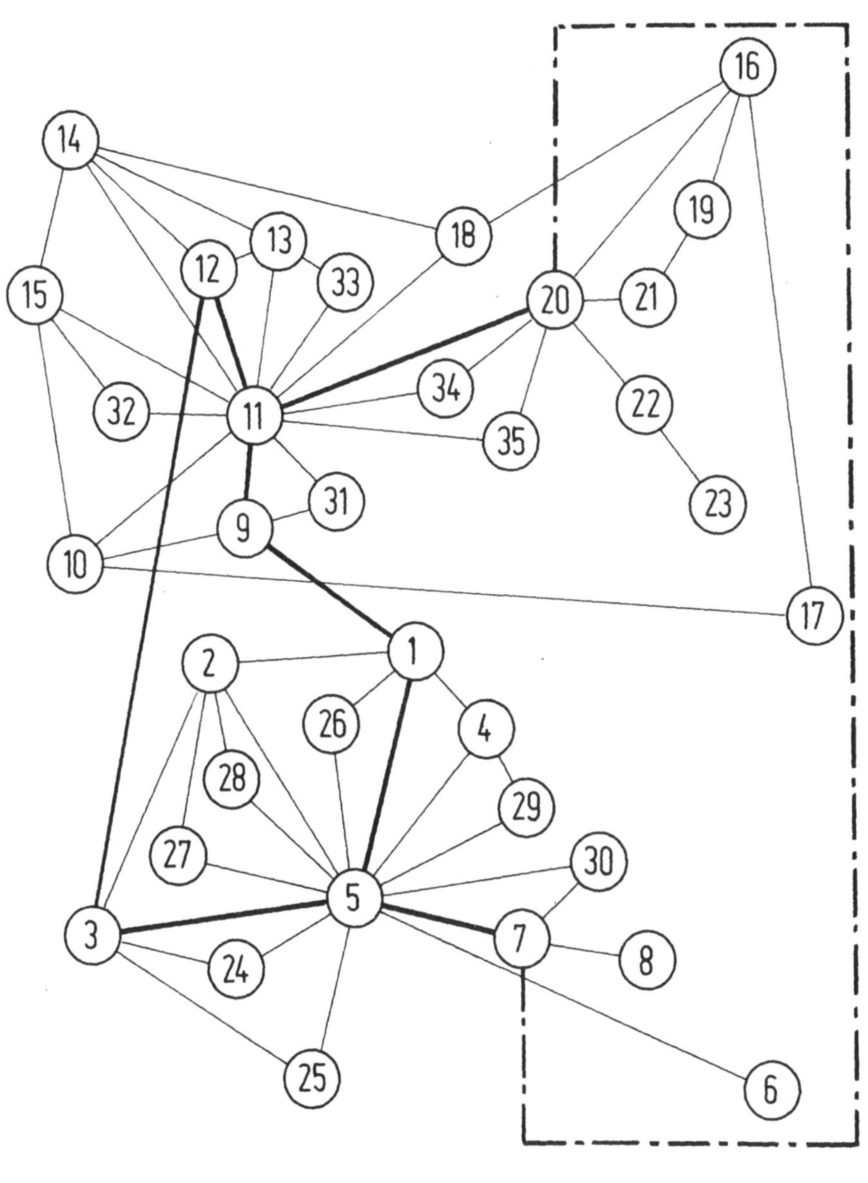

—— innerer Kraftfluß —·— äußerer Kraftfluß

(m,n) Einzelteil m, n (m)—(n) Körperkontakt zwischen m und n

Bild 41: Kraftfluß beim Schneidvorgang, dargestellt im Teileverbindungsgraph nach Bild 39 (Beschneidewerkzeug [illegible] und Bild 37)

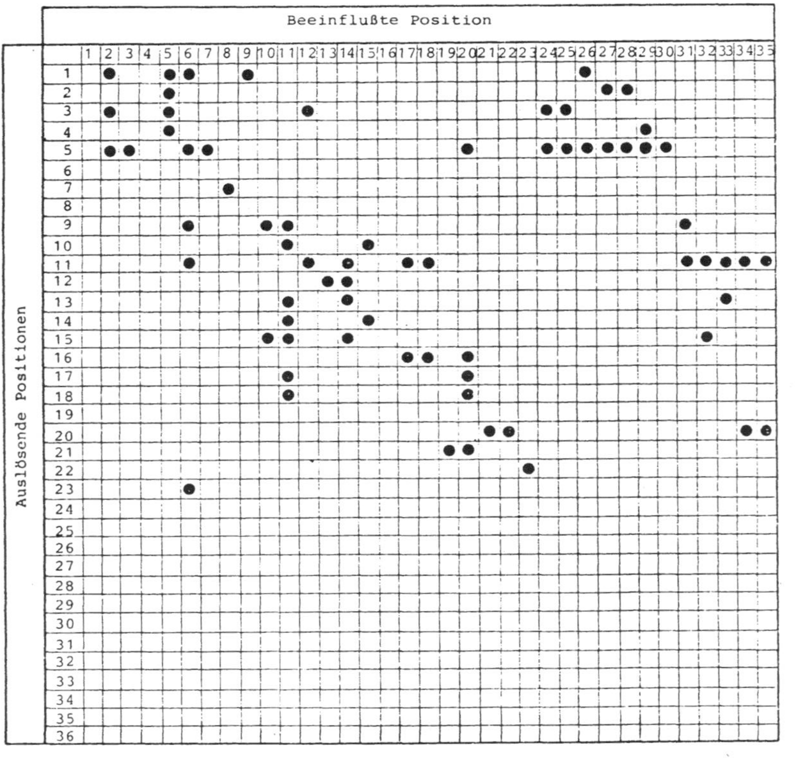

Bild 42: Maßliche Abhängigkeit der ausgeführten Verknüpfungen bei der Maßberechnung des Beschneidewerkzeuges nach Bild 26 und Bild 27 in Matrixdarstellung.

zogen möglich, die Gemeinsamkeit ihrer Struktur läßt sich jedoch durch folgenden Aufbau darstellen:

- Modul mit den fest einzugebenden Daten und Überprüfung auf Vollständigkeit.
- Modul zur Sortierung der Eingabedaten nach vorgegebenen Dimensionsbereichen in Form von Entscheidungstabellen.
- Modul zur Berechnung der geometrischen Maßabhängigkeiten.
- Modul zur Festigkeitsberechnung von Bauteilen und ggf. deren Maßkorrekturen.
- Modul zur Überprüfung der Randbedingungen.
- Modul zum Ausdrucken der Ergebnisse in geeigneter Form oder zur Übertragung der im Zeichenprogramm notwendigen Maßinformationen auf Lochkarten.

Aufbauend auf den in diesem Kapitel erarbeiteten Grundlagen wurde für ein Beschneidewerkzeug ein Maßberechnungsprogramm erstellt und die ermittelten Daten zur rechnerunterstützten Konstruktion verwendet.

5.6 Stücklistenerstellung mit PROREN 1

5.6.1 Grundlagen

Eine Stückliste ist ein Formblatt, in welchem entsprechend ihrem Bestimmungszweck Daten aufgeführt sind, die einerseits die Angaben auf den Konstruktionszeichnungen ergänzen, zum anderen gewisse organisatorische Zwecke zu erfüllen haben. In der Praxis werden im wesentlichen vier Grundtypen von Stücklisten verwendet.

- Übersichtsstücklisten,
- Strukturstücklisten,
- Baukastenstücklisten,
- Variantenstücklisten.

5.6.2 Programmerstellung

Mit PROREN 1 werden zweckentsprechend Übersichtsstücklisten nach DIN 6771 [16] erstellt. Sie beinhalten die Positionsnummern, die Anzahl der jeweiligen Teile, sowie die Benennung, die Sachnummern und eine Spalte für Bemerkungen. Maximal können in den drei letztgenannten Spalten Angaben mit jeweils 20 Zeichen ausgedruckt werden. Die Beschriftung des Stücklistenkopfes kann programmtechnisch so gehandhabt werden, daß ein Beschriften des Vordruckkopfes erfolgt oder nicht. Der Aufruf im Rechenprogramm zur Erstellung der Stückliste ist grundsätzlich zwischen den Aufruf zur Koordinatentransformation und den Aufruf zur Abspeicherung des Einzelteiles zu legen. Er beinhaltet im wesentlichen die Positionsnummer und die Zuordnungsaufrufe der auszudruckenden Texte, die selbst am Ende des Datensatzes eingelesen werden müssen. Weiterhin ist eine Dimensionierung der Felder und ein gesonderter Leseaufruf zu beachten. Der Text und die Anzahl der verwendeten Buchstaben werden als INTEGER-Größen programmiert.

5.6.3 Rechnerunterstützte Werkstoffauswahl

Grundsätzlich werden die in der Umformwerkzeugkonstruktion eingesetzten Stähle nach technischen und wirtschaftlichen Gesichtspunkten ausgewählt. Die wichtigsten geforderten technischen Eigenschaften dieser Stähle sind Verschleißwiderstand, die Warmfestigkeit, die Dauerfestigkeit, die Warmrißempfindlichkeit, die Wärmeleitfähigkeit und die Bearbeitbarkeit. Unter den wirtschaftlichen Gesichtspunkten sollen hier die Beschaffungsmöglichkeiten, die Materialkosten und die Lagerhaltungskosten verstanden werden.

Im Rahmen dieser Arbeit wurde als Beispiel zur Lösung dieser Problemstellung ein Werkstoffauswahlprogramm für Stempel und Matrizen bei Schneidwerkzeugen erstellt. Als Eingangsparameter wurden in Anlehnung an die Arbeit von Krämer [17] die Härte im Einbauzustand, die zu fertigende Losgröße und die zu schneidende Blechdicke gewählt. Bild 43 zeigt den vereinfachten Ablaufplan dieses Programmes.

5.6.4 Rechnerunterstützte Rohmaßberechnung

Die Konstruktionszeichnungen der Einzelteile informieren über die größten Abmessungen der Fertigteile. Die Auswahl der geeigneten Rohteilabmessungen erfolgt in der Regel über die von dem DIN [18] herausgegebenen Normen oder auf Grund betrieblicher Erfahrungswerte. Bei allen Stählen, deren Geometrie durch eine Warmformgebung erzeugt wird und die im Schmiede- oder Walzzustand angeliefert werden, ist bekannterweise eine gewisse spanabhebende Bearbeitung vorzusehen.

Bei der Auswahl der Rohteilabmessungen nach gegebenen Fertigteilmaßen handelt es sich um eine rein schematische Arbeit. Aus diesem Grund wurden vom Verfasser für ein weites Gebiet von Stählen Rechenprogramm entwickelt, die in Anlehnung an die entsprechenden DIN-Normen die entsprechenden Rohteilabmessungen ein-

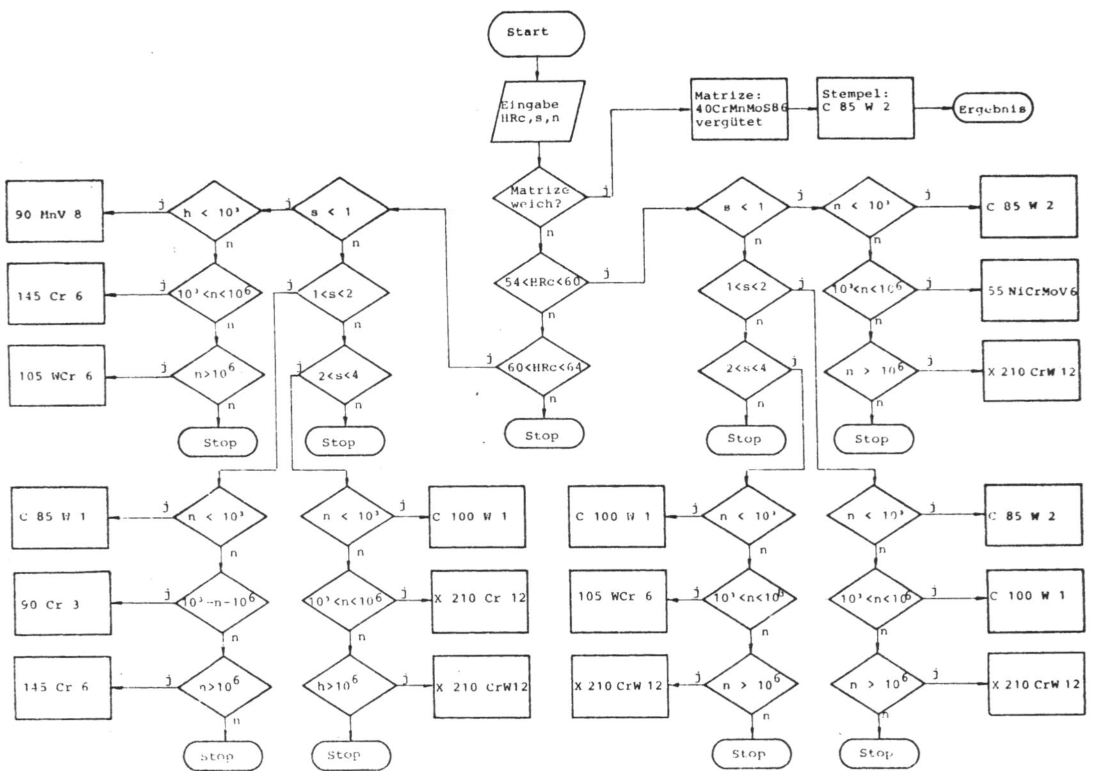

Bild 43: Programmablauf bei einer rechnerunterstützten Werkstoffauswahl.

Stähle / Profile		Werkzeug- und Schnellarbeitsstähle 1.1500 bis 1.1899 1.20[illegible] bis 1.3399	Edelstähle 1.1100 bis 1.1299 1.4000 bis 1.4899 1.3500 bis 1.3999 1.5000 bis 1.8599		Massen- und Qualitätsstähle 1.1000 bis 1.0299 1.0800 bis 1.09[illegible] 1.0300 bis 1.0799		
		Abmessungen	Maßabgrenzungen	zugel. Werkstoffe	DIN-Normen	Ausgabedaten
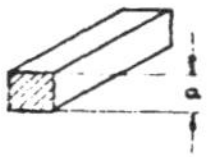 a (Vierkant)	gew.	$5,4 < a < 113$		Werkzeugstähle Edelstähle Massen- u. Qualitätsstähle	DIN 1014	Positionsnummer Werkstoffnummer Rohmaße Rohmaßtoleranzen
	geschn.	$16 < a < 1000$		"	DIN 7527	"
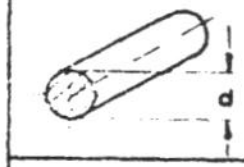 d (Rund)	gew.	$5 < d < 189$			DIN 1013	"
	geschn.	$16 < d < 1000$			DIN 7527	"
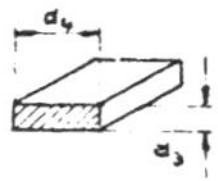 d_3, d_4 (Flach)	gewalzt	$3 < d_3 < 56$ $7,4 < d_4 < 141$			DIN 1017	"
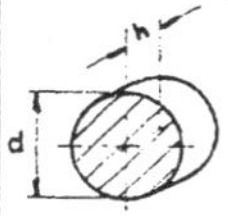 d, h (Scheibe)		$63 < d < 630$ $1 < h < 430$	$0,1\ d_R < h_R < 1,5\ d_R$	Werkzeugstähle $C < 0,9\ \%$ oder $\Sigma L < 4,0\ \%$	DIN 7527	Positionsnummer Werkstoffnummer Roh- und Fertigmaße Rohmaßtoleranzen
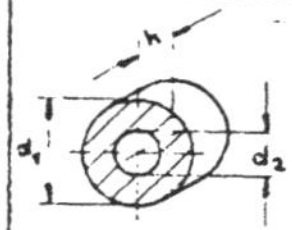 d_1, d_2, h (Ring)		$126 < d_1 < 630$ $49 < d_2 < 237$ $12,6 < h < 630$	$0,1\ d_{1R} < h_R < d_{1R}$ $40 < d_{2R} < 0,3\ d_{1R}$	"	DIN 7527	"

Bild 44: Übersicht über erstellte Rohmaßberechnungsprogramme.

```
POS.NR= 1.     AS 141.* 276.     DIN 7527-1.0112
               TOLERANZ +- 4.2
POS.NR= 2.     BS 342.* 130.     DIN 7527-1.2063
               TOLERANZ +- 5.1
POS.NR= 3.     AS 541.*  83.     DIN 7527-1.2080
               TOLERANZ +- 7.8
POS.NR= 4.     AS 679.* 187.     DIN 7527-1.2416
               TOLERANZ +- 9.8
POS.NR= 5.     BS  87.* 254.     DIN 7527-1.3521
               TOLERANZ +- 1.3
POS.NR= 6.     BS 226.* 503.     DIN 7527-1.1630
               TOLERANZ +- 3.4
POS.NR= 7.     AS  71.*  27.     DIN 7527-1.1530
               TOLERANZ +- 1.4
POS.NR= 8.     AS 767.*  82.     DIN 7527-1.3521
               TOLERANZ +- 7.4
POS.NR= 9.     BS 114.* 424.     DIN 7527-1.0822
               TOLERANZ +- 3.8
```

```
POS.NR= 1.     VIERKANT DIN 1014 -1.1530 - 18. * 43.00
                TOLERANZ +- .50
POS.NR= 2.     VIERKANT DIN 1014 -1.1540 - 80. * 95.50
                TOLERANZ +-1.00
POS.NR= 3.     VIERKANT DIN 1014 -1.1630 - 80. * 65.50
                TOLERANZ +-1.00
POS.NR= 5.     RUND 160. *304.00     DIN 1013 -1.2063
                TOLERANZ +-2.00
POS.NR= 6.     RUND  85. *124.00     DIN 1013 -1.2080
                TOLERANZ +-1.30
POS.NR= 7.     VIERKANT DIN 1014 -1.2416 - 50. *101.50
                TOLERANZ +- .80
POS.NR= 8.     RUND 190. *303.10     DIN 1013 -1.2436
                TOLERANZ +-2.50
POS.NR= 9.     RUND 200. *303.10     DIN 1013 -1.2550
                TOLERANZ +-2.50
```

Bild 45: Ergebnisbeispiele der Rohmaßberechnungsprogramme.

schließlich ihrer zulässigen Toleranzen nach gegebenen Fertigteilabmessungen bestimmen. Bild 44 zeigt eine Aufstellung der realisierten Programme und Bild 45 zeigt einige Ergebnisbeispiele.

6 Fertigungsplanung für den Umformwerkzeugbau

6.1 Aufgaben der Fertigungsplanung

Aufgabe der Fertigungsplanung ist es, im wesentlichen die kosten- und zeitoptimale Fertigungsmethode von Einzelteilen und Baugruppen zu ermitteln und die für die Fertigung notwendigen Organisationspapiere zu erstellen. Dies schließt naturgemäß auch die Planung der Fertigungsstätten mit ein. Weiterhin dienen diese Planungsergebnisse als Grundlage zur Kosten- und Bedarfsplanung.

Ausgangspunkt und Informationsmittel der Fertigungsplanung ist die genaue geometrische Beschreibung der Werkzeuge, der Baugruppen und der Einzelteile mit sämtlichen dazu notwendigen Parametern. Dies sind:

- Teilegeometrie
- Maßangaben
- Maß, Form- und Lagetoleranzen
- Oberflächenrauheit
- Werkstoffe
- Härteangaben für einzelne Flächen oder das ganze Bauteil

Diese Information wird üblicherweise der Planungsabteilung in Form einer Skizze oder einer technischen Zeichnung mit einer Stückliste zur Verfügung gestellt.

6.2 Analyse der einzelnen Planungsstufen

6.2.1 Erfassung der Planungsaufgabe

Der erste und entscheidende Schritt bei der Arbeitsablaufplanung ist die gedankliche Durchdringung der Planungsaufgabe. Die in zweidimensionaler Darstellung beschriebenen Körper sind in ihrer vollen Komplexität zu erfassen und das gesamte technische Gebilde in seiner dreidimensionalen Form klar zu erkennen.

Nach diesem Vorgang ist als Vorbereitung für den nächsten Planungsschritt "Fertigungsmethodenplanung" jedes einzelne Bauteil in geometrisch exakt bestimmte Flächen aufzulösen und zu jeder Fläche die relevanten Begrenzungsflächen zu definieren. Als Ergebnis dieser Planungsstufe sind nun die einzelnen Baugruppen und Bauteile im Vorstellungsvermögen des Planenden derart vorhanden, daß eine Zuordnung zu den verschiedenen Fertigungsverfahren möglich ist. Im Werkzeugbau werden sämtliche Bauteile vorwiegend durch Fertigungsverfahren des Trennens bearbeitet. Aus diesem Grund gelten die weiteren Betrachtungen in diesem Kapitel ausschließlich den Trennverfahren.

Das Umformverfahren "Einsenken" wird zwar für die Herstellung von Prägegesenken in einem gewissen Umfang angewendet, wird aber in zunehmendem Maße durch abtragende Verfahren ersetzt. Für die hier betrachteten Werkzeugarten kommt es jedoch nicht in Betracht.

6.2.2 Fertigungsmethodenplanung

Bei der Fertigungsmethodenplanung werden nun die im ersten Schritt erarbeiteten Flächen den entsprechenden Fertigungsverfahren zugeordnet. Ausgehend von dem Endbearbeitungsverfahren werden die jeweiligen Vorbearbeitungsverfahren mit den entsprechenden Werkstoffzugaben ermittelt. Zu berücksichtigen bei diesem Vorgang sind die begrenzenden Randflächen sowie die gleichzeitig bearbeitbaren Flächen. Weiterhin ist bei notwendigen Stoffeigenschaftsänderungen der beste Zeitpunkt für diesen Vorgang zu ermitteln. Dies bedeutet, daß nach Möglichkeit die Herstellung des Werkzeugelementes durch spanende Verfahren mit geometrisch bestimmten Schneiden abgeschlossen sein sollte und lediglich eine abschließende Fertigbearbeitung einzelner Flächen durch Verfahren mit geometrisch unbestimmten Schneiden oder durch "Abtragen" erforderlich ist.

6.2.2.1 Vorgehensweise bei der Zuordnung der Flächen zu den Fertigungsverfahren

Von W. H. Gres [19] wurde eine Übersicht über die durch Zerspanen herstellbaren Flächen aufgestellt. Danach lassen sich die Flächen geometrisch dadurch erzeugen, indem eine Kurve, die Erzeugende, entlang einer weiteren, im Raume festliegenden Kurve, der Leitkurve, bewegt wird. Die gegenseitige Lage dieser beiden Kurven wird durch ein Führungsgesetz beschrieben. Von Cronjäger [20] wurde dieser Gedanke auf die von den Fertigungseinrichtungen her gegebenen Bewegungsbedingungen übertragen, so daß eine Kennzeichnung der jeweiligen Bewegungsmöglichkeiten eine Flächenerzeugung beschreibbar macht. Genau dieser Vorgang wird von dem Fertigungsplaner gedanklich vollzogen. Aus Erfahrung kennt er von den jeweiligen Fertigungsverfahren die Führungslinien sowie die diesen Verfahren zugeordneten Profilschnitte der trennenden Werkzeuge. Die im vorangegangenen Planungsschritt ermittelten Flächen einschließlich der entsprechenden Parameter werden in Führungslinien aufgelöst, entlang welchen die entsprechenden Profilschnitte zur Flächenbildung geführt werden.

6.2.2.2 Planung der Reihenfolge der Bearbeitungsverfahren

Bestandteil dieser Planungsaufgabe ist die Ermittlung der Arbeitsvorgangsfolgen. Im folgenden sollen die einzelnen Planungsschritte in logischer Reihenfolge entwickelt und aufgezeigt werden.

Grundsätzlich lassen sich alle Werkzeugelemente einer der vier folgenden Gruppen zuordnen:

- Bauteile ohne Gravur und ohne Stoffeigenschaftsänderung,
- Bauteile mit Gravur und ohne Stoffeigenschaftsänderung,
- Bauteile ohne Gravur und mit Stoffeigenschaftsänderung,

- Bauteile mit Gravur und mit Stoffeigenschaftsänderung.

Bauteile ohne Gravur und ohne Stoffeigenschaftsänderung sind Werkzeugelemente, die im wesentlichen für Hilfsfunktionen vorgesehen sind. Beispiele dafür sind Werkzeuggestelle, Zwischenlagen, Einspannzapfen und dergleichen. Ausgehend vom Rohteil werden diese Bauteile über Fertigungszwischenstufen in ihre endgültige Form gebracht.

Bauteile mit Gravur und ohne Stoffeigenschaftsänderung sind Werkzeugelemente, die meistens zur Umformung von geringen Stückzahlen dienen. Sie können aus Grau- und Stahlguß sowie aus Werkzeugstahl gefertigt werden. Ausgehend vom Rohteil wird zunächst eine Fertigungszwischenstufe festgelegt. Danach ist die Entscheidung zu treffen, ob die Gravur noch nicht, teilweise oder voll eingearbeitet wird. Entsprechend dem gewählten Ablauf erfolgt dann die Fertigungsplanung der Restfertigung des Werkzeugelementes.

Analysiert man den Fertigungsablauf für Bauteile ohne Gravur mit einer Stoffeigenschaftsänderung, so ergibt sich hier ebenfalls die Notwendigkeit einer Zwischenstufenfertigung. Danach erfolgt die geeignete und werkstoffabhängige Stoffeigenschaftsänderung. Nahezu in allen vorkommenden Fällen ist ein weiteres Bearbeitungsverfahren zur Fertigformherstellung notwendig. Gründe hierfür sind, daß Funktionsflächen entsprechende Oberflächengüten aufweisen müssen sowie Maß- und Formtoleranzen einzuhalten sind. Beispiele für Teile, die nach dem Verfahren hergestellt werden, sind Führungsleisten, Führungssäulen und dergleichen.

Bauteile, die eine Gravur beinhalten und eine Stoffeigenschaftsänderung wie Härten oder einen Vergütungsprozess erfordern, sind von dem Fertigungsablauf her komplexer Natur. Hier muß, unter Berücksichtigung des Stoffeigenschaftsänderungsverfahrens, zunächst eine geeignete Zwischenstufe des Werkzeugelementes ermittelt werden im Zusammenhang mit einer vollständigen oder teilweisen Gravurfertigung. Danach ist zu entscheiden,

ob die Fertigform des Grundkörpers zuerst hergestellt wird mit anschließender restlicher Gravurfertigung oder ob der umgekehrte Weg wirtschaftlicher ist. Wesentlichen Einfluß auf diese Entscheidung hat hier das Gravurfertigungsverfahren.

In Ausnahmefällen, bei fertigungstechnisch einfach zu realisierenden Gravurformen, kann deren Herstellung auch nach dem Stoffeigenschaftsänderungsverfahren erfolgen.

Entsprechend diesem Fertigungsablauf werden nahezu sämtliche formgebende Elemente eines Werkzeuges hergestellt.

Nachdem der grundsätzliche Fertigungsablauf festgelegt ist, werden für die jeweiligen Fertigungsstufen die alternativen Fertigungsmöglichkeiten ermittelt und bewertet. Als Entscheidungsgrundlage dienen dann vorwiegend Kosten- und Kapazitätsüberlegungen.

6.2.3 Montageplanung

Der Ablauf des Zusammenbaues eines Werkzeuges ist im wesentlichen durch dessen konstruktiven Aufbau festgelegt. Die einzelnen Bauelemente werden zusammengefügt und gegebenenfalls zusammen weiter bearbeitet. Hier gilt ebenfalls das unter Abschnitt 6.2.2 aufgeführte Planungsverfahren. Bei der Montageplanung sind die Fertigungsverfahren der für die Verbindungsteile vorgesehenen Formelemente mit zu berücksichtigen. Als Beispiel hierfür soll kurz auf die Fertigungsproblematik einer Schraubenverbindung eingegangen werden. Dem Planer bieten sich hier im Prinzip drei Lösungen an:

- Zuerst wird die Gewindebohrung gefertigt und die Durchgangsbohrung hiervon abgekörnt. Danach wird diese Bohrung gebohrt und die Schraubenkopfsenkung eingesenkt. Dieses Verfahren wird häufig dann angewandt, wenn das Teil, welches das Gewinde enthält, gehärtet wird und ein Härteverzug möglich ist, Bild 46a.

- Ausgehend von der Schraubendurchgangsbohrung wird die Gewindebohrung abgebohrt. Dies stellt das übliche Fertigungsverfahren dar, Bild 46 b.

- Beide Bohrungen werden gesondert auf einer Fertigungseinrichtung angefertigt. Dieses Verfahren findet dort Anwendung, wo Teile in einem Werkzeug auswechselbar sein müssen. Es handelt sich hierbei in den meisten Fällen um sogenannte Wechselteile. Derartige Werkzeugelemente werden dann eingesetzt, wenn die entsprechenden Werkzeuge Bestandteile einer Produktionslinie sind, die im Falle eines Werkzeugelementeschadens zum Stillstand kommen würde. Der kostenmäßige Mehraufwand zur Herstellung der Werkzeugelemente ist weitaus geringer als die Kosten eines möglichen Stillstandes der Produktionslinie, Bild 46 c.

6.2.4 Arbeitsmittelplanung

Die Aufgabenstellung dieses Planungsschrittes schließt die Zuordnung der ausgewählten Fertigungsverfahren und Werkzeuge zu den entsprechenden Fertigungseinrichtungen ein. Wichtige Parameter sind hier die vorhandenen Hilfsmittel wie Rundtische, Aufspannwinkel, Kopiereinrichtungen, technische Leistungsfähigkeit und nicht zuletzt die geometrischen Abmessungen der Aufspannmöglichkeiten.

Im Laufe dieses Planungsschrittes werden die einzelnen Fertigungsschritte in Form eines Fertigungsplanes festgehalten und jedem Arbeitsgang eine Fertigungseinrichtung im besonderen zugeordnet. Weiterhin werden an dieser Stelle im Fertigungsplan die notwendigen Werkzeuge, Vorrichtungen und Sonderwerkzeuge aufgeführt.

6.2.5 Arbeitsstättenplanung

Nach vorangegangenen Planungsschritten ist nun der Fertigungsort zu bestimmen. Dies ist im wesentlichen von der organisa-

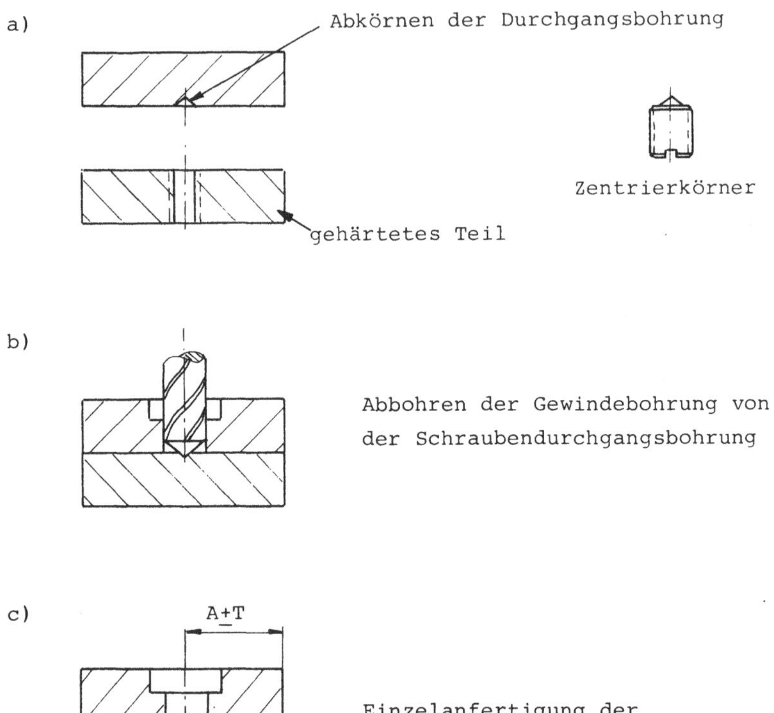

Bild 46 a) bis Bild 46 c): Fertigungsmöglichkeiten für eine Schraubenverbindung.

torischen Struktur des Betriebsmittelbaues abhängig, d. h. in wieweit eine Gliederung der einzelnen Fertigungsstätten besteht oder ob, wie häufig bei kleineren Werkzeugbaubetrieben,alle Maschinen dem Werkzeugbau direkt zugeordnet sind. Auch werden hier Kapazitätsengpässe auf den vorhandenen Fertigungseinrichtungen erkannt, so daß unter Umständen die Bearbeitungsverfahren neu zu planen sind oder auf Arbeitsmittel in Fremdbetrieben ausgewichen werden muß.

6.2.6 Arbeitszeitplanung

In den vorangegangenen Planungsphasen wurden sämtliche fertigungstechnisch notwendigen Daten ermittelt und im Fertigungsplan festgehalten. In diesem Planungsschritt werden die relevanten Fertigungszeiten je Arbeitsgang ermittelt. Im Prinzip ist dieser Vorgang nach den bekannten Regeln nach REFA möglich, in der Praxis kommen jedoch häufiger die ausgewerteten Ergebnisse dieser Rechenvorschriften in Form fertiger Tabellen zur Anwendung. Bei deren Erstellung werden zur Berechnung der Rüst-, Neben- und Hauptzeiten die firmenspezifischen Stückzahlen, die üblicherweise eingesetzten Werkzeugwerkstoffe und die vorhandenen Fertigungshilfsmittel berücksichtigt. Die Darstellung der Zeitwerte erfolgt sinnvollerweise in Abhängigkeit von den Fertigungsverfahren, den Bearbeitungsabmessungen, den Zerspanungsvolumina sowie den geplanten Oberflächenqualitäten.

6.2.7 Arbeitskostenplanung

Nachdem nun Fertigungsverfahren und Fertigungszeiten ermittelt sind, können die gesamten im Unternehmen anfallenden Werkzeugkosten ermittelt werden. Diese setzen sich aus den Material-, Fertigungs, Arbeitsmittel- und Gemeinkosten zusammen. Diese Daten dienen zur Kontrolle der Betriebsmittelvorplanung, zur Kostenabrechnung und bilden eine Basis für konstruktive und fertigungstechnische Rationalisierungsansätze.

6.2.8 Bedarfsplanung

Aus der Summe der bearbeiteten Vorgänge lassen sich statistische Werte ermitteln, die eine Materialbedarfsplanung, eine Arbeitskräfteplanung sowie eine Arbeitsmittelplanung ermöglichen.

Nach Beendigung sämtlicher Planungsabschnitte werden die auftragsbezogenen Unterlagen an die Betriebsmittelfertigung, an die Terminleitstelle, an die Werkstofflager sowie an weiter unternehmensspezifische Planungs- und Funktionsabteilungen weitergegeben. Dieser Vorgang bildet im allgemeinen den Abschluß der manuellen Fertigungsplanung.

Mit dem Ziel, abschließend eine Aussage über den Zeitbedarf bei den einzelnen Planungstätigkeiten machen zu können und somit Ansatzpunkte für Rationalisierungsvorhaben aufzeigen zu können, wurden über einen längeren Zeitraum Zeitanalysen durch Selbstaufschriebe erstellt. Es ergaben sich folgende Prozentsätze:

- Erfassen der Planungsaufgabe, Fertigungs- und Montageplanung	44 %
- Arbeitsmittelplanung	7 %
- Arbeitsstättenplanung	4 %
- Arbeitszeitplanung	38 %
- Arbeitskostenplanung	2 %
- Bedarfsplanung	5 %

Auf Grund dieser Ergebnisse kann festgestellt werden, daß bei einer Rationalisierung der Planungstätigkeiten zunächst die Fertigungs- und Montageplanung sowie die Arbeitszeitplanung zu bearbeiten sind, während die übrigen Planungsverfahren einen geringen Einfluß auf den Zeit- bzw. Kostenaufwand ausüben.

7 Fertigungsplanungsmodelle für Umformwerkzeugelemente

Innerhalb der Fertigungsplanung sind bereits Programme zur Berechnung der Zeiten, Schnittwerte, Werkzeuge und Arbeitsoperationen bekannt. Zur Bestimmung der vorgelagerten Planungsschritte sind jedoch nur wenige Untersuchungen bis heute veröffentlicht.

Graalmann [21] hat dieses Problem grundsätzlich untersucht und allgemein gültige Grundlagen erstellt. Er kommt zu dem Ergebnis, daß auf Grund eines Fertigungsvorschlages eine grobe Arbeitsvorgangsfolge zu erstellen ist, danach erfolgen eine detaillierte Zuordnung mit Kontrolle der ermittelten Arbeitsvorgangsfolgen und gegebenenfalls Korrekturmaßnahmen. Als weiteres Beispiel sei hier das System AUTAP [22] genannt, das zur automatischen Arbeitsplanerstellung für Rotationsteile erstellt wurde. Dieses Programm wurde in Modulbauweise erstellt, wobei streng auf eine Trennung der betriebsneutralen und betriebsspezifischen Bausteine geachtet wurde. Das System ermittelt für obengenanntes Spektrum die Arbeitsvorgangsfolgen und bestimmt die relevanten Arbeitsvorgangsdaten.

Aufbauend auf den von Graalmann gemachten Aussagen werden in diesem Kapitel Ablaufverfahren zur Fertigungsplanung von Umformwerkzeugelementen vorgestellt, auf deren Grundlagen mittels bestehender oder noch zu erarbeitender Arbeitsplanerstellungskonzepte die einzelnen Fertigungsaufgaben behandelt werden können.

Im einzelnen erfolgt die Entwicklung der Ablaufverfahren entsprechend der in Abschnitt 6.2.2.2 aufgezeigten Systematik der Werkzeugelementegruppierung. Dabei entsprechen die Fertigungsverfahren den Definitionen nach DIN 8580 [23] und beinhalten Urformen, Umformen, Trennen und Stoffeigenschaftsänderungen. In den konkreten Fällen ist hier unter "Urformen" im wesentlichen Gießen, unter "Umformen" Schmieden und Einsenken, unter "Trennen" Drehen, Bohren, Fräsen, Hobeln, Sägen, Feilen, Schleifen und unter "Stoffeigenschaftsänderungen" Härten und Vergüten zu verstehen. Um jedoch allgemeingültige Aussagen zu ermöglichen, wird bei den weiteren Ausführungen bei den entsprechenden Oberbegriffen geblieben.

Ausgangspunkt bei jedem der beschriebenen Planungsverfahren ist eine im mathematischen Sinne exakte Beschreibung bzw. Angabe der einzelnen Flächen, deren Oberflächengüten, der zulässigen Maß-, Form- und Lagetoleranzen, der Stückzahlen, der gesetzten Termine, der vorgesehenen Stoffeigenschaftsänderungen sowie der eingesetzten Werkstoffe. Die Angabe der Termine ist bei einer solchen Programmentwicklung als gerechtfertigt anzunehmen, da diese bei Kapazitätsüberlegungen mit zu berücksichtigen sind. Für die gewählten Fertigungsverfahren Trennen, Umformen und Urformen müssen zunächst für eine sinnvolle Zuordnung innerhalb der einzelnen Verfahren die jeweils verfahrenscharakteristischen Anforderungen sowie die verfahrensrelevanten Fertigungsparameter erstellt werden. Daraus hat dann eine Definition sämtlicher Möglichkeiten der einzelnen Fertigungsverfahren innerhalb einer Fertigungsverfahrensgruppe zu erfolgen. Unter den verfahrensrelevanten Fertigungsparametern soll hier der gesamte Komplex eines Fertigungsverfahrens verstanden werden. Dieser schließt die maschinellen Möglichkeiten, die notwendigen Werkzeuge und sämtliche allgemein bekannten Hilfseinrichtungen bei einem Fertigungsverfahren ein. Ebenso sind hier die erzielbaren Genauigkeiten und Oberflächengüten anzuordnen.

7.1 Werkzeugelemente ohne Gravur und ohne Stoffeigenschaftsänderung

Den Planungsablauf eines derartigen Werkzeugelementes zeigt Bild 47. Es handelt sich hier in den überwiegenden Fällen um fertigungstechnisch einfache Bauteile.

Nach einer umfassenden Beschreibung des zu fertigenden Teiles ist die Entscheidung zu treffen, ob ein gewisses Verfahren bevorzugt gerechnet oder ob das Fertigungsverfahren durch einen iterativen Rechenprozess bestimmt werden soll. Anschließend ist für die jeweiligen Verfahren ein Rohteil zu generieren, dabei müssen die erzielbaren Toleranzen und Oberflächengüten der Rohteilfertigungsmöglichkeiten mit der Fertigteilgeometrie verglichen werden. Auf Grund dieser Ergebnisse werden anschließend die noch spanend zu bearbeitenden Flächen festge-

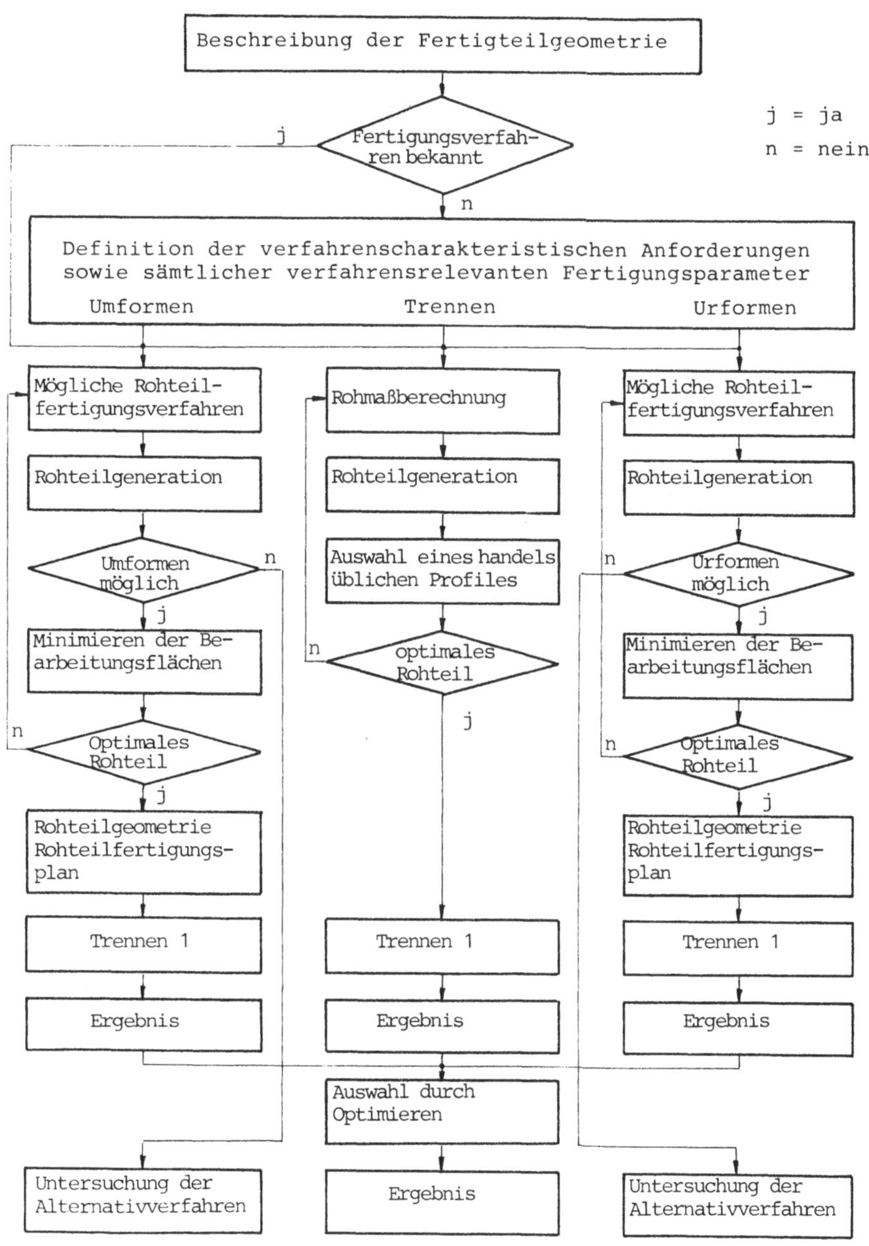

Bild 47: Planungsablauf für ein Werkzeugelement ohne Gravur und ohne Stoffeigenschaftsänderung.

(Trennen 1 siehe Ablaufmodell in Bild A 22).

legt und diesen entsprechend den relevanten DIN-Normen die Bearbeitungszugaben überlagert. Daraus ergibt sich ein Rohteilkörper, dessen Fertigung mit den entsprechenden Verfahrensmöglichkeiten abzustimmen ist.

7.1.1 Rohteilfertigung aus handelsüblichen Profilen und Fertigteilherstellung durch Trennen

Rohteile aus handelsüblichen Profilen haben im wesentlichen Rund-, Vierkant-, Flach- oder ähnliche Querschnittsformen.

Die Herstellung der benötigten Rohteillängen geschieht in den meisten Fällen durch Sägen und Abstechen, in einigen wenigen Fällen durch Quetschen. Das Sägen erfolgt entsprechend den Stückzahlen und den Werkstoffen mit Bügelsägemaschinen, ferner bei größeren Mengen mit Kreissägen. Bei runden Profilen können Drehmaschinen zum Trennen verwendet werden.

Bei der Fertigteilherstellung sind, ausgehend vom Rohteil und unter Berücksichtigung aller weiterer Fertigungsinformationen, die einzelnen Körperflächen den jeweiligen Fertigungsverfahren zuzuordnen. Gleichzeitig ist zu überprüfen, inwieweit diese Fertigungsverfahren die jeweils geforderten Oberflächengüten erzeugen können, welche Vorbearbeitungsstufen notwendig sind und welche Flächen in einem Arbeitsgang zusammengefertigt werden können. Dieser Prozess ist verbunden mit einer stufenweisen Anpassung der Roh- bzw. Restrohteilflächen.

Als Ergebnis dieser einzelnen Planungsschritte stehen dann Informationen bereit, die eine optimale Fertigung sicherstellen und gleichzeitig eine Kosten- und Terminberechnung beinhalten. Wesentlicher Bestandteil der ermittelten Daten sind die Fertigungsreihenfolgen, die Haupt- und Nebenzeiten sowie die Fertigungseinrichtungen. Anschließend wird das Planungsergebnis einem Optimierungsverfahren zur Verfügung gestellt, welches gegebenenfalls, ausgehend von den alternativen Rohteilfertigungsverfahren, die Fertigungsverfahrensvarianten miteinander vergleicht.

7.1.2 Rohteilfertigung durch Umformen und Fertigteilherstellung durch Trennen

Bei Rohteilen, die nicht handelsüblich sind, die nicht durch Trennen von der Stange dem Werkzeugbau zur Weiterbearbeitung zur Verfügung gestellt werden können, kommt das Verfahren Umformen zur Anwendung. Es handelt sich hier in den meisten Fällen um großflächige Teile, die für Hilfsfunktionen im Werkzeug vorgesehen sind. Als Beispiele sollen hier große Platten, die bestimmte Kräfte auszunehmen haben oder Ringe, die als Unterbau bei Stufenpressen-Werkzeugen dienen, genannt werden. Die Fertigbearbeitung geschieht im Prinzip wie unter Abschnitt 7.1.1 geschildert.

7.1.3 Rohteilfertigung durch Urformen und Fertigteilherstellung durch Trennen

Auch hier handelt es sich um Fälle, bei denen die Rohteilbereitstellung nicht mit handelsüblichen Profilen möglich ist. Dieses Verfahren ist relativ teuer und zeitaufwendig, da hier eine Modellerstellung notwendig ist. Es findet deshalb häufig dort Anwendung, wo bei verschiedenen Werkzeugen gleiche Bauteile eingesetzt werden können und somit eine günstigere Kostenstruktur ermöglichen. Als Beispiel sollen hier Säulenführungsgestelle genannt werden. Als weiteres Merkmal dieser Rohteile hat sich ergeben, daß bei kleineren und mittleren Werkzeugrößen diese Teile in bezug auf ihre gesamte Oberfläche relativ wenig Bearbeitung erfahren. Die Fertigteilbearbeitung erfolgt wie unter Abschnitt 7.1.1 beschrieben.

7.1.4 Zusammenfassung

Im Prinzip ergeben sich für diese Bauteile folgende Fertigungsmöglichkeiten:

Tabelle 1 : Fertigungsmöglichkeiten für Werkzeugelemente ohne Gravur und ohne Stoffeigenschaftsänderung.

Rohteilherstellung	Fertigteilherstellung
Handelsübliche Profile	Trennen
Umformen	Trennen
Urformen	Trennen

Theoretisch sind auch Lösungen denkbar, bei denen die Rohteile nicht mehr bearbeitet werden. Diese Fälle treten jedoch nur bei handelsüblichen Rohteilen auf. Diese werden dann bei Montagevorgängen durch Fügen mit anderen Bauteilen verbunden.

7.2 Werkzeugelemente mit Gravur und ohne Stoffeigenschaftsänderung

Bild 48 zeigt den logischen Ablauf der einzelnen Planungsschritte zur Fertigung eines derartigen Bauteiles. Diese werden vorwiegend für Umformwerkzeuge für kleinere Stückzahlen sowie zur Musterfertigung benötigt.

Dieser Planungsvorgang wurde fertigungsablaufbedingt in zwei Phasen aufgeteilt. Die Gravurfertigung und die Grundkörperfertigung sind zunächst getrennt zu planen, um dann in einem iterativen Prozess abgeglichen zu werden. Die Fertigungsplanung für den Grundkörper erfolgt analog zu den einzelnen Planungsschritten wie unter Abschnitt 7.1 geschildert. Bei der Planung der Gravurfertigung sind die jeweiligen Fertigungsverfahren auf ihre Durchführbarkeit zu überprüfen und zu analysieren, inwieweit gewisse Vorformen erzeugt werden können. Die Planung für die jeweiligen Trennverfahren unterscheiden sich hier von den unter 7.1 geschilderten Schritten dadurch, daß die Gravurfertigung gewisse fertigungstechnische Vorbedingungen erfordert, die hier zusätzlich zu berücksichtigen sind.

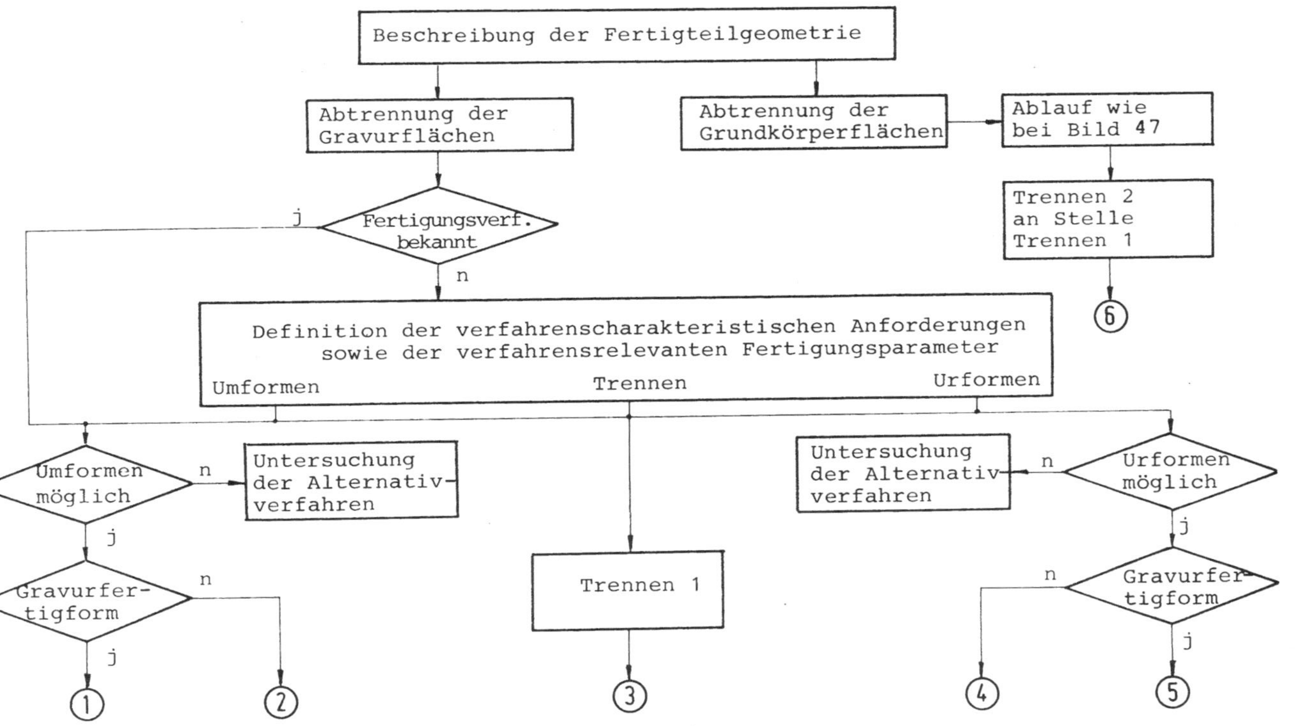

Bild 48 a) und 48 b): Planungsablauf für ein Werkzeugelement mit Gravur und ohne Stoffeigenschaftsänderung. j = ja n = nein
(Trennen 1 siehe Ablaufmodell in Bild A 22 und Trennen 2 siehe Ablaufmodell in Bild A 23).

1
2
3
4
5
6
Berechnung der umform- techn.Daten
Berechnung der ferti- gungst.Daten
Gravurroh- teilgenera- tion
Minimieren der Bearbei- tungsflächen
Optimales Rohteil
n
j
Rohteilgeo- metrie,Rohteil fertigungsplan
Trennen 1
Ergebnis
Gravurrohteil generation
Minimieren der Bearbei- tungsflächen
Optimales Rohteil
Rohteilgeometrie Rohteilferti- gungsplan
Berechnung der urformtech- nischen Daten
Berechnung der fertigungs- techn. Daten
Auswahl durch Optimieren
j = ja
n = nein

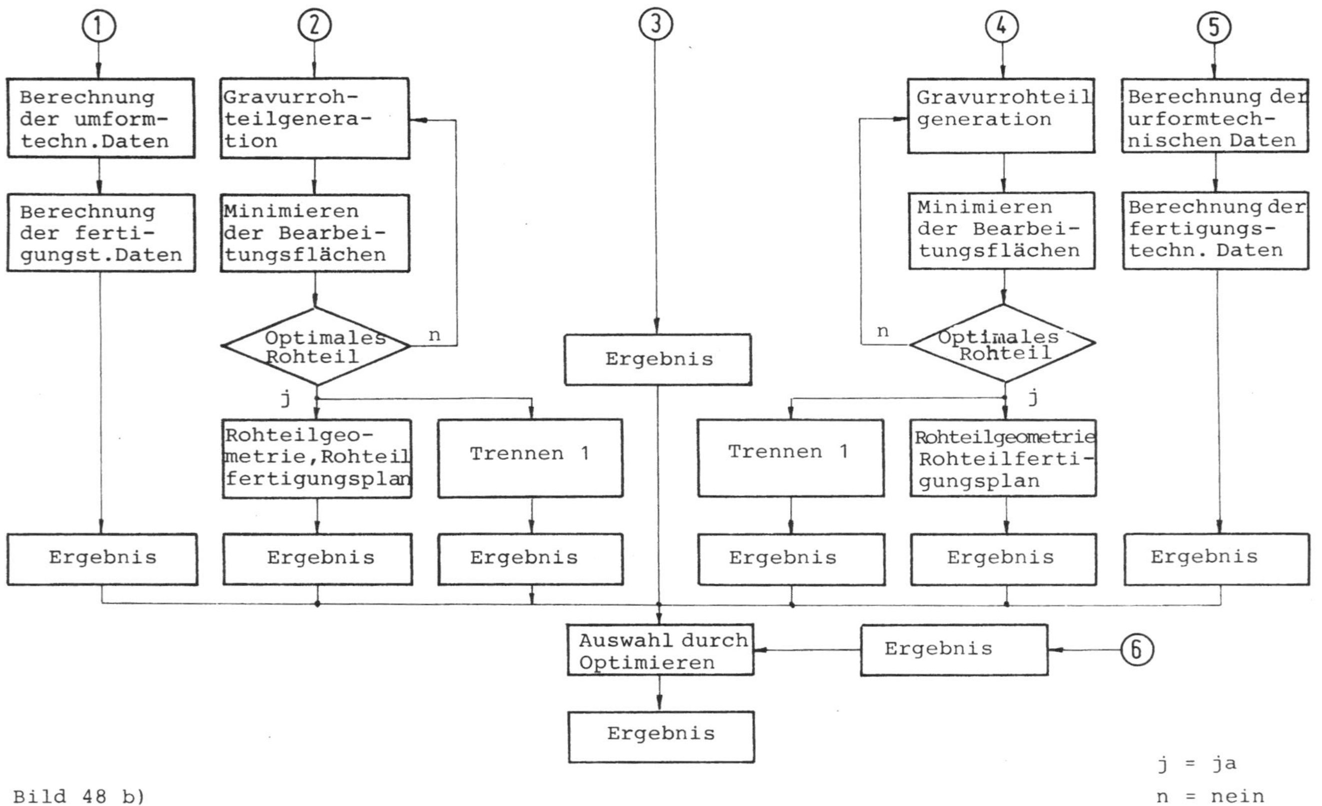

Bild 48 b)

7.2.1 Grundkörperflächen, die bei der Gravurbearbeitung fertigbearbeitet sein müssen

Hier handelt es sich in den meisten Fällen um Auflage-, Zentrierungs- oder Trennflächen. Unter Auflageflächen sind die Flächen zu verstehen, die bei der nachfolgenden Gravurbearbeitung auf den Trenneinrichtungen als Aufspannflächen dienen und hier gewisse geometrische Bedingungen zur Gravur erfüllen müssen. Zentrierflächen sind dann notwendig, wenn sie zum Ausrichten auf den Maschinen erforderlich sind, um gewisse Kantenabstandsmaße und Kantenparallelitäten sicherzustellen. Trennflächen werden immer dann fertig vorbearbeitet, wenn die Übergänge der Gravur zur Trennfläche kurvenförmig verlaufen, also z. B. keine Schneidkanten erzeugt werden,oder wenn verschiedene Werkzeugteile geometrieabhängig vor der Gravurbearbeitung aufeinander abgestimmt werden müssen.

7.2.2 Grundkörperflächen, die vor oder nach der Gravurbearbeitung bearbeitet werden können

In diesem Fall sind beide Möglichkeiten durchzurechnen und auf Grund der Planungsergebnisse die günstigere Lösung auszuwählen. Von dem logischen Ablauf her sind beide Abläufe gleichwertig, in jedem Fall erfolgt auch hier eine sich ergänzende Anpassung des Rohteiles bzw. seiner Zwischenformen an die entstehende Fertigteilgeometrie.

7.2.3 Grundkörperflächen, die nach der Gravurbearbeitung fertigbearbeitet werden müssen

Flächen, die nach der Gravurfertigung bearbeitet werden müssen, sind in den meisten Fällen Abstimmflächen. Dies bedeutet, daß bei der Gravurbearbeitung gewisse Maßungenauigkeiten möglich sind, die nachträglich ausgeglichen werden müssen. Weiterhin kann es sich hier um Schneidkanten handeln, die nachträglich zu bearbeiten sind. Ebenso können bei der Gravurfertigung durch Umformen sogenannte Materialanhäufungen am Rand der Gravur entstehen, die nachträglich abgearbeitet werden.

7.2.4 Rohteilfertigung aus handelsüblichen Profilen, Fertigteil- und Gravurfertigung durch Trennen

Nach der Planung des Grundkörpers ist hier ein fertigungstechnisch optimales Verfahren zur Gravurerstellung zu ermitteln. Eine Gravurvorfertigung als Zwischenstufe erfolgt hier in den meisten Fällen nicht.

Eine Ausnahme bilden die abtragenden Verfahren; hier können aus wirtschaftlichen Gesichtspunkten gewisse Vorarbeiten durch Zerspanen notwendig sein.

7.2.4.1 Gravurfertigung durch Umformen

Wird die vollständige Gravur durch Umformen erzeugt, so ist wie bereits festgestellt, nahezu in allen Fällen eine Nachbearbeitung der direkt betroffenen Grundkörperflächen erforderlich.

7.2.4.2 Gravurfertigung durch Umformen mit nachfolgendem Trennen

Dieses Verfahren findet dort Anwendung, wo durch Umformen die einzelnen Gravurelemente schwer oder nur unvollständig erreicht werden können. Mit geeigneten Trennverfahren wird die Gravur fertiggestellt.

7.2.4.3 Gravurfertigung durch Trennen mit nachfolgendem Umformen

Bei relativ tiefen oder großflächigen Gravuren ist eine Gravurfertigung nur durch Umformen wegen der auftretenden Umformkräfte nicht realisierbar. Aus diesen Gründen wird in diesem Fall die Gravur vorbearbeitet und durch Umformen fertiggestellt. Neben diesem Gesichtspunkt sind auch häufig die gewünschte Oberflächenverfestigung der Gravur ausschlaggebend für die Wahl dieses Verfahrens.

7.2.5 Rohteilfertigung durch Umformen, Fertigteil- und Gravurherstellung durch Trennen

Bei dieser Variante gelten ebenfalls die unter Abschnitt 7.2.4 gemachten Aussagen.

7.2.5.1 Gravurfertigung durch Umformen

Bei Gesenken mit geringen Genauigkeitsansprüchen kann die Gravur bereits bei der Rohteilfertigung durch Umformen fertiggestellt werden. Wird die Gravur jedoch nach der Fertigteilbearbeitung durch Umformen erzeugt, ist eine Gravurvorfertigung bereits bei der Rohteilfertigung denkbar.

7.2.5.2 Gravurfertigung durch Trennen mit nachfolgendem Umformen

und

7.2.5.3 Gravurfertigung durch Umformen mit nachfolgendem Trennen

Beide Verfahren unterscheiden sich lediglich in der Rohteilfertigung von den unter 7.2.4.2 und 7.2.4.3 gemachten Ausführungen, in bezug auf die Gravurfertigung haben diese auch hier ihre Gültigkeit.

7.2.6 Rohteilfertigung durch Urformen, Fertigteil- und Gravurherstellung durch Trennen

Wird als Werkstoff gegossener Stahl in seinen vielfältigen Variationen für das Werkzeugelement gewählt, so stellt dieses Verfahren werkstoffbedingt das in der Praxis am häufigsten angewandte Verfahren dar.

7.2.6.1 Gravurfertigung durch Umformen

In diesem Fall sind die unter 7.2.4.1 gemachten Ausführungen anzuwenden.

7.2.6.2 Weitere Gravurfertigungsmöglichkeiten

Weitere Varianten der Gravurfertigung sind bei Stahlguß denkbar. Für diese haben die bei dem Verfahren "Umformen" gemachten Ausführungen Gültigkeit, so daß hier auf eine weitere Diskussion verzichtet werden kann. Die einzelnen Variationsmöglichkeiten sind in der Zusammenfassung aufgeführt.

7.2.7 Zusammenfassung

Tabelle 2: Fertigungsmöglichkeiten für Werkzeugelemente mit Gravur und ohne Stoffeigenschaftsänderung.

Grundkörperherstellung		Gravurherstellung	
Rohteil	Fertigteil	Rohteil	Fertigteil
Handelsübliche Profile	Trennen		Trennen
Handelsübliche Profile	Trennen		Umformen
Handelsübliche Profile	Trennen	Umformen	Trennen
Handelsübliche Profile	Trennen	Trennen	Umformen
Umformen	Trennen		Trennen
Umformen	Trennen		Umformen
Umformen	Trennen	Umformen	Trennen
Umformen	Trennen	Trennen	Umformen
Urformen	Trennen		Trennen
Urformen	Trennen	Urformen	Trennen
Urformen	Trennen		Umformen
Urformen	Trennen	Umformen	Trennen
Urformen	Trennen	Trennen	Umformen

7.3 Werkzeugelemente ohne Gravur und mit Stoffeigenschaftsänderung

Den Planungsablauf für ein derartiges Werkzeugteil zeigt Bild 49. Zusätzlich zu der genauen Beschreibung des Fertigteiles und der Stoffeigenschaftsänderung sind hier die Kontakt-

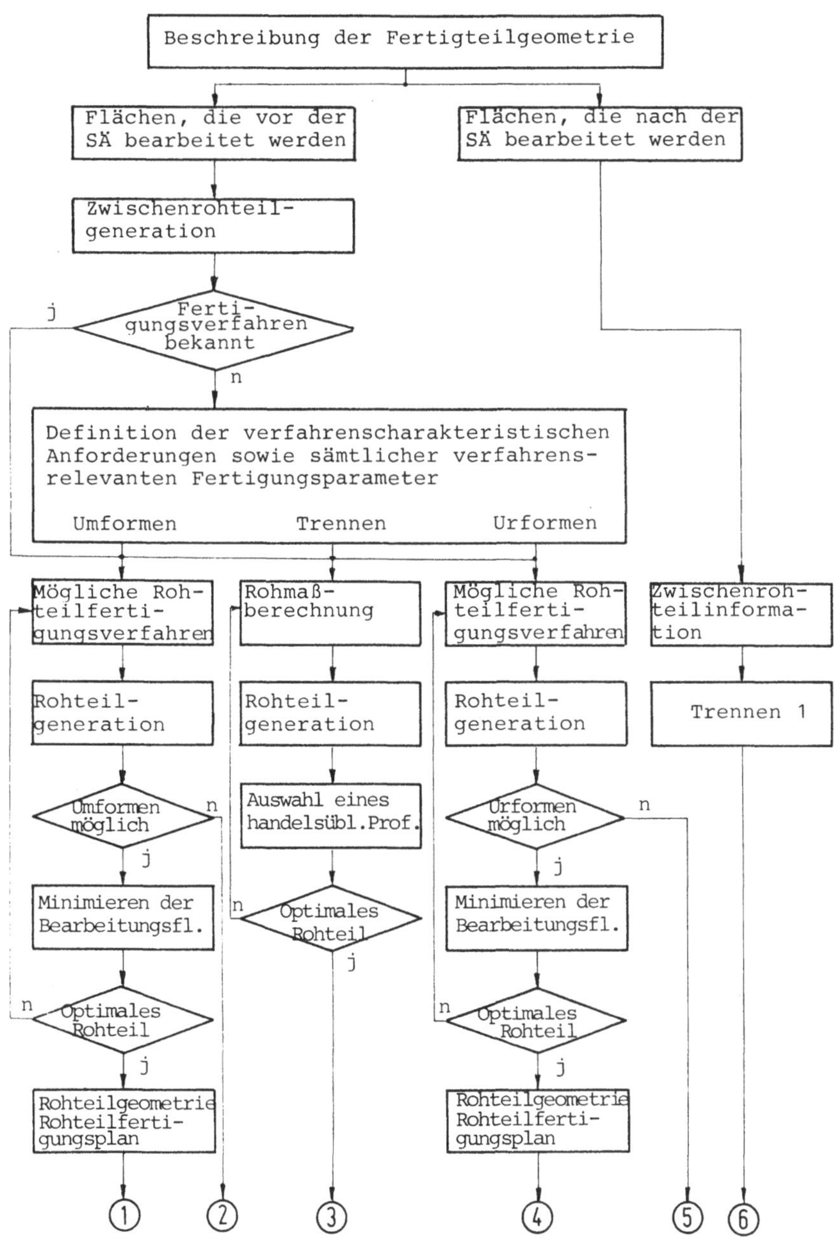

Bild 49 a) und 49 b): Planungsablauf für ein Werkzeugelement ohne Gravur und mit Stoffeigenschafts-änderung. j = ja n = nein (Trennen 1 siehe Ablaufmodell in Bild A 22).

1
3
4
6
Trennen 1
Trennen 1
Trennen 1
Ergebnis
Ergebnis
Ergebnis
Auswahl durch Optimieren
2
5
Untersuchung der Alternativverfahren
Ergebnis
Untersuchung der Alternativverfahren
Ergebnis
Stoffeigenschaftsänderungsparameter
Auswahl durch Optimieren
Ergebnis

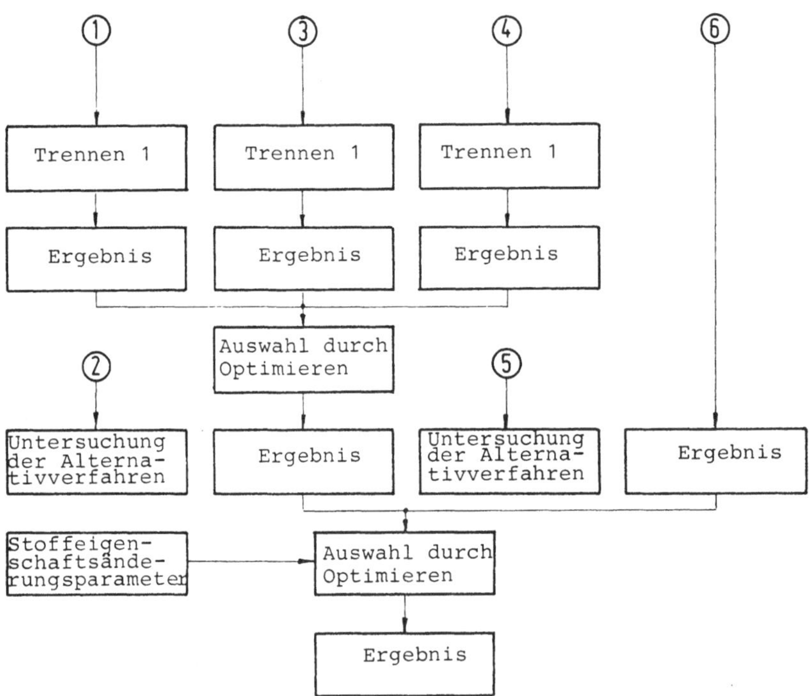

Bild 49 b)

flächen zu anderen Werkzeugelementen zu definieren. Mit wenigen Ausnahmen sind diese Flächen nach der Warmbehandlung durch Schleifen zu bearbeiten. Als Beispiel der Ausnahme kann hier die Auflagefläche einer Zylinderschraube mit Innensechskant aufgeführt werden. Nach diesem Flächensortierungsvorgang erhält man ein Zwischenrohteil, das vor der Warmbehandlung zu erstellen ist und ein Fertigteil, dessen Restflächen nach der Stoffeigenschaftsänderung bearbeitet werden.

7.3.1 Rohteilfertigung aus handelsüblichen Profilen, Zwischenform- und Endformfertigung durch Trennen

Dieses Verfahren ist das bei diesen Teilen normalerweise übliche Fertigungsverfahren. Die Rohteile werden von Stäben getrennt, vorbearbeitet, warmbehandelt und danach durch Schleifen oder Polieren fertigbearbeitet. Geschliffen werden die Kontaktflächen zu den umliegenden Werkzeugelementen, während z. B. Bohrungen für Zylinderstifte auspoliert, d. h. entzundert werden. Die restlichen Flächen bleiben in den meisten Fällen unbearbeitet.

7.3.2 Rohteilfertigung durch Umformen oder Urformen, Zwischenform- und Endformfertigung durch Trennen

Bei Rohteilen, die durch Umformen oder Urformen gefertigt werden, ist theoretisch direkt eine anschließende Warmbehandlung denkbar. In der Praxis kommen diese Fälle jedoch kaum vor und der Planungsablauf ist im Prinzip wie unter 7.3.1 aufgezeigt vorzunehmen.

7.3.3 Zusammenfassung

Tabelle 3 : Fertigungsmöglichkeiten für Werkzeugelemente ohne Gravur und mit Stoffeigenschaftsänderung.

Rohteil-herstellung	Zwischenform-herstellung	Stoffeigen-schaftsänderung	Fertigteil-herstellung
Handelsübliche Profile	Trennen	ja	Trennen
Umformen	Trennen	ja	Trennen
Urformen	Trennen	ja	Trennen

7.4 Werkzeugelemente mit Gravur und mit Stoffeigenschaftsänderungen

Den Planungsablauf für Werkzeugelemente mit Gravuren und einer Stoffeigenschaftsänderung zeigt Bild 50. Dieser Ablauf beinhaltet die größte Variationsbreite bei der Planung von Werkzeugelementen. Im wesentlichen wird dieser von folgenden Vorgängen bestimmt:

- Trennung der Körper von den Gravurflächen,
- Trennung der allgemeinen Körperflächen von den Kontaktflächen,
- Bestimmung der Körperflächen, die vor der Warmbehandlung zu bearbeiten sind,
- Bestimmung der Körperflächen, die nach der Warmbehandlung zu bearbeiten sind,
- Bestimmung der Flächen, die vor der Gravurbearbeitung zu bearbeiten sind,
- Bestimmung der Flächen, die nach der Gravurbearbeitung zu bearbeiten sind,
- Bestimmung der Gravurflächen, die vor der Warmbehandlung zu bearbeiten sind,
- Bestimmung der Gravurflächen, die nach der Warmbehandlung zu bearbeiten sind,
- Bestimmung der Gravurflächen, die vor oder nach der Warmbehandlung am günstigsten bearbeitet werden.

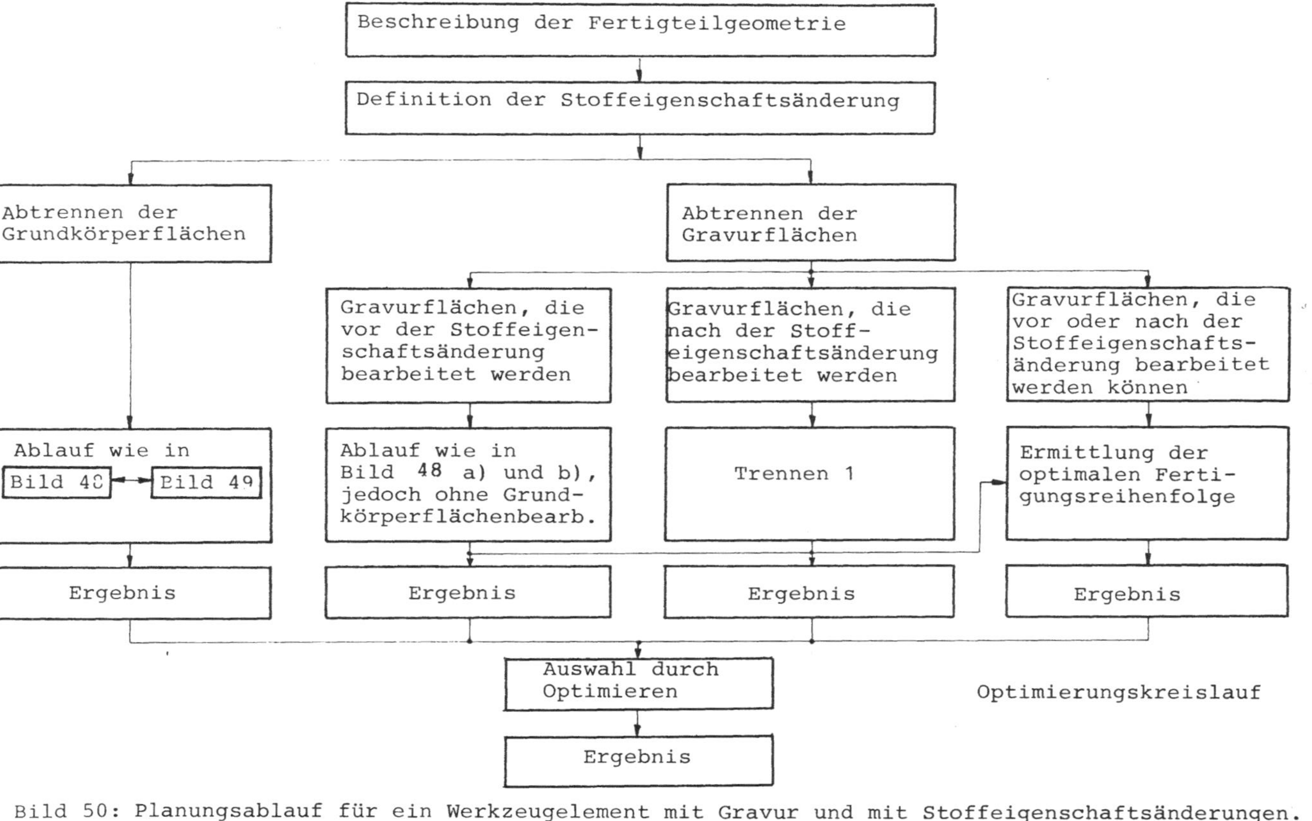

Bild 50: Planungsablauf für ein Werkzeugelement mit Gravur und mit Stoffeigenschaftsänderungen. (Trennen 1 siehe Ablaufmodell in Bild A 22).

Für diese einzelnen Vorgänge haben grundsätzlich die vorausgegangenen Aussagen Gültigkeit, es wird deshalb auf eine detaillierte Diskussion der einzelnen Variationen verzichtet. Der Unterschied zu den bereits geschilderten Vorgängen ist die hier notwendige Optimierung in einer größeren Anzahl von iterativen Prozessen. Anwendung findet dieser Planungsablauf im Prinzip bei allen formgebenden Werkzeugelementen für mittlere und größere Stückzahlen.

7.4.1 Zusammenfassung

Tabelle 4 : Fertigungsmöglichkeiten für Werkzeugelemente mit Gravur und mit Stoffeigenschaftsänderung bei einem handelsüblichen Rohteil.

Rohteilherstellung		Zwischenformherstellung			Fertigteilherstellung	
Grundelement	Gravur	Grundelement	Gravur	Stoffeigenschaftsänderung	Grundelement	Gravur
Handelsübliche Profile		Trennen		ja	Trennen	Trennen
Handelsübliche Profile		Trennen	Trennen	ja	Trennen	Trennen
Handelsübliche Profile		Trennen	Umformen	ja	Trennen	Trennen
Handelsübliche Profile		Trennen	Umformen	ja	Trennen	
Handelsübliche Profile		Trennen	Trennen-Umformen	ja	Trennen	
Handelsübliche Profile		Trennen	Umformen-Trennen	ja	Trennen	
Handelsübliche Profile		Trennen	Trennen-Umformen	ja	Trennen	Trennen
Handelsübliche Profile		Trennen	Umformen-Trennen	ja	Trennen	Trennen

Tabelle 5 : Fertigungsmöglichkeiten für Werkzeugelemente mit Gravur und mit Stoffeigenschaftsänderung bei einem durch Umformen hergestellten Rohteil.

Rohteilherstellung		Zwischenform-herstellung			Fertigteilherstellung	
Grundelement	Gravur	Grundelement	Gravur	Stoffeigen-schafts-änderung	Grundelement	Gravur
Umformen		Trennen		ja	Trennen	Trennen
Umformen		Trennen	Trennen	ja	Trennen	Trennen
Umformen		Trennen	Umformen	ja	Trennen	Trennen
Umformen		Trennen	Umformen	ja	Trennen	
Umformen		Trennen	Trennen-Umformen	ja	Trennen	
Umformen		Trennen	Umformen-Trennen	ja	Trennen	
Umformen		Trennen	Trennen-Umformen	ja	Trennen	Trennen
Umformen		Trennen	Umformen-Trennen	ja	Trennen	Trennen
Umformen	Umformen	Trennen	Trennen	ja	Trennen	
Umformen	Umformen	Trennen	Trennen	ja	Trennen	Trennen
Umformen	Umformen	Trennen		ja	Trennen	
Umformen	Umformen	Trennen		ja	Trennen	Trennen

Tabelle 6 : Fertigungsmöglichkeiten für Werkzeugelemente mit Gravur und mit Stoffeigenschaftsänderung bei einem durch Urformen hergestellten Rohteil.

Rohteilherstellung		Zwischenform-herstellung			Fertigteilherstellung	
Grundelement	Gravur	Grundelement	Gravur	Stoffeigen-schafts-änderung	Grundelement	Gravur
Urformen	Urformen	Trennen	Trennen	ja	Trennen	
Urformen	Urformen	Trennen	Trennen	ja	Trennen	Trennen
Urformen	Urformen	Trennen		ja	Trennen	Trennen
Urformen	Urformen	Trennen		ja	Trennen	

8 Anwendung von PROREN 1-Zeichenaufrufen zur rechnerunterstützten Erstellung von EXAPT-Anweisungen

Seit Beginn der sechziger Jahre hat die Bedeutung der NC-Technik als Instrument einer fortschrittlichen Betriebsführung zugenommen. Diese Zeit fällt zusammen mit der Entwicklung von komplizierten elektronischen Programmsteuerungen in Halbleitertechnik, die den Einsatz von numerischen Steuerungen in der Fertigung erst ermöglichten. Steuerungen dieser Art führen Werkzeugmaschinen nach Programmen, welche die zum Erzeugen eines Fertigteiles erforderlichen Weg- und Schaltinformationen enthalten. Als Informationsträger werden Lochstreifen eingesetzt, die durch ihre leichte Auswechselbarkeit die Rüstzeiten von numerisch gesteuerten gegenüber mechanisch gesteuerten Fertigungseinrichtungen wesentlich vermindern. Weitere Argumente für die Anwendung der NC-Technik sind

- gleichbleibende Qualität,
- insgesamt kürzere Durchlaufzeit,
- kostengünstige Wiederholteilfertigung kleinerer Losgrößen,
- Produktivitätssteigerungen,
- hoher Ausnutzungsgrad.

Als Nachteil haben sich vorwiegend die hohen Anschaffungskosten, der relativ hohe Einführungsaufwand und der Einfluß der schnellen allgemeinen technischen Entwicklung herauskristallisiert.

8.1 Programmsystem EXAPT

Auf Grund wachsender Programmschwierigkeiten beim Einsatz von numerisch gesteuerten Werkzeugmaschinen wurde 1964 eine Überprüfung der maschinellen Programmiermöglichkeiten vorgenommen. Eine Problemanalyse zeigte die Notwendigkeit der Entwicklung eines für europäische Verhältnisse geeigneten Programmiersystemes. Zur Bearbeitung dieser Problemstellung wurde eine aus Industrieunternehmen und Hochschulinstituten bestehende Arbeitsgruppe gebildet, die im Rahmen dieser Zusam-

menarbeit das Programmiersystem EXAPT entwickelte.

Anfangs standen getrennte Verarbeitungsprogramme für Bohr-, Dreh- und Fräsaufgaben zur Verfügung. Wegen der unterschiedlichen technologischen Bedingungen mußte eine Unterteilung dieser Programme in verschiedene, problemorientierte Ausführungen vorgenommen werden. Heute jedoch weist das EXAPT-System eine modulare Struktur auf, d. h. einzelne Verarbeitungsprogramm-Bausteine, die Moduln, können je nach Anwendungsfall zusammengestellt werden [24].

8.2 EXAPT-Programmerstellung für Bohraufgaben mit PROREN 1

In einem EXAPT-Teilprogramm werden grundsätzlich drei Anweisungstypen unterschieden, dies sind Definitions-, Exekutiv- und programmtechnische Aussagen. Definierende Aussagen sind im wesentlichen Koordinaten eines Punktes, Parameter von Bohroperationen oder arithmetische Ausdrücke. Exekutivaussagen bewirken, daß die zuvor definierten technologischen und geometrischen Sachverhalte zur Ausführung gebracht werden. Programmtechnische Aussagen dienen zur Verarbeitung des Teileprogrammes in der Rechenanlage. Im Rahmen dieser grundsätzlichen Untersuchung der Anwendung von PROREN 1 wurde bei der Programmerstellung auf die programmtechnischen Aussagen sowie auf den Teil der Exekutivanweisungen verzichtet, der den technologischen Vorgang selbst beschreibt.

Bei Umformwerkzeugen ist das Spektrum der auftretenden Bohrungstypen begrenzt. Vorwiegend handelt es sich um

- zylindrische Durchgangsbohrungen mit und ohne Durchmessertoleranzen,
- zylindrische Sacklochbohrungen mit und ohne Durchmessertoleranzen,
- Senkbohrungen für Senk- oder Zylinderschrauben,
- Gewindebohrungen, durchgehend oder als Sacklochbohrung ausgeführt,
- Kombinationen aus diesen Bohrungstypen.

Es konnte festgestellt werden, daß die Zuordnung und eindeutige Indentifikation jedes Bohrungstypes aus dem Zeichenprogramm PROREN 1 in Beziehung zu EXAPT keine grundsätzlichen Schwierigkeiten bereitet. Die Angaben zur geometrischen Plazierung der einzelnen Bohrungen sind bei beiden Programmsystemen notwendig und vorhanden, Abmessungs- und Toleranzangaben stellt PROREN 1 im Bemaßungsprogramm zur Verfügung. Zu beachten dabei ist, daß bei der Beschreibung der einzelnen Bohrungstypen in PROREN 1 zwei Parameter notwendig sind. Dies geschieht durch die Darstellung in An- und Draufsicht, Bild 51.

Üblicherweise werden Bohrungen in Schnitten oder Ansichten auf technischen Zeichnungen nur einmal dargestellt. Die Anzahl dieser Bohrungen ist dann in einer entsprechenden Draufsicht gezeichnet. Bei der Erstellung eines Zeichenprogrammes mit gleichzeitiger Ermittlung der EXAPT-Parameter sind deshalb, um die Anzahl der Bohrungen zu ermitteln, die einzelnen Ansichten nach diesen Gesichtspunkten abzufragen.

8.3 EXAPT-Programmerstellung für Drehaufgaben mit PROREN 1

EXAPT wird weiterhin zur maschinellen Programmierung von numerisch gesteuerten Drehmaschinen mit Strecken- und Bahnsteuerung eingesetzt. Die zu fertigenden Teile werden in einem rechtsdrehenden Koordinatensystem beschrieben, wobei die Drehachse der Maschine der X-Achse entspricht. Auf Grund der Rotationssymmetrie sind Drehteile eindeutig definiert, wenn eine Hälfte des geometrischen Querschnittes beschrieben ist. Die zugelassenen Konturelemente und ihre Verknüpfungsmöglichkeiten werden als bekannt vorausgesetzt und sollen hier nicht weiter diskutiert werden.

Im allgemeinen werden Drehteile auf technischen Zeichnungen, sofern sie keine Formelemente wie z. B. Nuten oder Bohrungen senkrecht zur Mittelachse enthalten, lediglich in einer Ansicht dargestellt. Im Rahmen dieser Arbeit sollte nun untersucht werden, inwieweit sich die PROREN 1-Zeichenaufrufe zur rechnerunterstützten Erstellung von EXAPT-Drehprogrammen eignen. Zu diesem Zweck wurden zwei häufig vorkommende Rota-

Bohr-bearbeitungsaufgabe	PROREN 1 - Aufrufe		EXAPT 1 - Aufrufe
	Ansicht	Draufsicht	
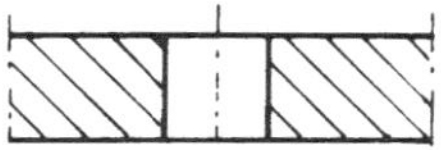	CALL BOHRUN	CALL VKREIS CALL MASS	SYMBOL = DRILL/SO oder SYMBOL = REAM/SO
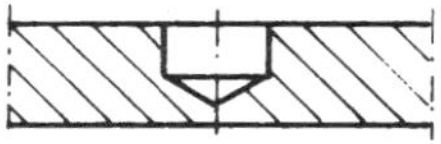	CALL SLOCH	CALL VKREIS CALL MASS	SYMBOL = DRILL/SO oder SYMBOL = SINK/SO
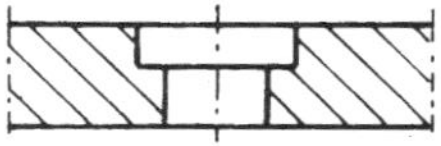	CALL BOHRUNA	CALL VKREIS CALL VKREIS CALL MASS	SYMBOL = DRILL/SO SYMBOL = SINK/SO
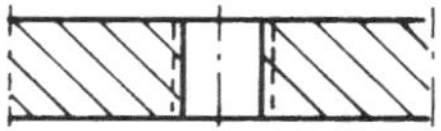	CALL GBOHR	CALL GBOHRA CALL MASS	SYMBOL = TAP/SO
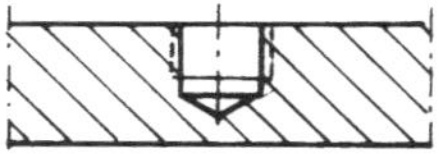	CALL GSLOCH	CALL GBOHRA CALL MASS	SYMBOL = TAP/SO
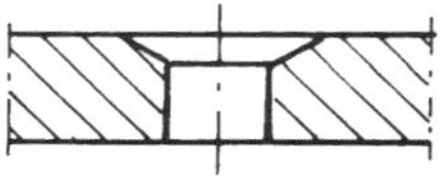	CALL BOHRUN CALL TRAPEZ	CALL VKREIS CALL VKREIS CALL MASS	SYMBOL = DRILL/SO SYMBOL = COSINK/SO

Bild 51: Möglichkeiten der Zuordnung von PROREN 1 - zu EXAPT-Aufrufen bei Bohraufgaben.

tionsformelemente ausgewählt und durch Variationen zur Anordnung und Geometrie ein Formenspektrum aufgestellt, Bild 52.

Die Vorgehensweise bei der Programmerstellung zeigt Bild 53. Das Rechenprogramm wurde für obige Formenauswahl realisiert und druckt als Ergebnis die geometrischen Daten der entsprechenden EXAPT-Anweisungen aus.

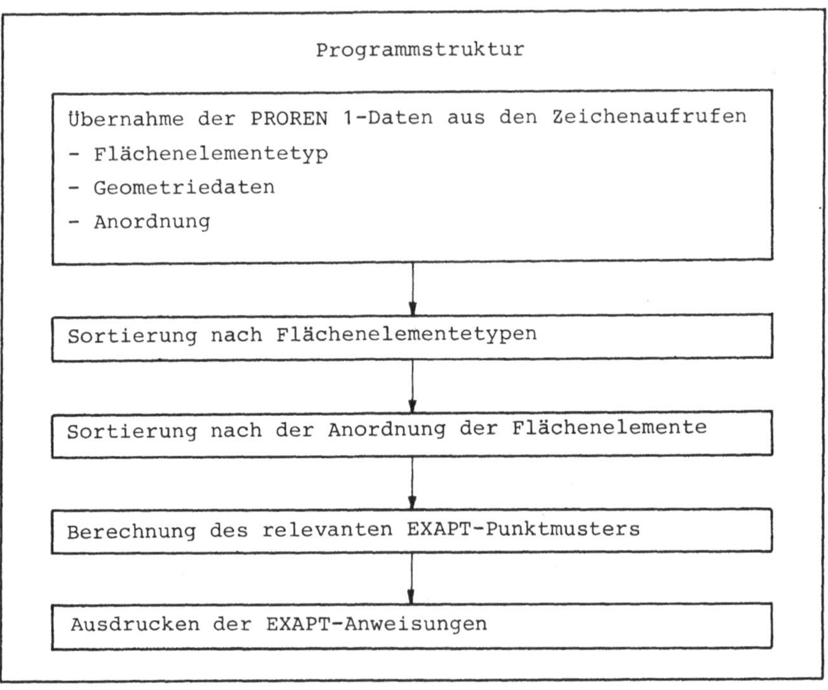

Bild 53: Programmstruktur eines Rechenprogrammes zur Ermittlung von EXAPT-Anweisungen für Drehaufgaben mit PROREN 1-Zeichenaufrufen.

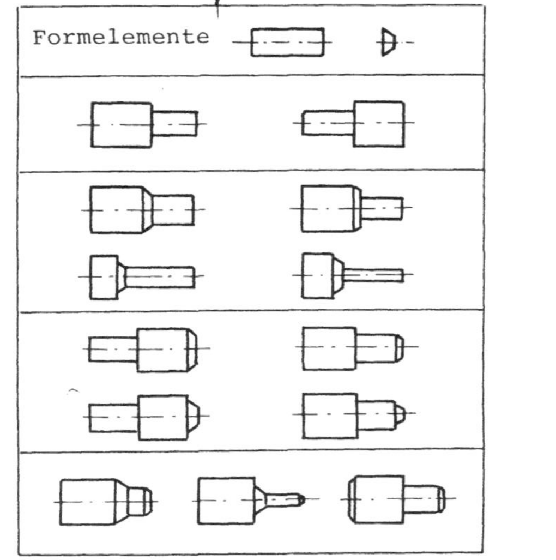

Bild 52: Variationen von zylindrischen Formelementen zur Erstellung von EXAPT-Geometrieanweisungen.

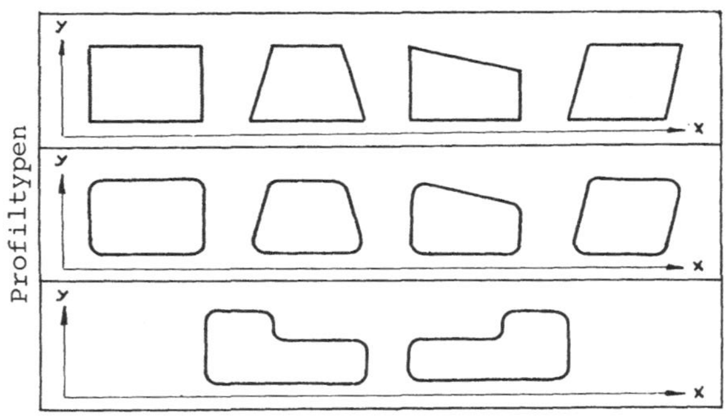

Bild 55: Variationen von Formelementen zur Erstellung von EXAPT-Geometrieanweisungen bei Fräsaufgaben.

8.4 EXAPT-Programmerstellung für Fräsaufgaben mit PROREN 1

Bei Fräsaufgaben dient EXAPT zur Programmierung von NC-Maschinen mit Strecken- bzw. zweieinhalbdimensionaler Bahnsteuerungen. Unter zweieinhalbdimensionalen Bahnsteuerungen bei NC-Maschinen sollen hier Einrichtungen verstanden werden, die mit Bahnsteuerungen für zwei Achsen sowie mit Strecken- oder Punktsteuerungen in einer dritten Achse ausgerüstet sind. In EXAPT ist diese dritte Achse als Z-Achse definiert. Dies bedeutet, daß die zu bearbeitenden Werkstücke in Richtung der Z-Achse eine zylindrische oder konische Form haben, deren Querschnitt sich als Kontur in einer Ebene parallel zur XY-Achse darstellen läßt. Wird die Z-Achse als Werkzeugachse angesehen, so können Flächen und Konturen als Stempel oder Taschen gefertigt werden, wobei das Werkzeug in Richtung der Z-Achse verstellt werden kann.

Zur exakten Beschreibung der zu zerspanenden Volumina in EXAPT werden die aus der analytischen Geometrie bekannten Elemente wie Punkte, Geraden und Kreise herangezogen. Zur vollständigen Erstellung einer EXAPT-Programmstruktur sind weiter Angaben wie z. B. technologischer Art notwendig, auf die jedoch im Rahmen dieser Untersuchung nicht weiter eingegangen werden soll. Bild 54 zeigt die grundsätzliche Programmstruktur eines EXAPT-Programmes für Fräsaufgaben.

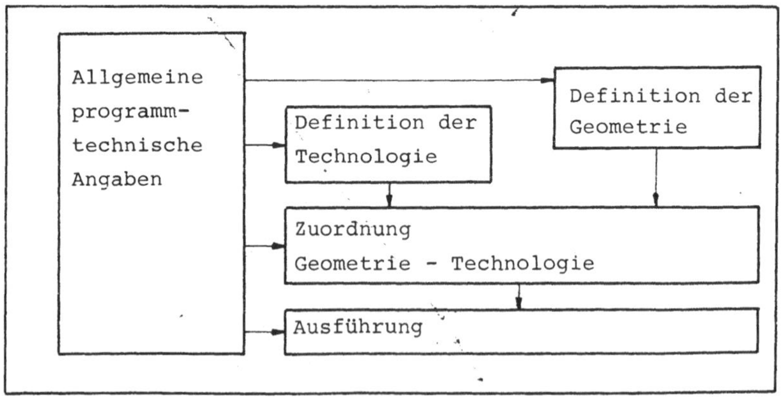

Bild 54: EXAPT-Teileprogrammstruktur für Fräsaufgaben.

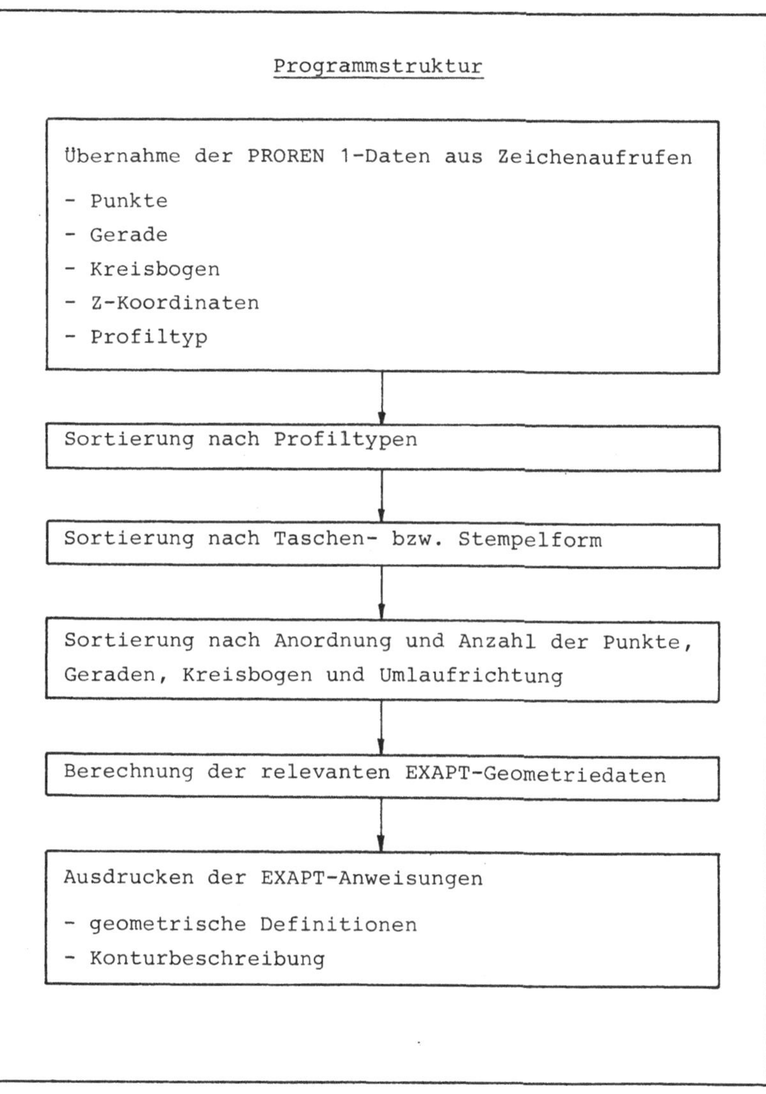

Bild 56: Struktur eines Rechenprogrammes zur Ermittlung von EXAPT-Anweisungen für Fräsaufgaben mit PROREN 1-Zeichenaufrufen.

```
PARTNO/PLATTE 1.
ZSURE/ 30.00
P1=POINT/ 60.00, 20.00, 30.00
P2=POINT/120.00, 30.00, 30.00
BOHR1=DRILL/SODIAMET 12.00DEPTH 30.00
BOHR2=DRILL/SODIAMET 12.00DEPTH 30.00
TERMCO
```

```
PARTNO/WELLE 1.
GEOMETRISCHE DEFINITIONEN=
P2=POINT/ 0.00, 0.00
P3=POINT/ 0.00,13.00
P4=POINT/80.00,13.00
P5=POINT/80.00, 0.00
L1=LINE/  0.00, 0.00, 0.00, 13.00
L2=LINE/  0.00,13.00,80.00, 13.00
L3=LINE/ 80.00,13.00,80.00,  0.00
L4=LINE/ 80.00, 0.00, 0.00,  0.00
KONTURBESCHREIBUNG
CONTUR/PARTCO
P2,BEGIN/ 0.00, 0.00YLARGE,PLAN 0.00
P3,RGT/L2
P4,RGT/L3
P5,RGT/L4
TERMCO
```

```
PARTNO/PROFIL 9.
ZSURF/10.00
GEOMETRISCHE DEFINITIONEN=
P1=POINT/100.00, 20.00
L1=LINE/100.00,  20.00, 30.00, 20.00
P3=POINT/20.00, 30.00
L3=LINE/ 20.00, 30.00,  20.00, 70.00
P5=POINT/30.00, 80.00
L5=LINE/ 30.00, 80.00, 100.00, 80.00
P7=POINT/110.00,70.00
L7=LINE/ 110.00,70.00, 110.00, 30.00
C2=CIRCLE/30.00,30.00,  10.00
C4=CIRCLE/30.00,70.00,  10.00
C6=CIRCLE/100.00, 70.00, 10.00
C8=CIRCLE/100.00, 30.00, 10.00
KONTURBESCHREIBUNG=
CON1=CONTUR/CONNEC,CLOSED 10.00RGTLIM
BEGIN/P1.CSMALL,L1
RGT/C2
RGT/L3ROUND,C4
RGT/L5,ROUND,C6
RGT/L7,ROUND,C8
TERMCO
```

Bild 57: Ergebnissausdrucke des Zuordnungsprogrammes von PROREN 1-Zeichenaufrufen zu EXAPT-Geometrieanweisungen.

Die Anwendungsmöglichkeiten von PROREN 1-Aufrufen zur Ermittlung der notwendigen Geometriedaten wurden an Hand einer begrenzten Formenauswahl, wie sie häufig bei Fräsaufgaben bei Umformwerkzeugen vorkommt, grundsätzlich untersucht, Bild 55. Die Vorgehensweise bei der Programmerstellung ist in Bild 56 dargestellt. Bei Bedarf können bei einem derart aufgebauten Programm noch weitere Eingabeparameter mit berücksichtigt werden, da sich in diesem Fall lediglich die Anzahl der Sortiermoduln erhöht.

8.5 Realisierte Rechenprogramme

Basierend auf diesen Überlegungen wurden im Rahmen dieser Arbeit, soweit bekannt, erstmals Rechenprogramme erstellt, die mittels PROREN 1-Zeichenaufrufen die EXAPT-Geometrieanweisungen ermitteln und ausdrucken. Rechenergebnisse sind in Bild 57 aufgezeigt.

9 Mögliches Prinzip zur Fertigungsverfahrensauswahl mit PROREN 1-Zeichenaufrufen

Die Geometrie eines Werkstückes wird auf einer Zeichnung im Prinzip durch Kurvenzüge, vorwiegend Gerade und Kreisbögen, beschrieben. Numerische Angaben ergänzen die bildhafte Darstellung in quantitativer Hinsicht. Eine technische Zeichnung ist gewöhnlich aus zweidimensionalen Ansichten und Schnitten, d. h. rechtwinkligen Projektionen, des darzustellenden Teiles aufgebaut. Um Werkstücke bei der Fertigungsplanerstellung den einzelnen Fertigungsverfahren zuordnen zu können ist, wie unter Abschnitt 6.2.2.1 beschrieben, der Werkstückkörper in seine Flächen aufzulösen und den verschiedenen Fertigungsverfahren zuzuordnen. Zu einer rechnerunterstützten Ausführung dieses Vorganges sind zwei grundsätzliche Vorarbeiten notwendig, Bild 58:

- Umwandlung der Zeichnungsinfirmationen in eine rechnergeeignete Form,
- Darstellung der Möglichkeiten der Bearbeitungsmaschinen zur Flächenerzeugung in einer rechnergeeigneten Form.

9.1 Möglichkeiten der Bereitstellung von PROREN 1-Zeichenaufrufen im Hinblick auf eine Zuordnung zu den relevanten Fertigungsverfahren

Sämtliche PROREN 1-Aufrufe enthalten die relevanten geometrischen Daten der einzelnen Flächenbilder sowie die notwendigen Verknüpfungsanweisungen zu einer vollständigen Zeichnungserstellung. Gesonderte Aufrufe definieren Schnittflächen und Ansichten. Mit diesem Informationsbestand ist es möglich, zunächst ein räumliches Gebilde zu definieren und dieses in einzelne Flächenelemente zu zerlegen, die dann in Form von Führungslinien und Profilschnitten zur rechnerunterstützten Weiterverarbeitung zur Verfügung stehen.

a)

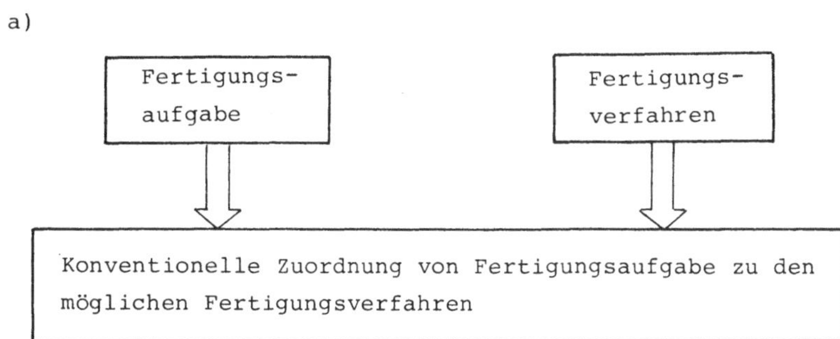

b)

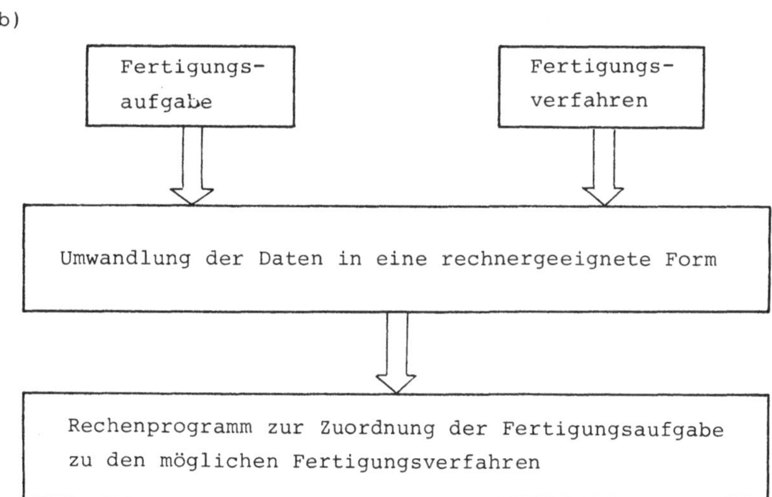

Bild 58: Informationsfluß bei
a) konventioneller Fertigungsplanung
b) rechnerunterstützter Fertigungsplanung.

Diese Vorgehensweise soll an einem einfachen Beispiel erläutert werden. Eine Welle, die aus zwei zylindrischen Körpern besteht, wird auf einer technischen Zeichnung durch zwei rechteckige Flächen sowie durch zwei Vollkreise dargestellt. Aus dieser Darstellung läßt sich ableiten, daß hier zwei zylindrische Mantelflächen, zwei Stirnflächen und eine Kreisringfläche zu bearbeiten sind. Für die Mantelflächenbearbeitung bieten sich nun zwei Möglichkeiten an. Entlang einer kreisförmigen Führungslinie wird als Profilschnitt, der das Schnittbild zwischen Werkzeug und Werkstück darstellt, eine Gerade geführt oder die Führungslinie und der Profilschnitt bestehen aus einer Geraden, wobei das Werkstück selbst eine Rotationsbewegung um die Mittelachse ausführt. Zur Bearbeitung der Stirnflächen bieten sich Führungslinien in Form von Vollkreisen oder Spiralen an, wobei der Profilschnitt in jedem Fall eine Gerade ist.

9.2 Bereitstellung der Zuordnungsinformationen der Fertigungsverfahren

In seiner Arbeit hat Glörfeld [25] das Problem der Zuordnung von Werkstück, Werkzeug und Werkzeugmaschine am Beispiel des Fertigungsverfahrens Fräsen grundsätzlich untersucht. Er kommt zu dem Ergebnis, daß die Ermittlung der herstellbaren Flächenformen durch ein bestimmtes Fertigungsverfahren in vier Schritten vorzunehmen ist. Zunächst sind für die einzelnen Fertigungseinrichtungen die Führungslinien und ihre Kennzeichnung durch die Vorschubbewegungen aufzustellen. Daran anschließend sind die Führungsgesetze für die Lagen der Werkzeugprofile zu den Führungslinien und ihre Bewegungsgesetzmäßigkeiten zu definieren. Werkzeugseitig ist eine Aufstellung der verschiedenen möglichen Profilschnitte vorzunehmen und letztlich eine Beschreibung der Fertigungsmöglichkeiten in einem maschinenbezogenen Koordinatensystem aus diesen Informationen zu erstellen. Dieser Grundgedanke läßt sich im Prinzip auf sämtliche trennenden Verfahren übertragen, so daß hiermit ein Arbeitsmittel zur Verfügung steht, das bei einer rechnerunterstützten Fertigungsverfahrensauswahl einsetzbar ist.

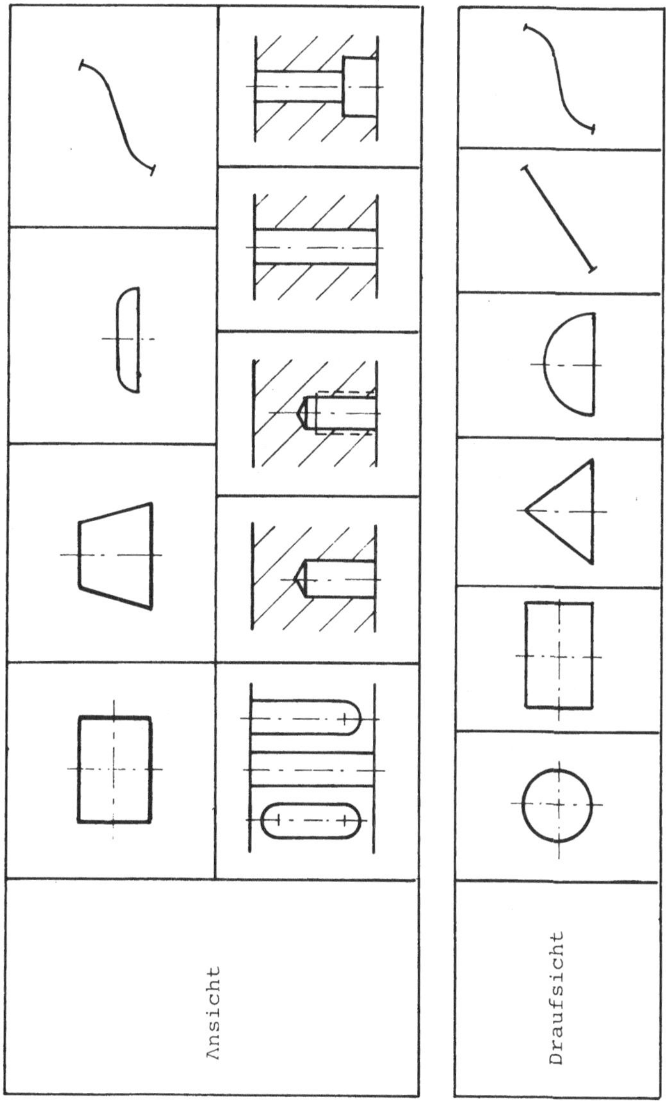

Bild 59: Zugelassene Formelemente für das realisierte Fertigungsverfahrens-auswahlprogramm.

Führungslinien		Drehen	Bohren	Fräsen	Hobeln	Sägen	Hand-feilen	Maschinen-feilen	Flach-schleifen	Rund-schleifen	ED-Abtragen
Gerade	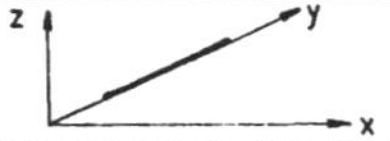	X	X	X	X	X	X	X	X	X	X
ebene Kurven		X		X		X	X		X	X	X
	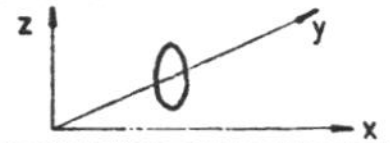	X	X	X		X	X			X	X
		X		X		X	X			X	X
	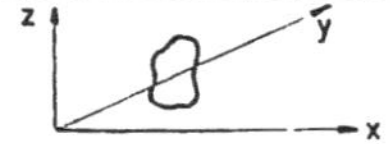	X		X		X	X		X	X	X
Raum-kurven		X	X	X			X			X	X
				X			X				
	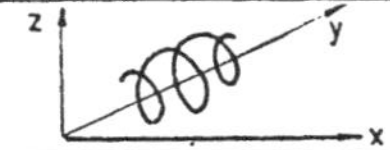			X			X				
	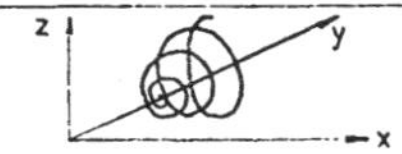			X			X				

Bild 60: Zuordnung der möglichen Führungslinien zu den relevanten trennenden Fertigungsverfahren.

Führungslinie	Profilschnitt: Gerade	Profilschnitt: Radius
Gerade	●	
Kreis	●	●
Spirale	●	
Kurvenzug		●

Außenform

Führungslinie	Profilschnitt: Gerade	Profilschnitt: V-Profil	Profilschnitt: Radius	Profilschnitt: U-Profil
Gerade	●			●
Kreis	●			
Schraubenlinie		●		
Kurvenzug			●	

Innenform

Bild 61: Zugelassene Führungslinien und Profilschnitte für das erstellte Fertigungsverfahrensauswahlprogramm.

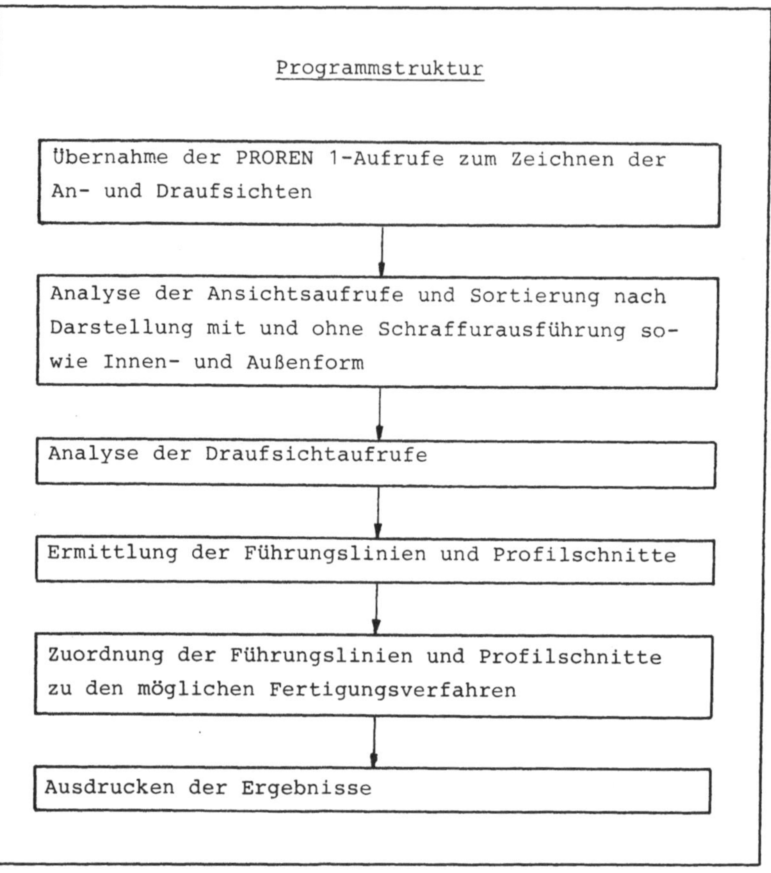

Bild 62: Programmstruktur eines Rechenprogrammes zur Zuordnung von rechnerunterstützt gezeichneten Einzelteilen zu den möglichen Fertigungsverfahren.

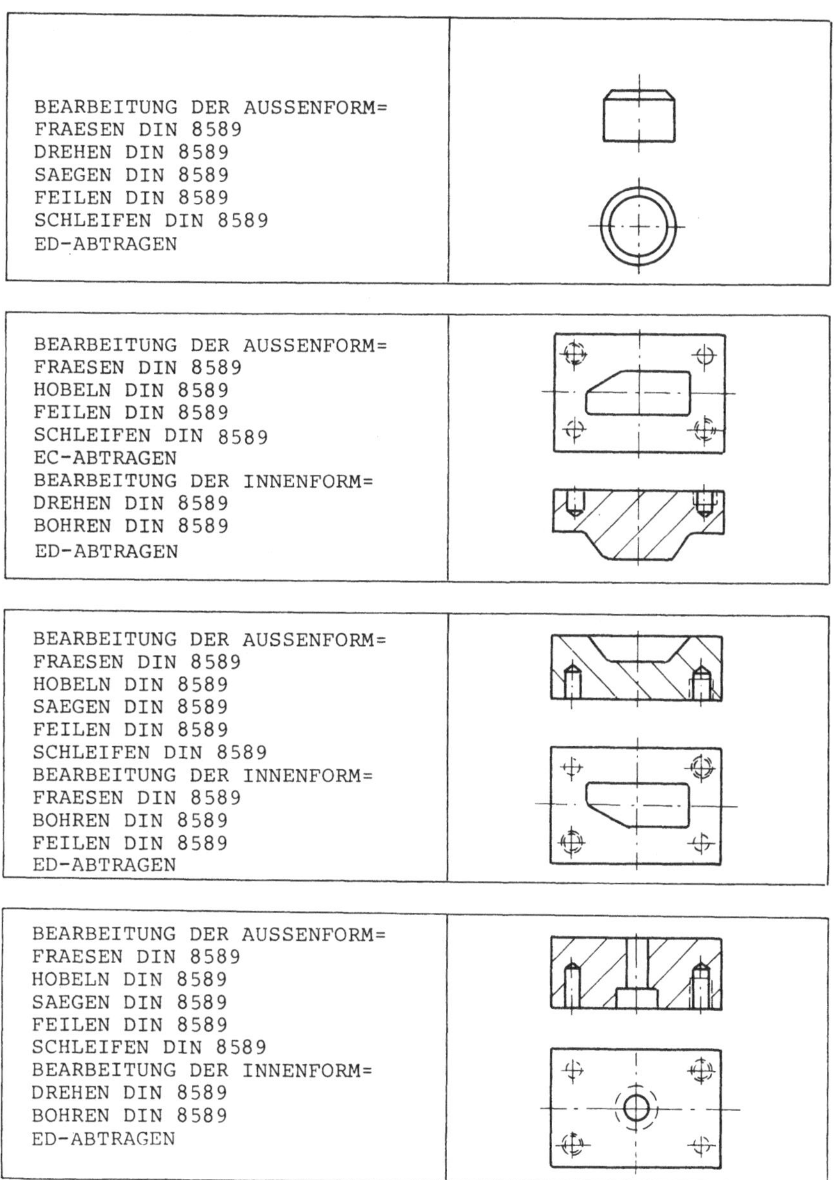

Bild 63: Zuordnungsergebnisse der möglichen Fertigungsverfahren.

9.3 Rechenprogramm zur Fertigungsverfahrensauswahl mit PROREN 1-Zeichenaufrufen

Auf den Grundlagen der unter Abschnitt 9.1 und Abschnitt 9.2 geschilderten Erkenntnisse wurde ein Rechenprogramm erstellt, das bei einem Zeichnungserstellungsprogramm mit PROREN 1-Aufrufen eine Fertigungsverfahrensauswahl ermöglicht. Die Programmerstellung ist als eine grundsätzliche Untersuchung zu werten und wurde im Rahmen dieser Arbeit auf ein eingeschränktes Werkstückspektrum, Bild 59, sowie auf bestimmte trennende Verfahren ausgelegt. Als Fertigungsverfahren wurden Fräsen, Drehen, Bohren, Schleifen, Hobeln, Sägen und ED-Abtragen zugelassen. In einer Analyse wurde auf Grund der zulässigen gleich- und ungleichförmigen Vorschubbewegungen für diese Verfahren die möglichen Führungslinien ermittelt, Bild 60.
Die Profilschnitte wurden entsprechend den üblicherweise bei diesen Fertigungsverfahren eingesetzten Trennwerkzeugen ausgewählt, Bild 61. Die Programmerstellung erfolgte entsprechend dem in Bild 62 aufgezeigten Ablauf, einige Rechenergebnisse sind in Bild 63 dargestellt.

10 Wirtschaftlichkeitsbetrachtungen

In der Regel geht jeder Neuinvestition, seien es neue Fertigungseinrichtungen oder neue Verfahren, eine möglichst umfassende Wirtschaftlichkeitsuntersuchung voraus. Entsprechend der gewählten Zielsetzung wird dann der Vergleich zwischen seitherigem Zustand und dem erwarteten Zustand zur Entscheidung herangezogen.

Zur Einführung einer rechnerunterstützten Konstruktion von Umformwerkzeugen sind folgende Zielsetzungen einzeln oder deren Kombinationen denkbar:

- Direkte Zeichnungsherstellungs-Kosteneinsparung,
- Personalreduzierung oder Verzicht auf Neueinstellungen mit entsprechenden Folgekosten,
- schnellere Auftragsabwicklung,
- bessere Ausnutzung vorhandener Rechnerkapazität,
- größere Unabhängigkeit von Fluktuationseinflüssen,
- größere Unabhängigkeit von menschlichen Einflüssen auf die Konstruktion,
- Vereinheitlichung der Konstruktionen und Zeichnungsausführungen.

10.1 Anfallende Kosten

Zunächst sind vor Einführung einer rechnerunterstützten Konstruktion von Umformwerkzeugen und Stücklistenerstellung wesentliche Vorarbeiten zu leisten. Ausgangspunkt sind eingehende Analysen der jeweils firmenspezifisch geeigneten Werkzeuggruppen und die Formalisierung von deren Konstruktionsprozessen. Der Aufwand hierfür ist von der Komplexität des Werkzeugprogrammes direkt abhängig, beträgt aber in jedem Fall mehrere Mann-Monate. Der Aufbau von Normteilkatalogen ist ebenfalls in diesen Größenordnungen einzuordnen. Zur Stücklistenerstellung sind Programme zur Werkstoffauswahl und Rohmaßberechnung erforderlich. Obwohl hier grundsätzliche Unterlagen in Form von Werkstoffhandbüchern und DIN-Normen vorhanden sind, bewirkt deren rechnergerechte Aufbereitung wesentliche Kosten. Die Erstellung

eines Werkstoffauswahlprogrammes zunächst in logischer Ablaufform und dessen Programmierung kann durchschnittlich in einem Mann-Monat erfolgen, während für Rohmaßberechnungsprogramme auf Grund der Vielzahl der zu berücksichtigenden Daten zwei bis drei Mann-Monate notwendig sind. Hierbei handelt es sich um Werte, die in einer Werkzeugkonstruktionsabteilung mit ca. 15 Werkzeugkonstrukteuren ermittelt wurden und für Werkzeuge mittleren Schwierigkeitsgrades.

Geht man davon aus, daß eine leistungsfähige Datenverarbeitungsanlage vorhanden ist, so treten zusätzliche Kosten für die notwendigen Einrichtungsergänzungen auf. Dabei sind die spezifischen Platzkosten sowie die Kapitalkosten mit zu berücksichtigen. Bei den Arbeitskosten ergeben sich, gleichgültig ob es sich um leicht erlernbare und einfache Programmstrukturen wie PROREN 1 handelt, zunächst in Form von Schulungskosten ein erheblicher Betriebsaufwand. Dies ist darin begründet, daß bei der heute vorhandenen Personalstruktur in einem Konstruktionsbüro keine oder nur unwesentliche Kenntnisse in der Datenverarbeitung vorhanden sind. Es müssen hier noch grundsätzliche Aufbauarbeiten geleistet werden.

Zu den laufenden Kosten zählen vorwiegend die Maschinenbetriebs- und die Programmpflegekosten. Die Maschinenbetriebskosten entstehen bei der Realisierung der erstellten Zeichnungs- und Stücklistenprogramme. So fallen z.B. zur Erstellung einer Schneidziehwerkzeugkonstruktion, Bild 22 und 23, ohne Detaillierung ca. 240 Sekunden Rechenzeit an. Programmpflegekosten sind im wesentlichen Anpassungskosten des Programmes an neue Voraussetzungen. Einerseits können diese durch den technischen Fort-Schritt bedingt sein, andererseits durch Erweiterungen und Abänderungen der Programme selbst. Als Grundlage für eine Kostenabschätzung soll hier auf die VDI-Richtlinie 2216 [26] hingewiesen werden.

Als Möglichkeit für eine Überschlagsrechnung zur Bestimmung der Wirtschaftlichkeit einer rechnerunterstützten Konstruktionsweise von Varianten führt Nicolai [1] in seiner Arbeit eine Gleichung an, mit welcher eine Grenzkostenzahl der zu konstru-

ierenden Varianten berechnet werden kann.

$$n_G = \frac{C + Z + P}{KM - KA}$$

Hierbei bedeuten:

n_G - Grenzkostenzahl
C - jährliche Abschreibungsrate
Z - Zinskosten des Investitionsbetrages
KM - Kosten pro Aufgabe bei manueller Bearbeitung
KA - Kosten pro Aufgabe bei automatischer Bearbeitung
P - Pflegekosten

Bei Anwendung dieser Rechnungsweise ergeben sich Grenzkostenzahlen, die sich lediglich an den anfallenden Kosten orientieren und die anderen Zielsetzungen nicht mit berücksichtigen. Auch ergeben sich hier Werte, die sich in einer mittleren Werkzeugkonstruktion kaum wirtschaftlich realisieren lassen. Diese Betrachtungsweise gewinnt um so mehr an Gewicht, je einheitlicher das Typenprogramm der Werkzeugkonstruktion ist. Wiewelhove [27] hat dies in einer sehr ausführlichen Wirtschaftlichkeitsuntersuchung als die Einsatzbreite eines Systems wie folgt definiert:

$$\text{Einsatzbreite eines Systems} = 100 \sum_{VK=1}^{nv} \frac{\text{Anzahl der autom.gepl.Werkzeuge}}{\text{Anzahl aller geplanten Werkzeuge}}$$

Zur Errechnung eines möglichen Gewinnes geht er dabei von folgender Kostenrechnung aus:

$$G = \sum_{VK=1}^{nv} KE_{VK} - (K_S + \sum_{VK=1}^{nv} K_{VK}),$$

wobei folgende Abkürzungen verwendet wurden:

G - Gewinn
K - Kosten
KE - Kosteneinsparung
VK - Variantenklassen
S - System
nv - alle Variantenklassen

Wiewelhove kommt jedoch auch in dieser Ausarbeitung zu dem Ergebnis, daß die Optimierung des Gewinnes oder der Rentabilität nur ein Gesichtspunkt für die Entscheidung zur Anwendung eines rechnerunterstützten Zeichnungssystems sein kann.

Zusammenfassend kann gesagt werden, daß bei der Anwendung einer rechnerunterstützten Konstruktionsweise die Rentabilität zumindest in der Einführungsphase nicht abgesichert ist. Zu diesem Zeitpunkt sind als wesentliche Vorteile die schnellere Durchlaufzeit, die quantitative Verbesserung und die Vereinheitlichung der Werkzeugkonstruktionen sowie die organisatorischen Vorteile anzusehen, die teilweise bereits durch die notwendigen streng formalistischen Vorarbeiten und im Anschluß daran durch den Einsatz des Systems entstehen.

11 Zusammenfassung

Wesentlicher Einfluß auf die Zielsetzung, Gliederung und Durchführung vorliegender Arbeit wurde durch die grundsätzliche und weitreichende Ausarbeitung von Lange [31] über Hohlformwerkzeuge für Urform- und Umformverfahren ausgeübt, in welcher erstmals von einer selbständigen "Hohlformwerkzeuglehre" gesprochen wird. Ihr Ziel ist das funktionelle und wirtschaftlich optimale Hohlformwerkzeug und beinhaltet Elemente der Physik, Chemie, Tribologie, Konstruktionslehre, Technologie und Systemtechnik.

Die vorliegende Arbeit befaßt sich mit einem Teilbereich dieses Lehrgebietes und ist unter den Begriffen "Konstruktionstechnik" und "Technologie der Verfahren zur Werkzeugherstellung" einzuordnen.

Auf Grund einer eingehenden Analyse des Auftragsbearbeitungsablaufes in Unternehmen, die Umformwerkzeuge zur Fertigung ihrer Produkte benötigen, konnte die Bedeutung von Rationalisierungsmaßnahmen auf den Gebieten der Werkzeugkonstruktion und deren Fertigungsplanung aufgezeigt werden.

Bei der Konstruktion von Umformwerkzeugen handelt es sich vorwiegend um Varianten- und Anpassungskonstruktionen. Unter Zuhilfenahme des Zeichnungserstellungsprogrammes PROREN 1 wurde eine systematische Vorgehensweise erarbeitet, welche die rechnerunterstützte Erstellung von Zusammenbau- und Einzelteilzeichnungen ermöglicht. Eine Minimierung der Eingabedaten konnte durch geeignete Maßberechnungsprogramme erzielt werden. Zur weiteren Vereinheitlichung der Konstruktionen und Stücklisten wurde das Prinzip eines Werkstoffauswahlprogrammes sowie ein ausführliches Rohmaßberechnungsprogramm entwickelt.

Das Erfassen der Planungsaufgaben, die Fertigungsablauf- und Montageplanung sowie die Arbeitszeitermittlung erfordern bei der Fertigungsplanung den gewichtigsten Zeitanteil.

Um auch diesen Bereich einer rechnerunterstützten Arbeitsweise zugänglich zu machen, sind noch weitgehende, grundsätzliche Entwicklungsarbeiten notwendig. Für ein Teilgebiet dieses Komplexes, der Fertigungsablaufplanung von Werkzeugelementen,

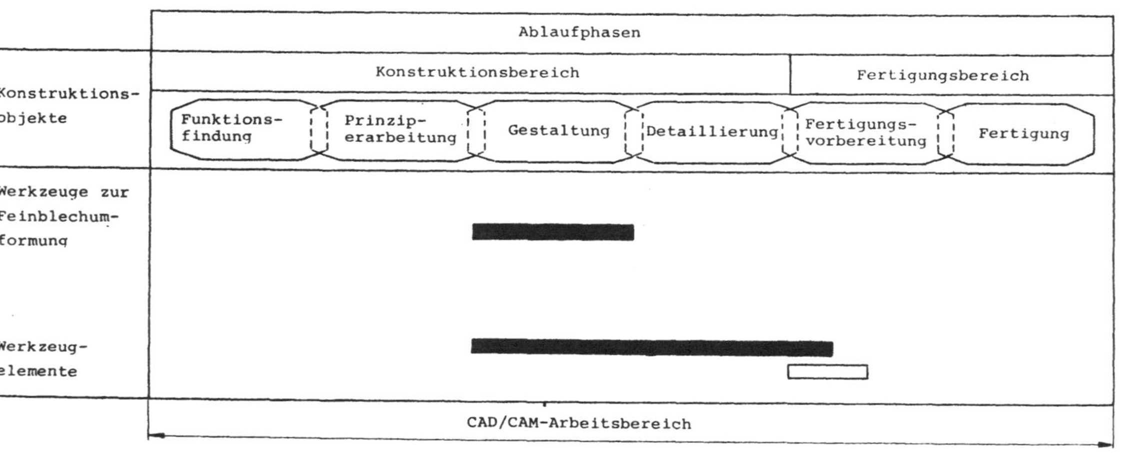

Bild 64: Schematische Einordnung der bearbeiteten Aufgabengebiete (nach [30]).

wurden Ablaufpläne erstellt, die ein breites Gebiet der vorkommenden Werkzeugelemente berücksichtigen und nun als Grundlage für eine Rechenprogrammerstellung zur Verfügung stehen.

Weiterhin konnte gezeigt werden, daß die verwendeten PROREN 1-Zeichenaufrufe zur rechnerunterstützten Erstellung von EXAPT-Geometrieanweisungen sowie zur Auswahl bestimmter trennender Fertigungsverfahren eingesetzt werden können.

Insgesamt wurden in der vorliegenden Arbeit Rationalisierungshinweise zur rechnerunterstützten Konstruktion von Umformwerkzeugen sowie deren Fertigungsablaufplanung aufgezeigt, die bereits bei ihrer systematischen Vorbereitung zu weitgehenden Rationalisierungserfolgen führen können.

Zusammenfassend sind, zur fachlichen Abgrenzung gegenüber weiteren Ablaufphasen, die bei Entwicklungs-, Konstruktions- und Fertigungsphasen durchlaufen werden, die hier untersuchten Bereiche der Werkzeuge zur Feinblechumformung in Bild 64 dargestellt.

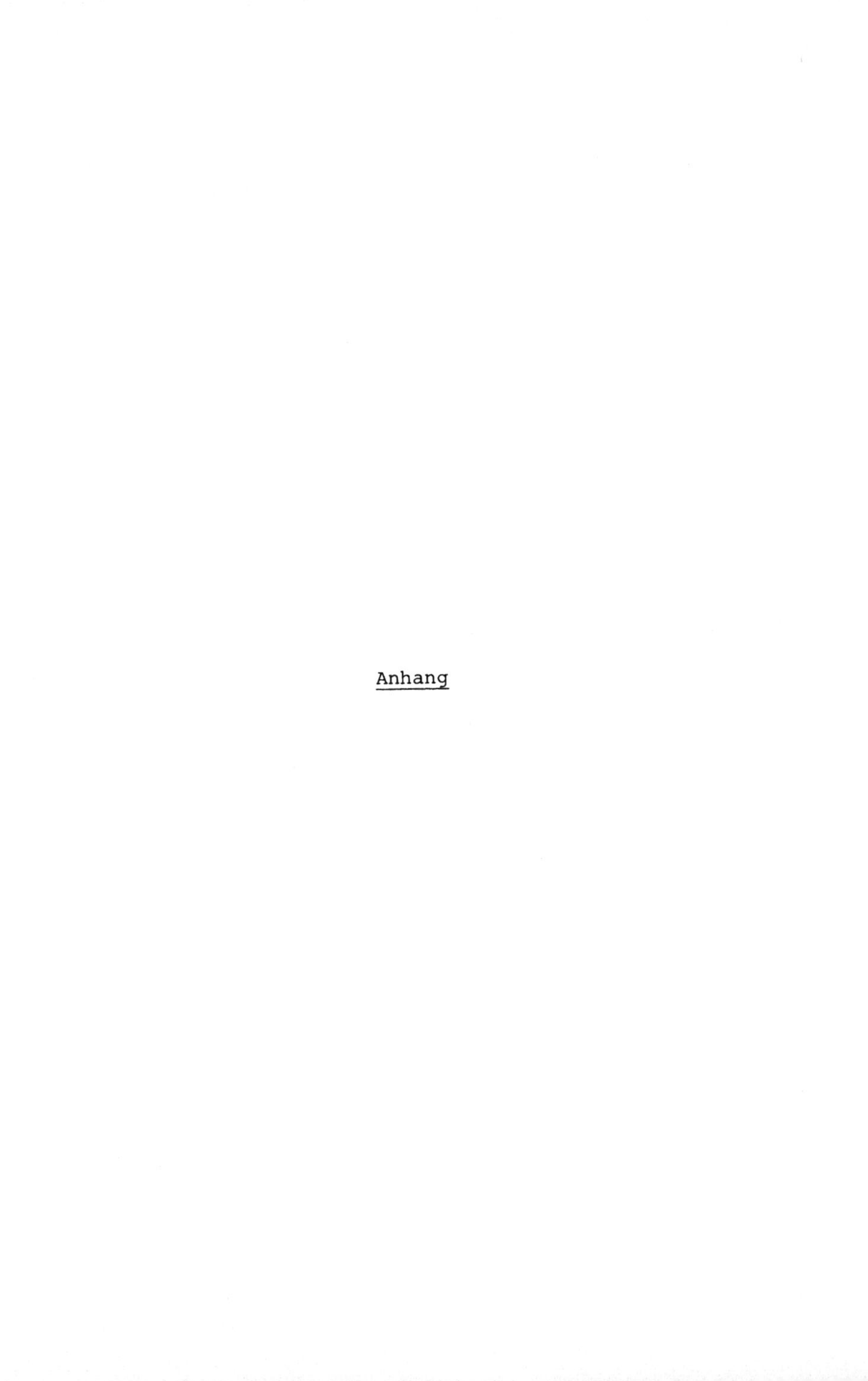

Anhang

Der Anhang dient zur Darstellung von weiteren ausgeführten Konstruktionsbeipsielen. Weiterhin werden noch einige die Fertigungsplanung von Werkzeugelementen ergänzende Angaben gemacht.

Bild A 1 bis Bild A 17 zeigen Variationen der Blechumformwerkzeuge, die jeweils für unterschiedliche Abmessungen der Umformteile rechnerunterstützt konstruiert wurden.

Eine Möglichkeit der Einzelteildarstellung zeigt Bild A 18 und Bild A 19 zeigt eine Kopierschablone. Beim Zeichnen der Kopierschablone wurde durch eine Änderung der Programmaufrufe das Auszeichnen der Positionsnummern unterdrückt.

Bild A 20 und Bild A 21 stellen allgemeine Anwendungsbeispiele für das eingesetzte Zeichnungserstellungsprogramm dar.

Bild A 22 und Bild A 23 a) bis A 23 c) zeigen die Ablaufpläne, für die verschiedenen Anforderungen für das Verfahren Trennen, wie sie bei den Planungsabläufen für Umformwerkzeugelemente (Bild 47 bis Bild 50) zur Anwendung kommen.

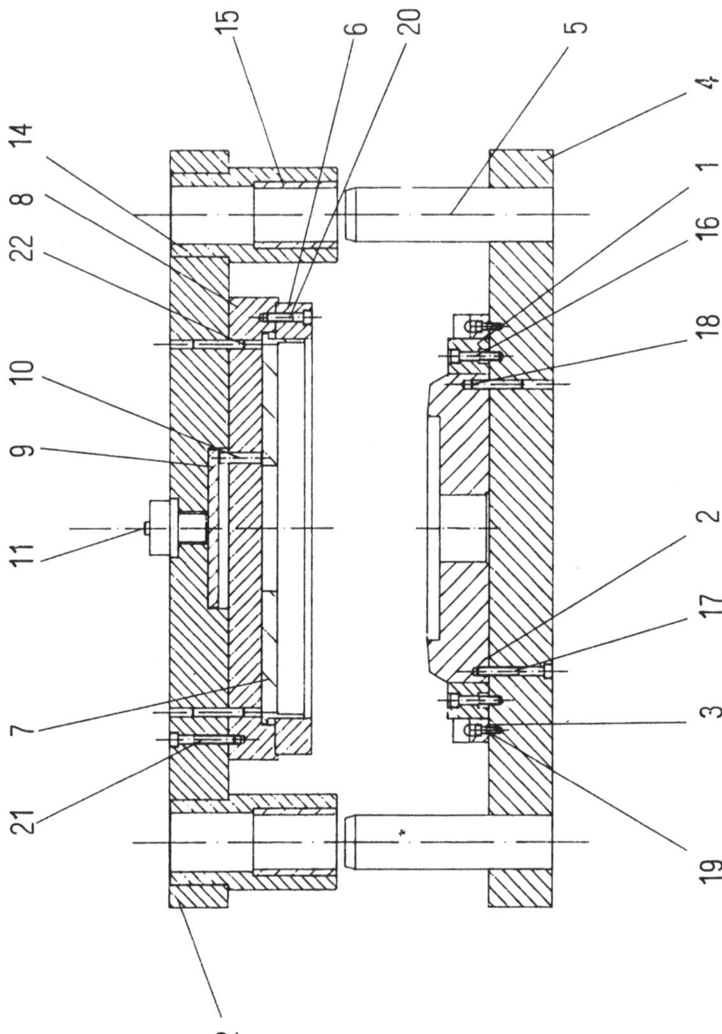

Bild A 1: Rechnerunterstützte Variantenkonstruktion. Beschneidewerkzeug (Bild 28).

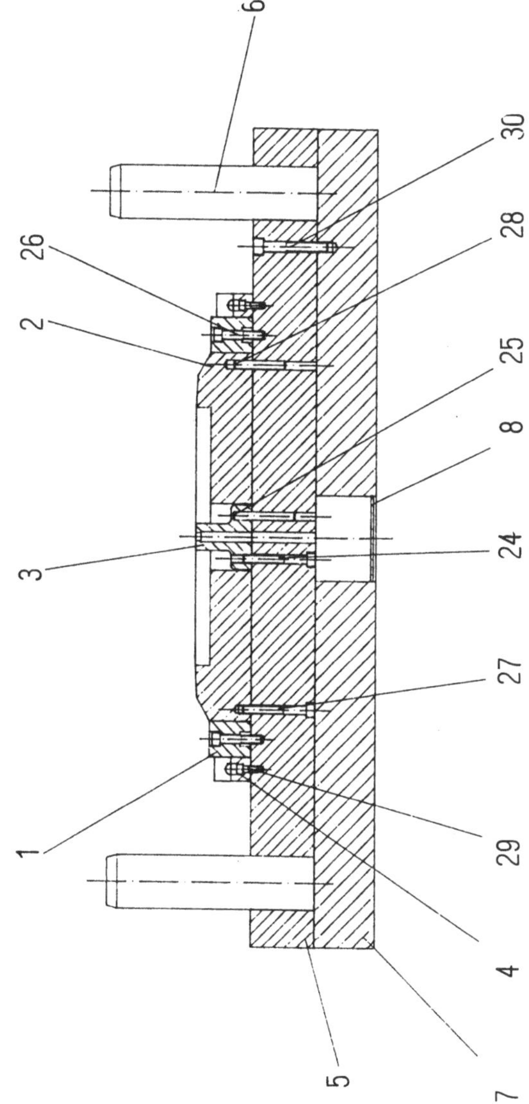

Bild A 2: Rechnerunterstützte Variantenkonstruktion. Beschneidewerkzeug (Bild 26).

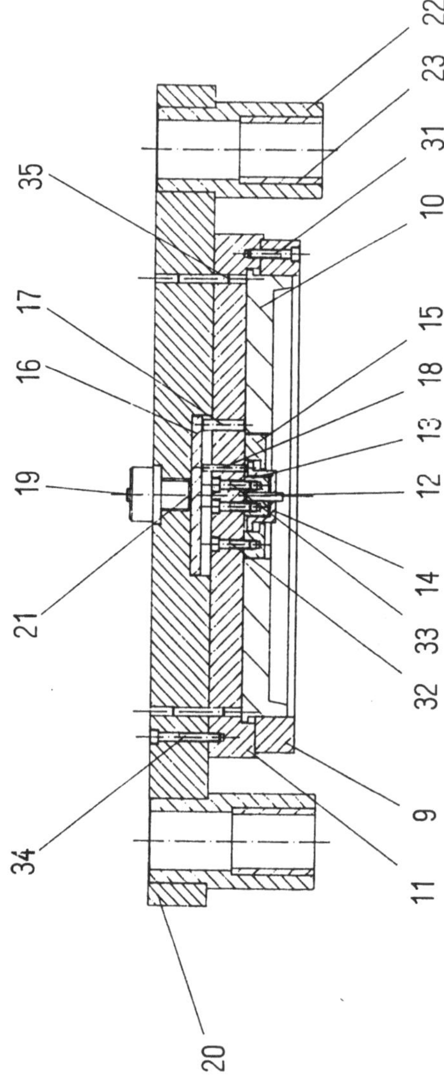

Bild A 3: Rechnerunterstützte Variantenkonstruktion. Beschneidewerkzeug (Bild 27).

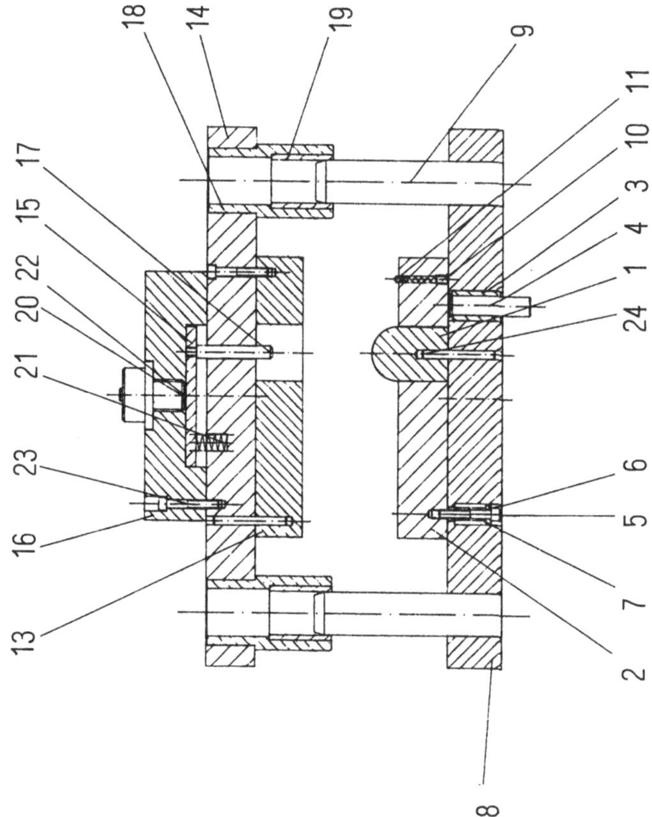

Bild A 4: Rechnerunterstützte Variantenkonstruktion. Ziehwerkzeug (Bild 29).

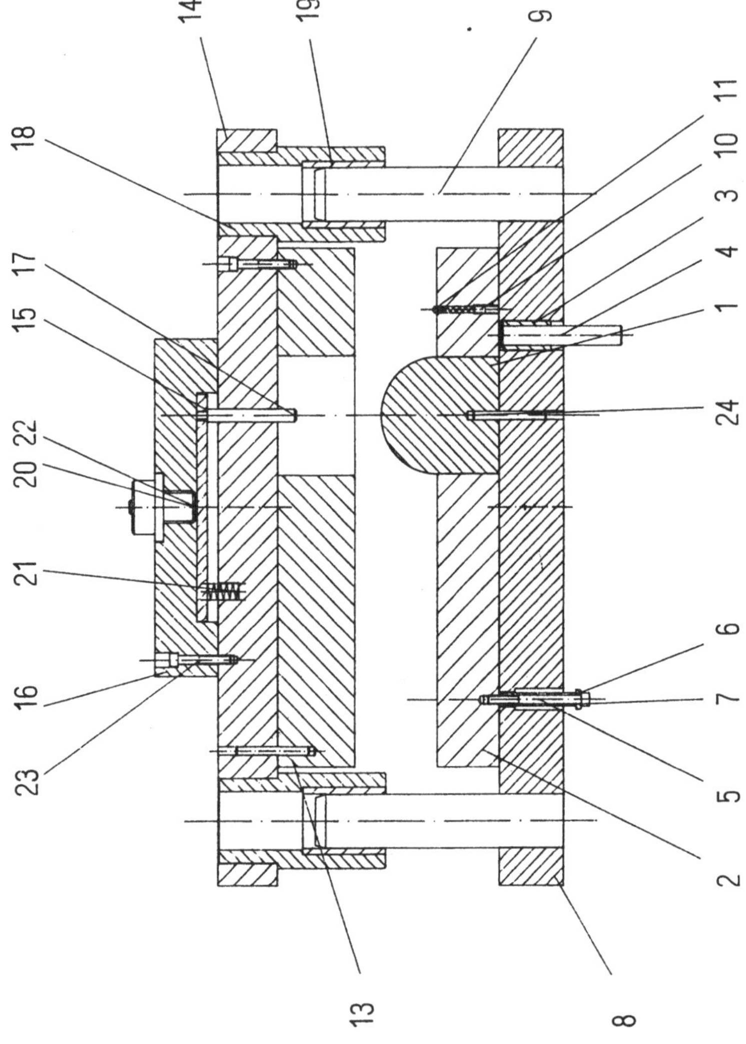

Bild A 5: Rechnerunterstützte Variantenkonstruktion. Ziehwerkzeug (Bild 29).

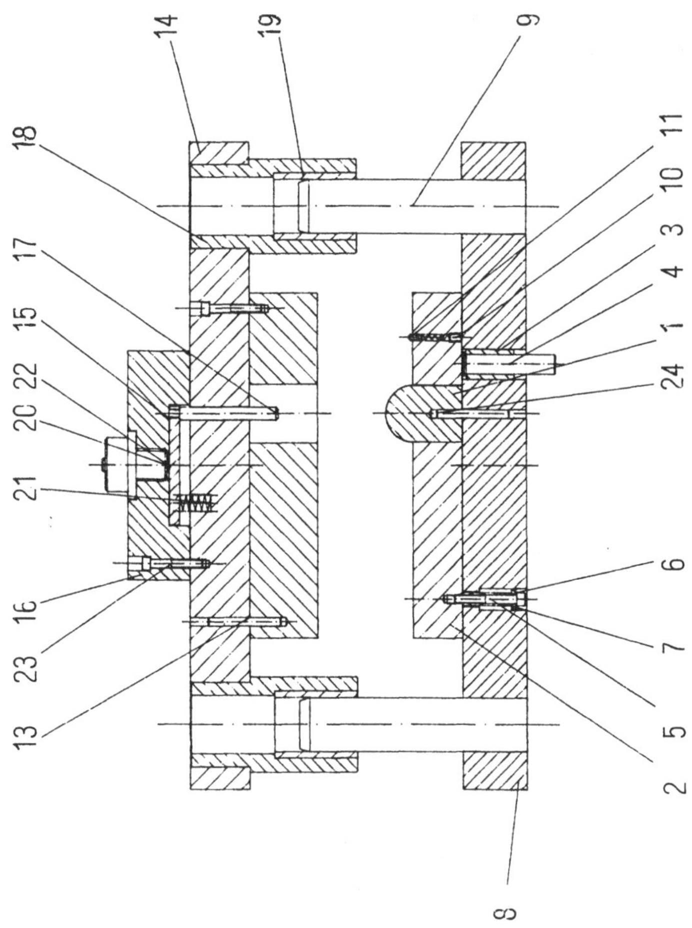

Bild A 6: Rechnerunterstützte Variantenkonstruktion. Ziehwerkzeug (Bild 29).

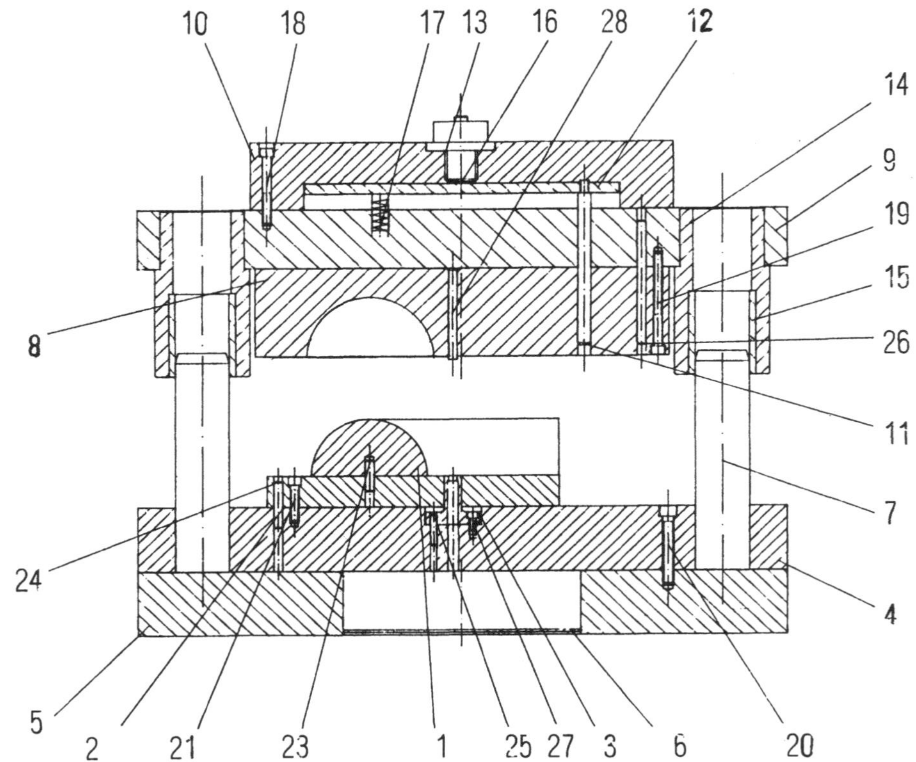

Bild A 7: Rechnerunterstützte Variantenkonstruktion. Formprägewerkzeug (Bild 30).

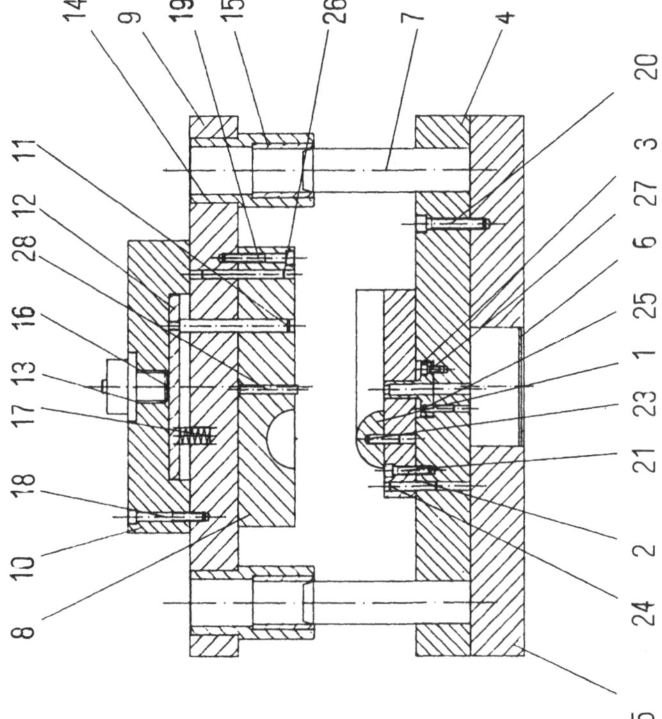

Bild A 8: Rechnerunterstützte Variantenkonstruktion. Formprägewerkzeug (Bild 30).

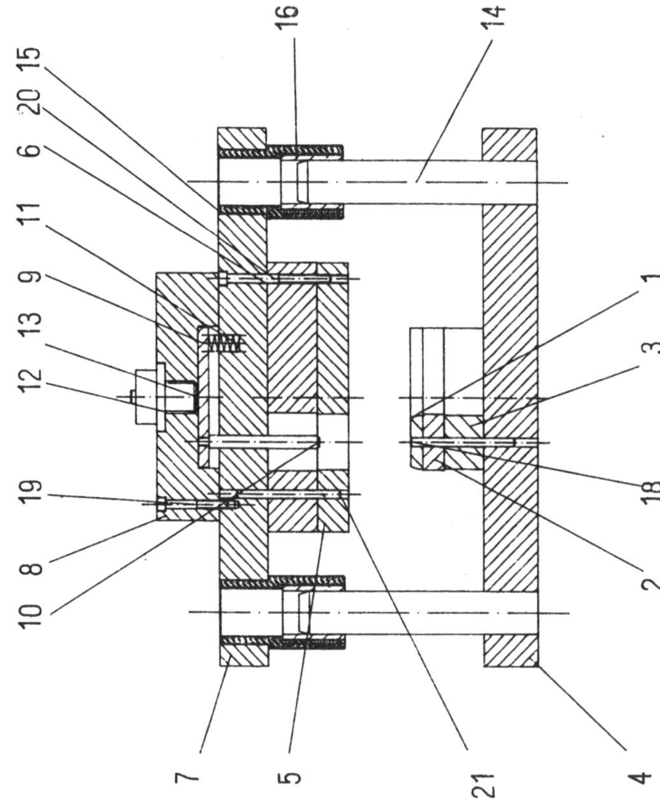

Bild A 9: Rechnerunterstützte Variantenkonstruktion. Längsbeschneidewerkzeug (Bild 31).

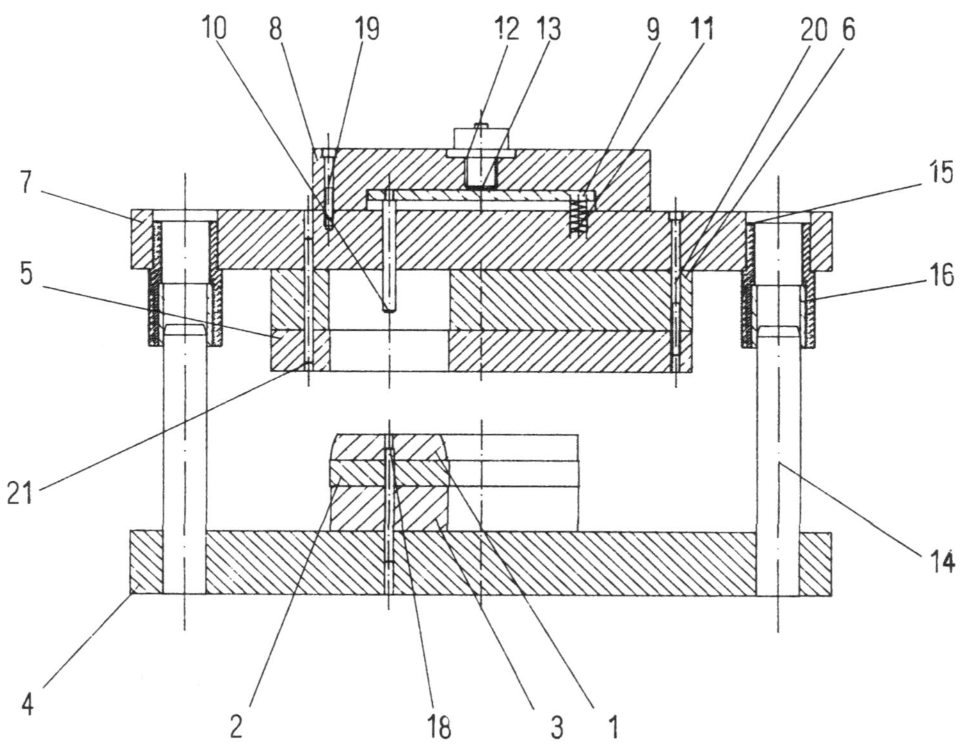

Bild A 10: Rechnerunterstützte Variantenkonstruktion. Längsbeschneidewerkzeug (Bild 31).

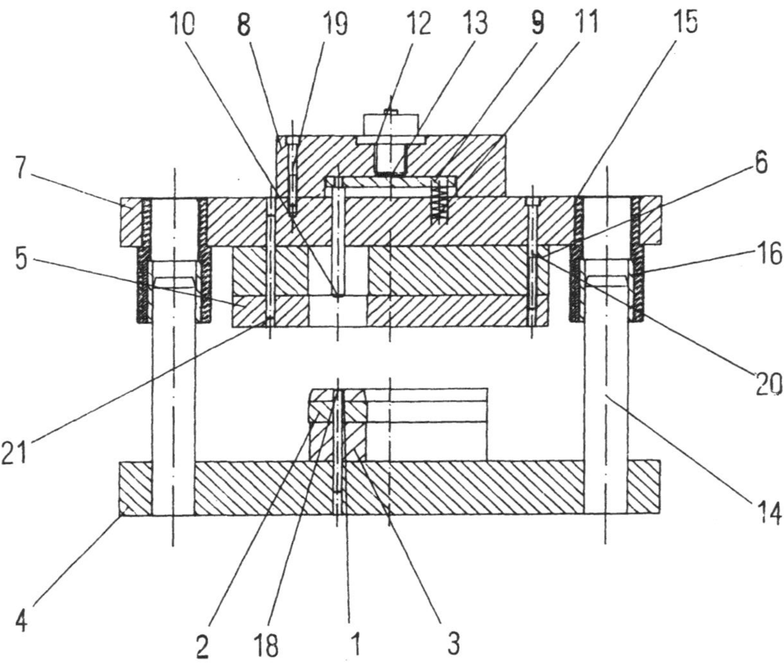

Bild A 11: Rechnerunterstützte Variantenkonstruktion. Längsbeschneidewerkzeug (Bild 31).

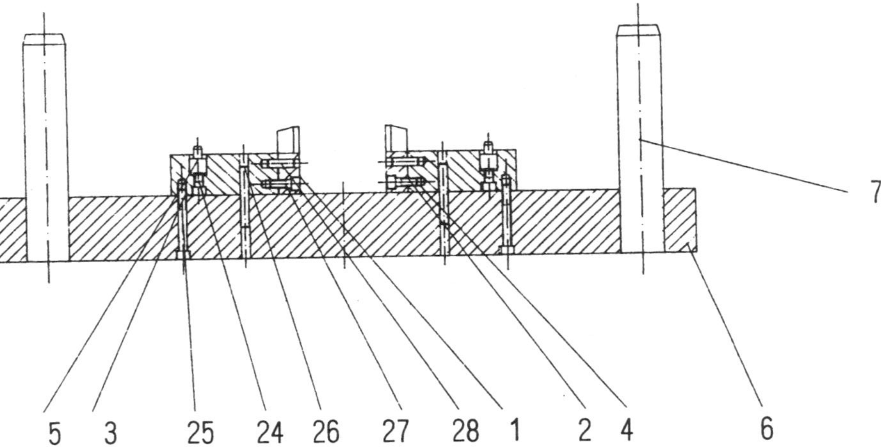

Bild A 12: Rechnerunterstützte Variantenkonstruktion. Stirnseitenbeschneidewerkzeug (Bild 32).

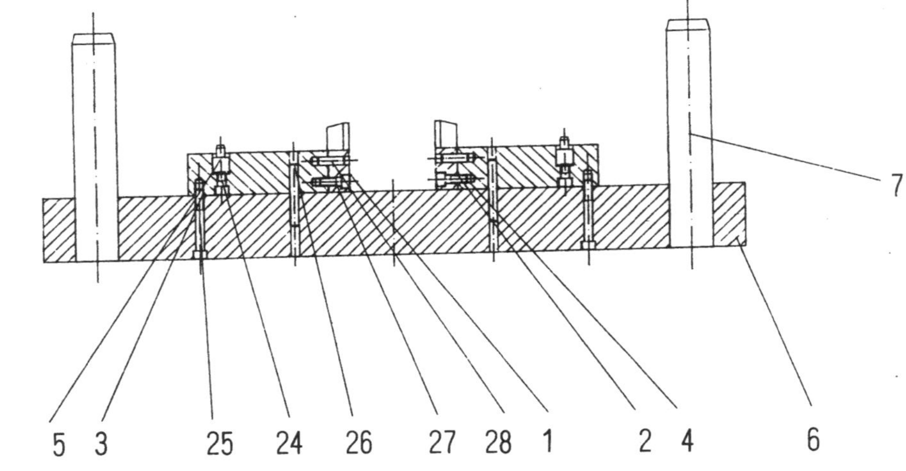

Bild A 13: Rechnerunterstützte Variantenkonstruktion. Stirnseitenbeschneidewerkzeug (Bild 32).

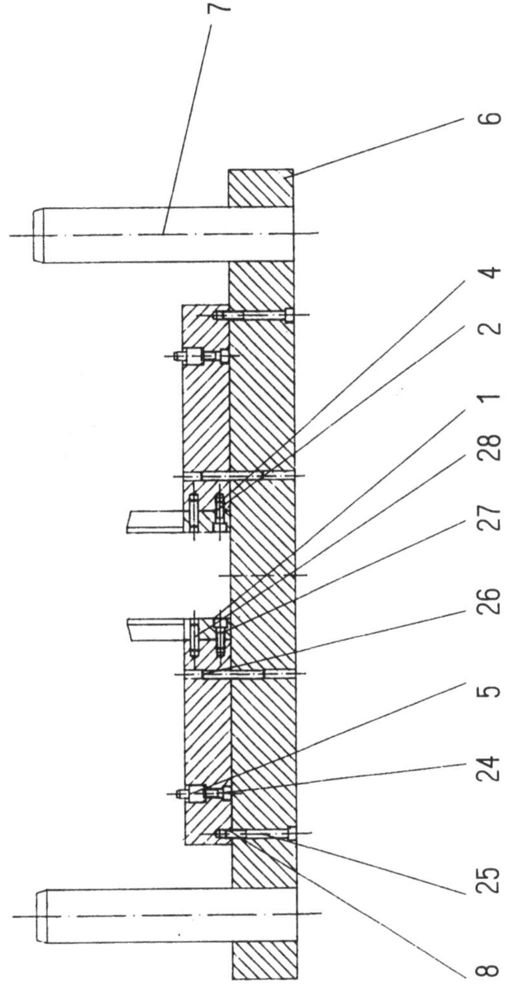

Bild A 14: Rechnerunterstützte Variantenkonstruktion. Stirnseitenbeschneidewerkzeug (Bild 32).

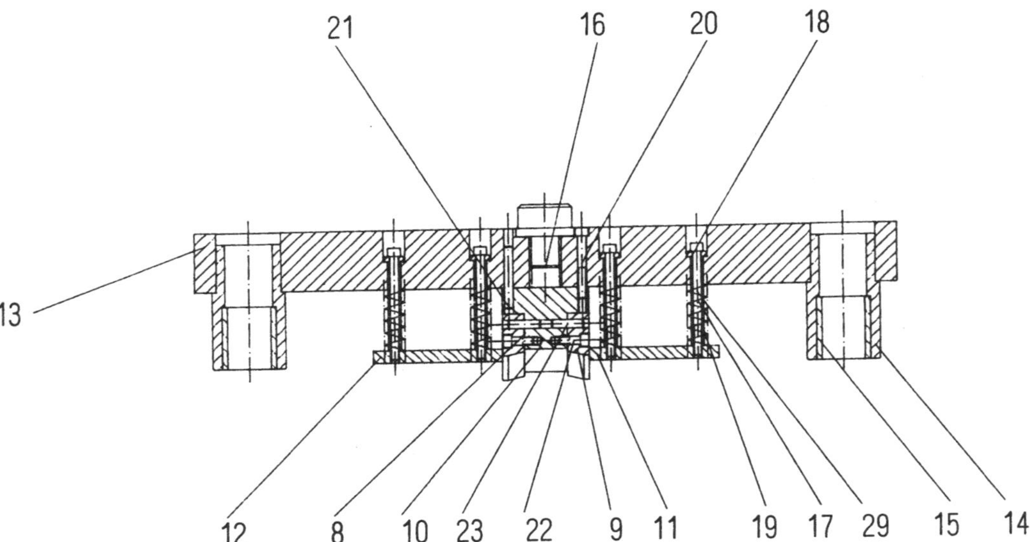

Bild A 15: Rechnerunterstützte Variantenkonstruktion. Stirnseitenbeschneidewerkzeug (Bild 33).

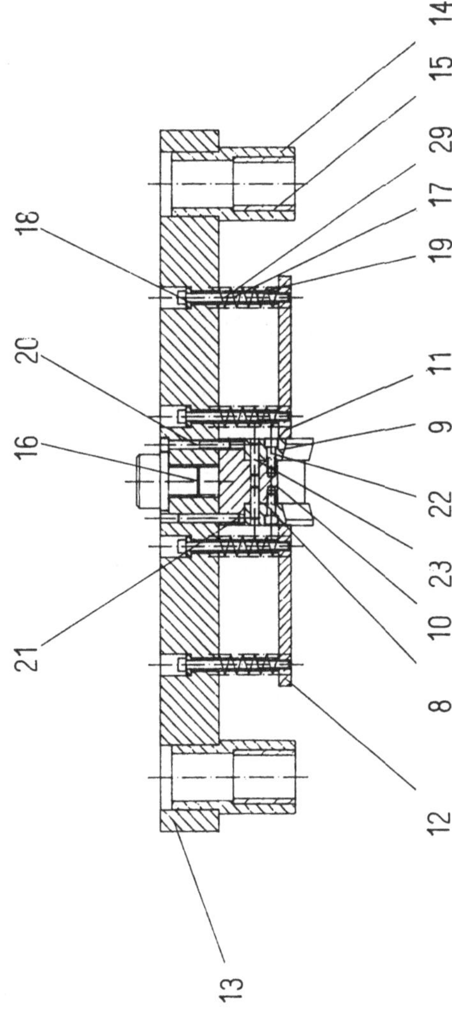

Bild A 16: Rechnerunterstützte Variantenkonstruktion. Stirnseitenbeschneidewerkzeug (Bild 33).

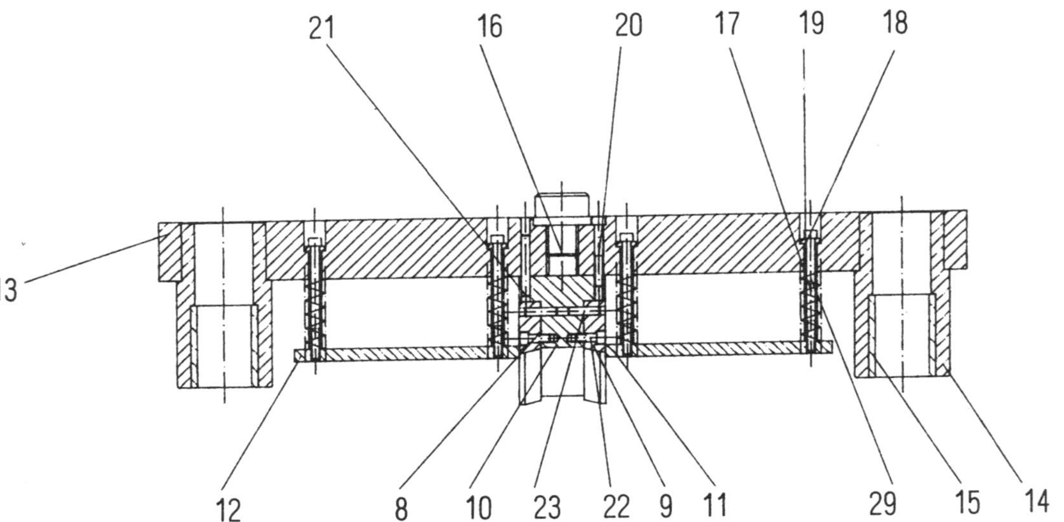

Bild A 17: Rechnerunterstützte Variantenkonstruktion. Stirnseitenbeschneidewerkzeug (Bild 33).

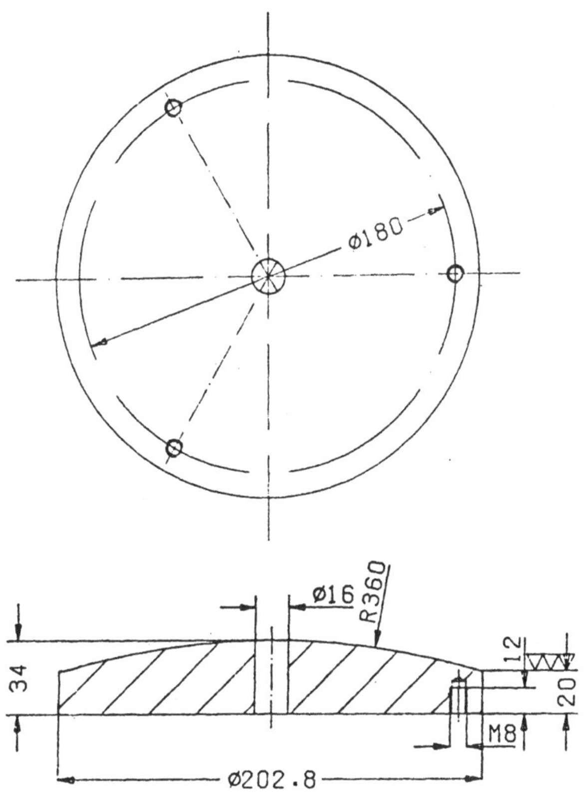

Bild A 18: Rechnerunterstützte Einzelteildarstellung.

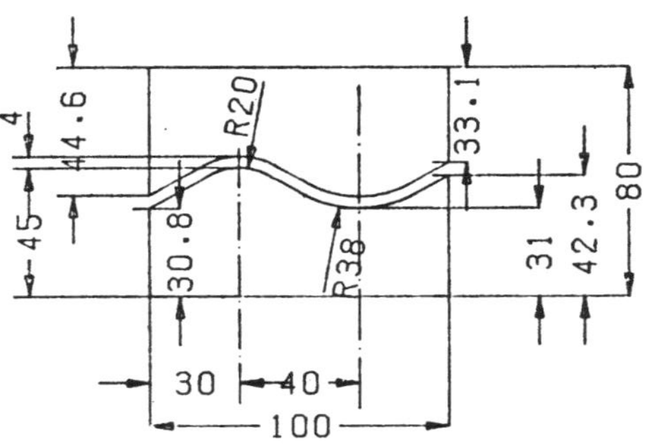

Bild A 19: Rechnerunterstützte Konstruktion einer Kopierschablone.

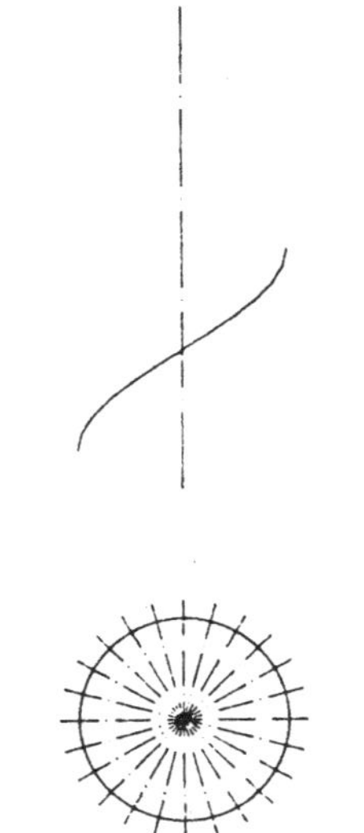

Bild A 20: Rechnerunterstützte Konstruktion einer Schraubenlinie.

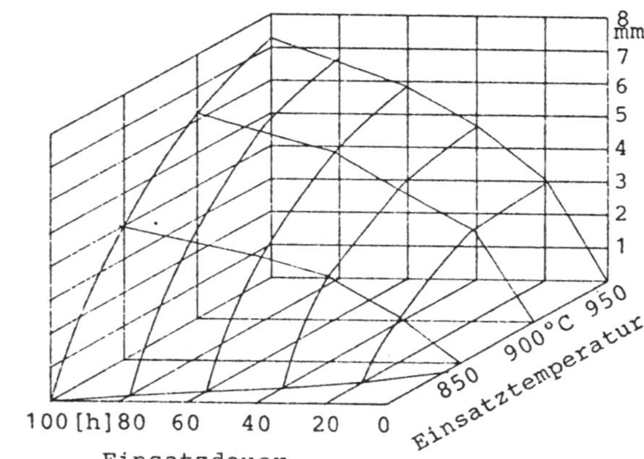

Bild A 21: Rechnerunterstützte Erstellung eines Schaubildes über die Einsatztiefe von Stählen.

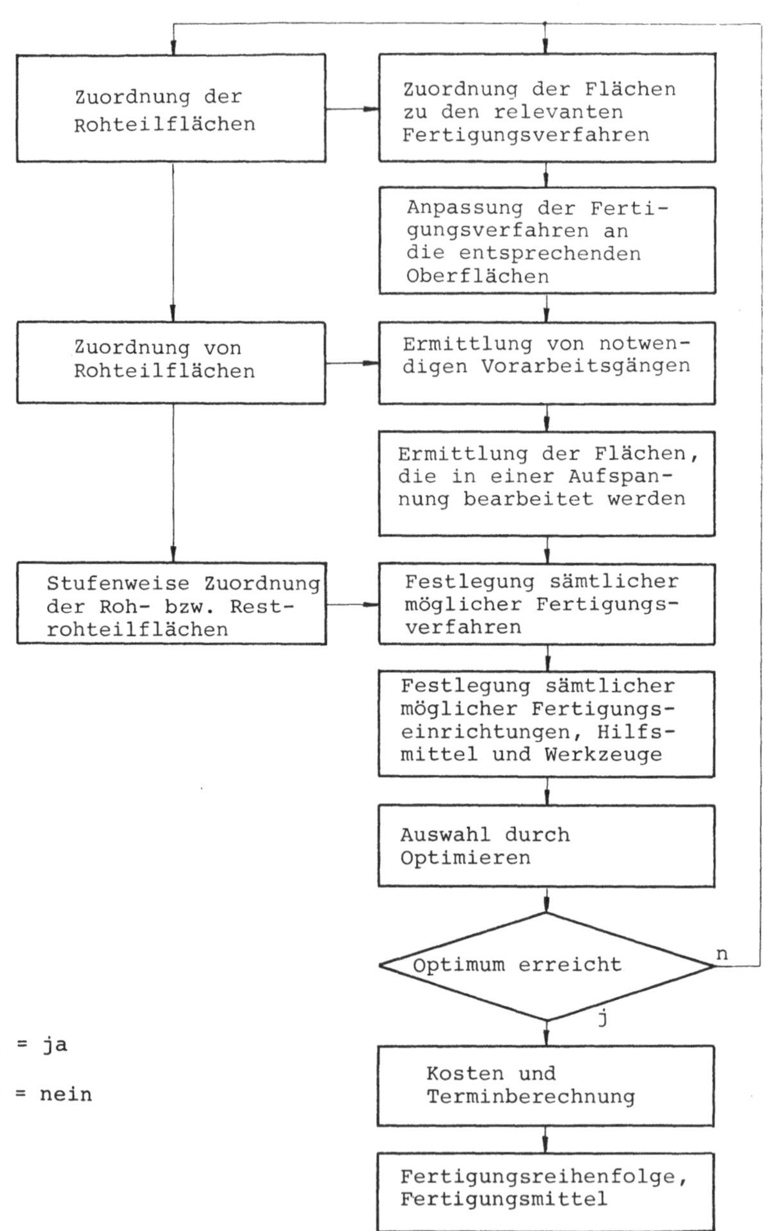

Bild A 22: Ablaufplan für das Fertigungsverfahren: Trennen 1.

a)

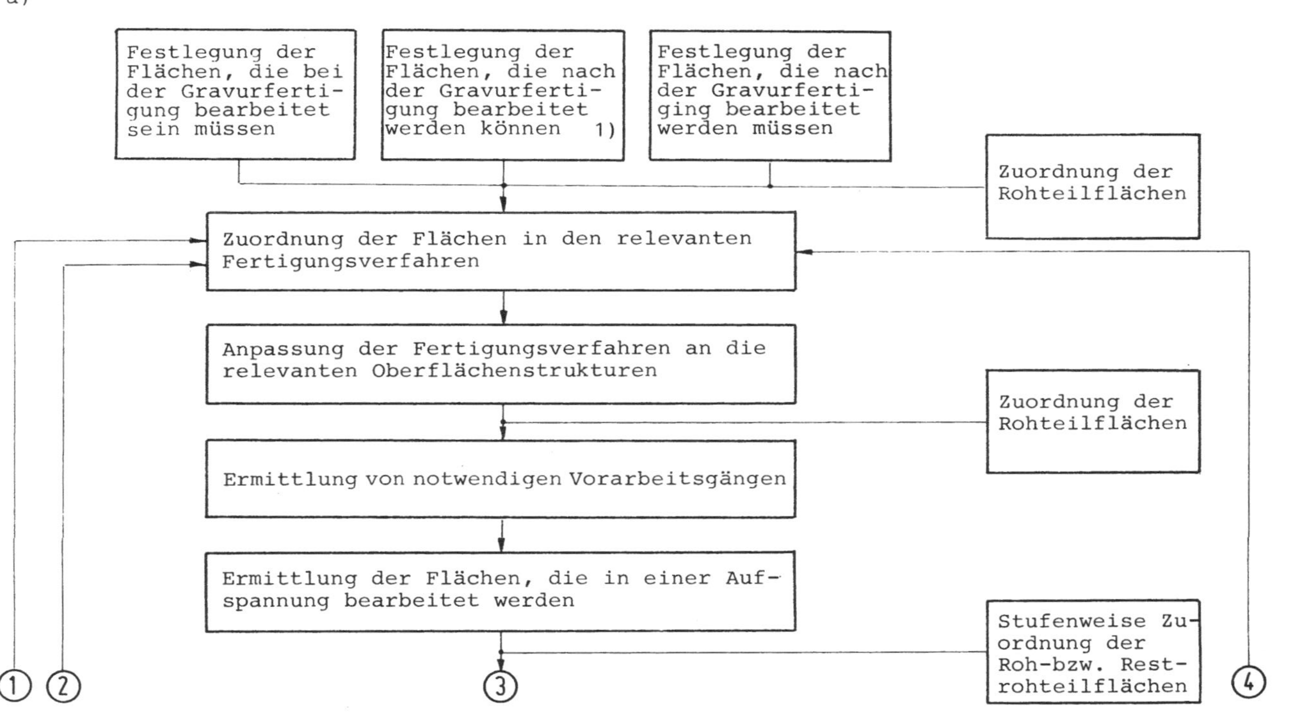

Bild A 23a) bis A 23c): Ablaufplan für das Fertigungsverfahren: Trennen 2.

1) Verfahren "N"

b)

3
Festlegung sämtlicher möglichen Fertigungsverfahren
1
2
4
Festlegung sämtlicher möglichen Fertigungseinrichtungen, Hilfsmittel u. Werkzeuge
Auswahl durch Optimieren
Auswahl durch Optimieren Verfahren "N"
Auswahl durch Optimieren
n
Optimum erreicht?
n
Optimum erreicht?
Optimum erreicht?
n
j
j
j
Kosten- und Terminberechnung
Kosten- und Terminberechnung
Kosten- und Terminberechnung
Fertigungsreihenfolge Fertigungsmittel
Fertigungsreihenfolge Fertigungsmittel
5
6
7
j = ja
n = nein

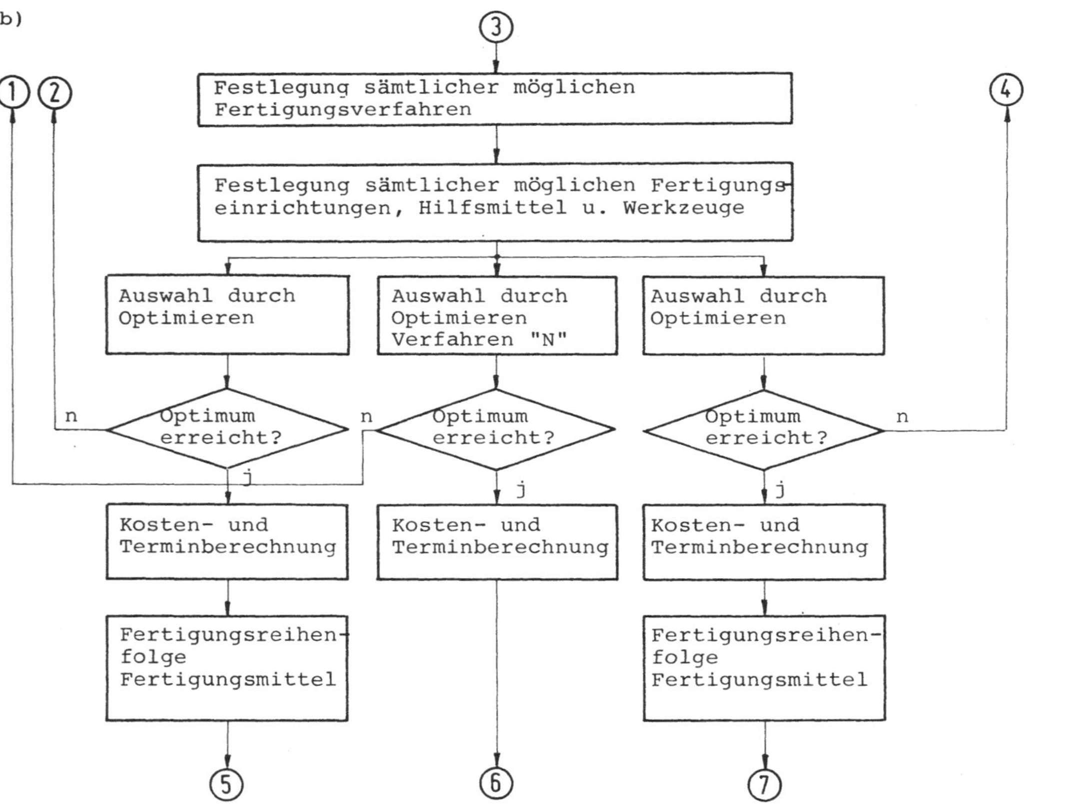

Bild A 23 b)

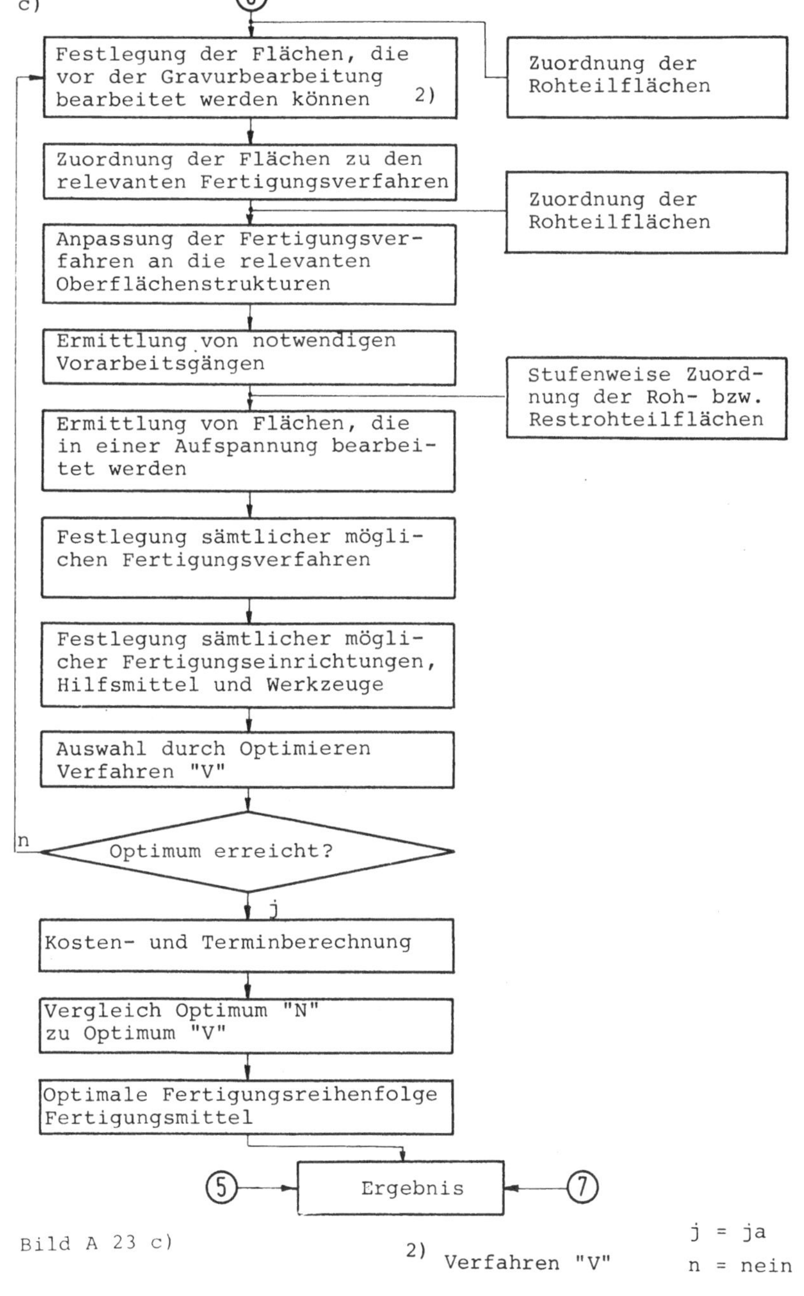

Bild A 23 c)

2) Verfahren "V"

j = ja
n = nein

Schrifttum

[1] Nicolai, M.: Rechnerunterstützte Variantenkonstruktionen von Drehtischen, Dr.-Ing.-Diss. TH Darmstadt 1978.

[2] Czeranowsky, N.: Strukturuntersuchungen von Baugruppen zur Entwicklung einer Konstruktionslogig gezeigt am Beispiel von Vorschubschlitteneinheiten, Dr.-Ing.-Diss. TU Hannover 1978.

[3] VDI-Richtlinie 2210 Analyse des Konstruktionsprozesses im Hinblick auf den EDV-Einsatz. Entwurf. Beuth-Verlag, Berlin, Köln 1975.

[4] VDI-Richtlinie 2222 Konzipieren technischer Produkte, Blatt 1. Entwurf. Beuth-Verlag, Berlin, Köln 1973.

[5] Pahl, G. u. Beitz, W.: Konstruktionslehre, Springer-Verlag, 1976.

[6] DIN 199 Technische Zeichnungen. Deutscher Normenausschuß, Berlin, 1962.

[7] Bullinger, H. J.: Rechnerunterstützte Ablauforganisation im Konstruktionsbüro, Fertigungstechnisches Kolloquium Stuttgart 1973, S. 10 - 15.

[8] Lange, K. u. Krämer, W.: Lehrbuch der Umformtechnik, Band 3, Blechumformung, Kapitel 3, Schneiden, S. 61, Springer-Verlag, Berlin, Heidelberg, New York 1975.

[9] DIN 140 Oberflächenzeichen. Deutscher Normenausschuß, Berlin, 1931.

[10] Eversheim, W.: Manuskript zum Vortrag zur Gemeinschaftssitzung VDW-HGF am 30.11.1977, Bad Nauheim.

[11] Spur, G.: COMVAR-Beschreibungshandbuch, IWF TU Berlin, 1977.

[12] Weck, M., Heinrichs, H. u. Gillessen, R.: Abschlußbericht zum Zeichnungssystem FREEDRAFT zur rechnerunterstützten Zeichnungserstellung, Lehrstuhl für Werkzeugmaschinen, WZL, TH Aachen, 1977.

[13] Falkenhausen, F. von: Automatisches Zeichnungserstellen von Einzelteilen mit dem System DETAIL, IWF-Report Nr. 7, TU Berlin 1977.

[14] Seifert, H., Fritsche, B., Harenbrock, D. u. Stracke, H.: Benutzerhandbuch für PROREN 1.

[15] DIN-Taschenbuch 10 Schrauben, Muttern und Zubehör. Beuth-Vertrieb, Berlin, Köln, Frankfurt 1961.

[16] DIN 6771 Vordrucke für technische Unterlagen. Fachnormenausschuß Zeichnungen im Deutschen Institut für Normung e. V., Beuth-Verlag, Berlin, Köln, 1975.

[17] Krämer, W.: Beitrag zur Kraft- und Arbeitsermittlung beim Schneiden von Blech, Ind.-Anzeiger 90, 1968, S. 361 - 365.

[18] DIN 1013 Warmgewalzter Rundstahl.
DIN 1014 Warmgewalzter Vierkantstahl.
DIN 1017 Warmgewalzter Flachstahl.
DIN 7527 Bearbeitungszugabe und zulässige Abweichungen für freiformgeschmiedete Stähle.
DIN 59200 Warmgewalzter Breitflachstahl.
Fachnormenausschuß für Eisen und Stahl im Deutschen Institut für Normung e. V., Beuth-Vertrieb, Berlin, Köln.

[19] Gres, W. H.: Die geometrischen Verhältnisse bei der Herstellung unregelmäßiger Flächen, Berlin 1957.

[20] Cronjäger, L.: Spanende Flächenerzeugung aus der Relativbewegung von Werkzeug und Werkstück, Dr.-Ing.-Diss. TU Hannover.

[21] Graalmann, H.: Ein System zur automatischen Ermittlung von Arbeitsvorgangsfolgen auf der Basis einer analytischen Beschreibung des Bearbeitungsprozesses, Dr.-Ing.-Diss. TH Aachen, 1975.

[22] Eversheim , W., Fuchs, H.: Automatische Arbeitsplanerstellung - Anwendung des Systems AUTAP für allgemeine Rotationsteile. Bericht aus dem Laboratorium für Werkzeugmaschinen und Betriebslehre der TH Aachen, 1979.

[23] DIN 8580 Begriffe der Fertigungsverfahren. Beuth-Vertrieb, Köln, Berlin.

[24] Koschnick, G., Meyer, B., Rohs, H.: Numerisch gesteuerte Maschinen, Expert Verlag, Grafenau, 1981.

[25] Glörfeld, K.: Die Untersuchung des Zuordnungsproblems von Werkstück, Werkzeug und Werkzeugmaschine am Beispiel des Fertigungsverfahrens Fräsen, Dr.-Ing.-Diss. TU Hannover 1968.

[26] VDI-Richtlinie 2216 Vorgehen bei der Einführung der EDV im Konstruktionsbereich. Entwurf.

[27] Wiewelhove, W.: Automatische Detaillierung, Zeichnungs- und Arbeitsplanerstellung für Varianten, Dr.-Ing.-Diss. TH Aachen 1976.

[28] Opitz, H.: Rechnerunterstütztes Konstruieren, Westdeutscher Verlag Opladen, 1971.

[29] Eversheim , W. u. Sander, R.: Rationalisierungskonzepte für den Konstruktionsbereich, Bericht aus dem Laboratorium für Werkzeugmaschinen und Betriebslehre der TH Aachen.

[30] Rothenberg, R.: Ergebnisse und Ziele bei der Durchführung von Entwicklungsarbeiten im Projekt "Rechnerunterstütztes Entwickeln, Konstruieren und Fertigen". IWF-Report Nr. 7, S. 166 - 178.

[31] Lange, K.: Hohlformwerkzeuge für Urform- und Umformverfahren, VDI-Bericht Nr. 166, 1970, S. 83 - 96.

Berichte aus dem Institut für Umformtechnik der Universität Stuttgart

Herausgeber Professor Dr.-Ing. Kurt Lange

1 **Untersuchung über den Einfluß der Belastungszeit auf die Streuung der Rückfederung von Biegeteilen**
Von Dipl.-Ing. Klaus Tafel. 70 Seiten Text u. 64 Seiten mit 49 Bildern u. 15 Tafeln. Vergriffen

2/3 **Untersuchungen über das freie Napfen**
Von Dipl.-Ing. Gerhard Schmitt und Dipl.-Ing. Dieter Schmoeckel.
Untersuchungen über den Kraft- und Arbeitsbedarf sowie den Umformwirkungsgrad beim Vorwärts-Vollfließpressen von Stahl
Von Dipl.-Ing. Dieter Kast. 40 Seiten Text u. 43 Seiten mit 47 Bildern u. 5 Tafeln. 28,— DM

4 **Untersuchungen über die Werkzeuggestaltung beim Vorwärts-Hohlfließpressen von Stahl und Nichteisenmetallen**
Von Dipl.-Ing. Dieter Schmoeckel. 72 Seiten Text u. 117 Seiten mit 179 Bildern. 39,— DM

5 **Untersuchungen über das Stauchen und Zapfenpressen**
Von Dipl.-Ing. Märten Burgdorf. 126 Seiten Text u. 58 Seiten mit 138 Bildern u. 4 Tafeln. 55,— DM

6 **Untersuchungen über die Streuung der Kräfte und Arbeiten beim Fließpressen in der laufenden Fertigung und den Einfluß der Phosphatschichtdicke und des Schmiermittels**
Von Dipl.-Ing. Hans-Dietrich Witte. 38 Seiten Text u. 48 Seiten mit 49 Bildern. 30,— DM

7 **Untersuchungen über das Rückwärts-Napffließpressen von Stahl bei Raumtemperatur**
Von Dipl.-Ing. Gerhard Schmitt. 132 Seiten Text u. 93 Seiten mit 130 Bildern u. 5 Tafeln. 34,— DM

8 **Die Abbildegenauigkeit beim Biegen im 90°-V-Gesenk und ihre Beeinflussung durch Nachdrücken im Gesenk durch Nachdrücken im Gesenk**
Von Dipl.-Ing. Eckart Dannenmann. 50 Seiten Text u. 31 Seiten mit 28 Bildern u. 1 Tafel. Vergriffen

9 **Untersuchungen über den Zusammenhang zwischen Vickershärte und Vergleichsformänderung bei Kaltumformvorgängen**
Von Dipl.-Ing. Hans Wilhelm. 50 Seiten Text u. 35 Seiten mit 37 Bildern u. 2 Tafeln. Vergriffen

10 **Untersuchungen über das Abstreckziehen von zylindrischen Hohlkörpern bei Raumtemperatur**
Von Dipl.-Ing. Rolf K. Busch. 86 Seiten Text u. 92 Seiten mit 97 Bildern. Vergriffen

11 **Vorgänge beim elektromagnetischen und elektrohydraulischen Umformen von metallischen Werkstücken**
Von Dipl.-Ing. Herbert Müller. 90 Seiten Text u. 110 Seiten mit 93 Bildern u. 10 Tafeln. 22,— DM

12 **Ein Verfahren zur näherungsweisen Berechnung des Spannungs- und Formänderungszustandes beim Fließen starrplastischer Werkstoffe**
Von Dipl.-Ing. Gerhard Adler. 124 Seiten Text u. 76 Seiten mit 72 Bildern. Vergriffen

13 **Modellgesetzmäßigkeiten beim Rückwärtsfließpressen geometrisch ähnlicher Näpfe**
Von Dipl.-Ing. Dieter Kast. 101 Seiten Text u. 73 Seiten mit 60 Bildern u. 6 Tafeln. Vergriffen

14 **Untersuchungen über das Genauschneiden von Stahl und Nichteisenmetallen**
Von Dipl.-Ing. Wilfried Krämer. 96 Seiten Text u. 132 Seiten mit 128 Bildern u. 10 Tafeln. Vergriffen

15 **Entwicklung und Erprobung eines Simulators zur reproduzierbaren Nachahmung der Kraft-Weg-Verläufe von Umformvorgängen**
Von Dipl.-Ing. Kurt Schmid. 88 Seiten Text u. 38 Seiten mit 35 Bildern u. 2 Tafeln. 17,— DM

16 **Walzrichten von Metallbändern mit symmetrisch angestellter Fünf-Walzen-Richtmaschine**
Von Dipl.-Ing. Hans-Dietrich Witte. 108 Seiten Text u. 63 Seiten mit 60 Bildern u. 8 Tafeln. 22,— DM

17/18 **Erzeugung räumlicher Blechgebilde mittels Flächenbiegung**
Konstruktion, Abwicklung und Herstellung von Schraubtorsen aus Blech
Von Prof. Dr.-Ing. E. h. Dr. techn. h. c. Otto Kienzle.
120 Seiten Text u. 55 Seiten mit 86 Bildern u. 3 Tafeln. 22,— DM

19 **Einfluß der Alterung auf die mechanischen Eigenschaften von Stählen zum Kaltfließpressen**
Von Dipl.-Ing. Vladimir Hasek, CSc. 43 Seiten Text u. 54 Seiten mit 50 Bildern u. 3 Tafeln. 16,— DM

20 **Beitrag zur Frage der Spannungen, Formänderungen und Temperaturen beim axialsymmetrischen Strangpressen**
Von Dipl.-Ing. Rolf Dalheimer. 118 Seiten Text u. 76 Seiten mit 79 Bildern u. 3 Tafeln. Vergriffen

21 **Über den Einfluß der Werkzeuggeschwindigkeit auf den Stauchvorgang**
Von Dipl.-Ing. H.-J. Metzler. 127 Seiten Text u. 100 Seiten mit 94 Bildern u. 6 Tafeln. 25,— DM

22 **Numerische Behandlung von Verfahren der Umformtechnik**
Von Dr.-Ing. Elmar Steck. 67 Seiten Text u. 22 Seiten mit 43 Bildern. 16,— DM

23 **Ein Verfahren zur näherungsweisen Berechnung der Wärmeentwicklung und der Temperaturverteilung beim Kaltstauchen von Metallen**
Von Dipl.-Ing. Walther Pohl. 78 Seiten Text u. 51 Seiten mit 61 Bildern u. 4 Tafeln. 21,— DM

24 **Untersuchungen über das Drückwalzen zylindrischer Hohlkörper und Beitrag zur Berechnung der gedrückten Fläche und der Kräfte**
Von Dipl.-Ing. Hans-Jürgen Dreikandt. 161 Seiten Text u. 79 Seiten mit 73 Bildern u. 6 Tafeln. Vergriffen

25 **Über den Formänderungs- und Spannungszustand beim Ziehen von großen unregelmäßigen Blechteilen**
Von Dipl.-Ing. Vladimir Hasek, CSc. 129 Seiten Text u. 106 Seiten mit 109 Bildern u. 9 Tafeln. 35,— DM

26 **Über die Anisotropie des plastischen Verhaltens stranggepreßter Stäbe aus hexagonalen Metallen**
Von Dipl.-Ing. Günther Schröder. 129 Seiten Text u. 75 Seiten mit 97 Bildern u. 2 Tafeln. Vergriffen

27 **Die Messung der mechanischen Kontaktspannung in der Wirkfuge**
Werkzeug — Werkstück bei Umformverfahren
Von Dipl.-Ing. Fritz Dohmann. 99 Seiten Text u. 82 Seiten mit 93 Bildern u. 4 Tafeln. Vergriffen

28 **Beitrag zur rechnerunterstützten Auslegung von Pressengestellen**
Von Dipl.-Ing. Manfred Geiger. 94 Seiten u. 56 Seiten mit 63 Bildern. Vergriffen

29 **Untersuchungen über das Aufweittiefziehen**
Von P. S. Raghupathi, M. E. ISBN 3-7736-0780-6.
80 Seiten Text u. 54 Seiten mit 73 Bildern u. 2 Tafeln. 32,– DM

30 **Faltenbildung als Verfahrensgrenze beim Stauchen von Hohlkörpern**
Von Dipl.-Ing. Klaus Dieterle. ISBN 3-7736-0781-4.
55 Seiten Text u. 35 Seiten mit 43 Bildern u. 3 Tafeln. 28,– DM

31 **Beitrag zur Ermittlung von Fließkurven im kontinuierlichen hydraulischen Tiefungsversuch**
Von Dipl.-Ing. Franc Gologranc. ISBN 3-7736-0785-7.
125 Seiten Text u. 58 Seiten mit 95 Bildern u. 6 Tafeln. Vergriffen

32 **Untersuchungen an Strangpreßmatrizen**
Von Dipl.-Ing. Klaus Gieselberg. ISBN 3-7736-0786-5.
101 Seiten Text u. 56 Seiten mit 69 Bildern. 45,– DM

33 **Beitrag zur Messung der Strangoberflächentemperatur beim Strangpressen**
Von Dipl.-Ing. Karl-Heinz Friedrich. ISBN 3-7736-0787-3.
83 Seiten Text u. 90 Seiten mit 84 Bildern u. 3 Tafeln. 48,– DM

34 **Über das Umformverhalten von Blechen aus Titan und Titanlegierungen**
Von Dipl.-Ing. Hans Wilhelm. ISBN 3-7736-0788-1.
107 Seiten Text u. 69 Seiten mit 76 Bildern u. 13 Tafeln. 48,– DM

35 **Untersuchung der magnetischen Induktion, Stromdichte und Kraftwirkung bei der Magnetumformung**
Von Dipl.-Ing. Volker Schmidt. ISBN 3-7736-0789-X.
60 Seiten Text u. 53 Seiten mit 84 Bildern. 21,– DM

36 **Der Stofffluß beim kombinierten Napffließpressen**
Von Dipl.-Ing. Rolf Geiger. ISBN 3-7736-0790-3.
111 Seiten Text u. 74 Seiten mit 80 Bildern u. 6 Tafeln. Vergriffen

37 **Beitrag zum Verhalten superplastischer Werkstoffe beim Massivumformen**
Von Dipl.-Ing. Hans Schelosky. ISBN 3-7736-0791-1.
123 Seiten Text u. 61 Seiten mit 60 Bildern u. 4 Tafeln. 48,– DM

38 **Energieumsatz beim elektrohydraulischen Umformen**
Von Dipl.-Ing. Hans-Joachim Weckerle. ISBN 3-7736-0792-X.
103 Seiten Text u. 46 Seiten mit 56 Bildern. 45,– DM

39 **Elastische Wechselwirkungen an Gestell und Hauptgetriebe weggebundener Pressen**
Von Dipl.-Ing. Lutz Schemperg. ISBN 3-7736-0793-8.
91 Seiten Text u. 58 Seiten mit 65 Bildern u. 3 Tafeln. 45,– DM

40 **Über das plastische Verhalten von Sintermetallen bei Raumtemperatur**
Von Dipl.-Ing. Hartmut Höneß. ISBN 3-7736-0794-6.
84 Seiten Text u. 54 Seiten mit 67 Bildern u. 2 Tafeln. 45,– DM

41 **Untersuchungen zum Halbwarmfließpressen von Stahl**
Von Dr.-Ing. Rolf Geiger, Dipl.-Ing. Eckart Dannenmann und Dipl.-Ing. Jean Stefanakis.
ISBN 37736-0795-4. 50 Seiten Text u. 33 Seiten mit 34 Bildern u. 2 Tafeln. Vergriffen

42 **Änderung der Werkstoffeigenschaften beim Ziehen von zylindrischen Hohlkörpern aus austenitischen und ferritischen nichtrostenden Stählen**
Von Dipl.-Ing. Rolf Zeller. ISBN 3-7736-0796-2.
80 Seiten Text u. 52 Seiten mit 34 Bildern u. 2 Tafeln. 38,– DM

43 **Untersuchungen über das Fließpressen superplastischer Werkstoffe**
Von Dr.-Ing. Hans Schelosky. ISBN 3-7736-0797-0.
36 Seiten Text u. 24 Seiten mit 26 Bildern u. 1 Tafel. 30,– DM

44 **Umformende Bearbeitung in flexiblen Fertigungssystemen**
Von Dipl.-Ing. Hartmut Kaiser. ISBN 3-7736-0798-9.
87 Seiten Text u. 24 Seiten mit 47 Bildern. 36,– DM

45 **Geometrische Eigenschaften tiefgezogener kreiszylindrischer Näpfe**
Von Dipl.-Ing. Dieter Schlosser. ISBN 3-7736-0799-7.
107 Seiten Text u. 64 Seiten mit 60 Bildern u. 9 Tafeln. 48,– DM

46 **Die Eigenschaften einer AlZnMgCu-Legierung nach ausgewählten Kombinationen von Wärmebehandlung und Kaltumformung**
Von Dipl.-Ing. Karl Hankele. ISBN 3-7736-0880-2.
86 Seiten Text u. 51 Seiten mit 52 Bildern u. 4 Tafeln. 45,– DM

47 **Kaltmassivumformen von Sintermetall**
Von Dipl.-Ing. Hans Dieter Schacher. ISBN 3-7736-0881-0.
84 Seiten Text u. 44 Seiten mit 47 Bildern u. 5 Tafeln. 42,– DM

48 **Rechnerunterstützte Arbeitsplanerstellung und Kostenrechnung beim Kaltmassivumformen von Stahl**
Von Dipl.-Ing. Peter Noack. ISBN 3-7736-0882-9.
216 Seiten Text u. 116 Seiten mit 134 Bildern u. 23 Tafeln. 65,– DM

49 **Beitrag zur beanspruchungsgerechten Auslegung von rotationssymmetrischen Fließpreßmatrizen**
Von Dipl.-Ing. Günther Krämer. ISBN 3-7736-0883-7.
94 Seiten Text u. 53 Seiten mit 56 Bildern. 48,– DM

50 **Erzeugung gratfreier Schnittflächen durch Aufteilen des Schneidvorgangs (Konterschneiden)**
Von Dipl.-Ing. Heinz Liebing. ISBN 3-7736-0884-5.
87 Seiten Text u. 51 Seiten mit 55 Bildern u. 4 Tafeln. 46,– DM

Die Berichte 1 bis 28 sind zu beziehen durch das Institut für Umformtechnik, Holzgartenstr. 17, 7000 Stuttgart 1
Die Berichte 29 bis 50 sind zu beziehen durch den Verlag W. Girardet, Postfach 9, 4300 Essen

51 **Berechnung der elastischen Eigenschaften von Baugruppen im Pressenbau**
Von Dipl.-Ing. Herbert Blum. ISBN 3-540-09804-6.
151 Seiten mit 55 Abbildungen. 48,— DM

52 **Untersuchung der Verfahrensgrenzen beim 180°-Biegen von Fein- und Mittelblechen**
Von Dipl.-Phys. Wolfgang Schaub. ISBN 3-540-09881-X.
65 Seiten mit 24 Abbildungen. 38,— DM

53 **Abstreckgleitziehen von nichtrostenden austenitischen Stählen**
Von Dipl.-Ing. Jobst-H. Kerspe. ISBN 3-540-09882-8.
109 Seiten mit 36 Abbildungen. 43,— DM

54 **Fließpressen von Stahl im Temperaturbereich 773 K (500 °C) bis 1073 K (800 °C)**
Von Dipl.-Ing. Ulrich Diether. ISBN 3-540-09959-X.
165 Seiten mit 80 Abbildungen. 48,— DM

55 **Die numerisch gesteuerte Radial-Umformmaschine und ihr Einsatz im Rahmen einer flexiblen Fertigung**
Von Dipl.-Ing. Peter Metzger. ISBN 3-540-10073-3.
158 Seiten mit 65 Abbildungen. 43,— DM

56 **Möglichkeiten zur Steuerung des Stoffflusses beim Ziehen großer unregelmäßiger Blechteile**
Von Dr.-Ing. Vladimir V. Hasek, CSc. ISBN 3-540-10074-1.
193 Seiten mit 96 Abbildungen. 48,— DM

57 **Beitrag zur Arbeitsgenauigkeit des Kaltmassivumformens**
Von Dipl.-Ing. Herbert Leykamm. ISBN 3-540-10363-5.
165 Seiten mit 84 Abbildungen und 5 Tabellen. 48,— DM

58 **Untersuchungen über das Verjüngen von zylindrischen Vollkörpern**
Von Dipl.-Ing. Helmut Binder. ISBN 3-540-10466-6.
146 Seiten mit 50 Abbildungen und 3 Tabellen. 43,— DM

59 **Umformverhalten legierter Sintereisen**
Von Dipl.-Ing. Manfred Stilz. ISBN 3-540-11051-8.
170 Seiten mit 75 Abbildungen und 5 Tabellen. 48,— DM

60 **Interaktives Programmsystem zur Erstellung von Fertigungsunterlagen für die Kaltmassivumformung**
Von Dipl.-Ing. Michael Rebholz. ISBN 3-540-11052-6.
121 Seiten mit 46 Abbildungen. 43,— DM

61 **Beitrag zum Ziehen von Blechteilen aus Aluminiumlegierungen**
Von Dipl.-Ing. Michael Blaich. ISBN 3-540-11067-4.
141 Seiten mit 64 Abbildungen und 5 Tabellen. 43,— DM

62 **Auslegung von rotationssymmetrischen Fließpreßwerkzeugen im Bereich elastisch-plastischen Werkstoffverhaltens**
Von Dipl.-Ing. Thomas Neitzert. ISBN 3-540-11623-0.
159 Seiten mit 51 Abbildungen. 53,— DM

63 **Fließpressen von Sintermetall im Temperaturbereich zwischen 873 K (600 °C) und 1173 K (900 °C)**
Von Dipl.-Ing. Wolfgang Schaub. ISBN 3-540-11678-8.
160 Seiten mit 85 Abbildungen und 9 Tabellen. 53,— DM

64 **Rechnerunterstützte Konstruktion von Umformwerkzeugen und die Fertigungsplanung von Werkzeugelementen**
Von Dipl.-Ing. Dieter Steuss. ISBN 3-540-11856-X.
178 Seiten mit 87 Abbildungen und 6 Tabellen. 53,— DM

Die Berichte 51 und folgende sind zu beziehen durch den Springer-Verlag, Berlin Heidelberg New York